"1+X"职业技能等级证书系列教材
建筑信息模型（BIM）技术员培训教程

建筑信息模型（BIM）概论

中国建设教育协会　组织编写

杨晓毅　主编

王　鑫　吴　琳　段军朝　副主编

中国建筑工业出版社

图书在版编目（CIP）数据

建筑信息模型（BIM）概论/杨晓毅主编.—北京：
中国建筑工业出版社，2019.11（2024.2重印）
"1＋X"职业技能等级证书系列教材　建筑信息模型
（BIM）技术员培训教程
ISBN 978-7-112-24333-4

Ⅰ.①建…　Ⅱ.①杨…　Ⅲ.①建筑设计-计算机辅助
设计-应用软件-技术培训-教材　Ⅳ.①TU201.4

中国版本图书馆 CIP 数据核字（2019）第 216645 号

本书为"1＋X"职业技能等级证书系列教材/建筑信息模型（BIM）技术
员培训教程系列教材之一，主要内容包括：BIM 概述（包括 BIM 特点、优势，
相关人员职业道德要求，目前主要 BIM 考试）、BIM 软件介绍（包括各类各企
业软件介绍）、BIM 全生命周期应用、BIM 在建筑设计阶段的应用、BIM 在施
工阶段的应用、BIM 在运维阶段的应用。

本书适用于大中专院校"1＋X"建筑信息模型（BIM）职业技能等级证书参考人
员，住房城乡建设领域 BIM 技术人员，各类 BIM 职级技能考试人员、培训人员。

为了便于教学，作者自制免费课件资源，可 1. 加入"1＋X"交流 QQ 群
786735312；2. 邮箱 jckj@cabp.com.cn；3. 电话（010）58337285；4. 建工书
院 http://edu.cabplink.com 索取。

"1＋X"
交流群-BIM

责任编辑：刘平平　李　阳
责任校对：李欣慰

"1＋X"职业技能等级证书系列教材
建筑信息模型（BIM）技术员培训教程
建筑信息模型（BIM）概论
中国建设教育协会　组织编写
杨晓毅　主编
王　鑫　吴　琳　段军朝　副主编

*

中国建筑工业出版社出版、发行（北京海淀三里河路 9 号）
各地新华书店、建筑书店经销
北京鸿文瀚海文化传媒有限公司制版
天津安泰印刷有限公司印刷

*

开本：787×1092 毫米　1/16　印张：14½　字数：357 千字
2019 年 11 月第一版　2024 年 2 月第四次印刷
定价：**39.00** 元（赠教师课件）
ISBN 978-7-112-24333-4
（34827）

本书编委会

主　　编：杨晓毅　中国建筑一局（集团）有限公司

副 主 编：王　鑫　辽宁城市建设职业技术学院

　　　　　吴　琳　枣庄科技职业学院

　　　　　段军朝　中建三局集团有限公司

参编人员（按姓氏笔画排序）：

　　　　　力培文　BENTLEY软件（北京）有限公司

　　　　　王　兵　中建科技有限公司

　　　　　王　勇　青海省工程建设标准服务中心

　　　　　刘若南　中建科技有限公司

　　　　　安　培　中建三局集团有限公司

　　　　　李　文　中建科技有限公司

　　　　　李　宇　中建科技有限公司

　　　　　李　奎　河南建筑职业技术学院

　　　　　杨莅宇　中国建筑一局（集团）有限公司

　　　　　何艳婷　中国建筑一局（集团）有限公司

　　　　　张希忠　中建科技有限公司

　　　　　张宝谦　中建科技有限公司

　　　　　邵　刚　中国建筑一局（集团）有限公司

　　　　　杜爱丽　青海省交通工程监理处

　　　　　周子淇　中国建筑一局（集团）有限公司

　　　　　周　冲　中建科技有限公司

　　　　　赵喜民　南京国际健康城投资发展有限公司

　　　　　贾　佳　中国建筑一局（集团）有限公司

　　　　　贾锐奇　中建三局集团有限公司

　　　　　唐汝昌　BENTLEY软件（北京）有限公司

　　　　　诸　进　中国建筑一局（集团）有限公司

　　　　　黄　臣　中建科技有限公司

　　　　　赛　菡　中国建筑一局（集团）有限公司

　　　　　潘　涛　中建科技有限公司

　　　　　薛守斌　南京国际健康城投资发展有限公司

　　　　　魏时阳　中建科技有限公司

前　言

　　近年来，BIM 技术在中国，甚至在世界都已成为建设行业的热点，正在逐步向覆盖设计、施工和运维全过程发展。BIM 技术在提升企业的核心竞争力和利润水平方面的作用也逐渐显现。

　　BIM 技术被认为是继 CAD 之后建筑业第二次"科技革命"，BIM 技术应用价值越发显著。BIM 技术是提升工程项目精细化管理水平以及和标准化、信息化和精细化三化融合的基础。BIM 技术主要包括三维设计可视、专业协同、三维分析模拟、工程成本预测、工程进度分析、绿色建筑等应用，对当前建筑业尤其是项目管理的发展具有极其重要的作用。

　　回顾这些年，BIM 技术的发展也是一波三折。起初，设计院积极尝试 BIM 技术，施工企业处于单专业应用和观望状态，但由于甲方支付的设计费用没有增加，设计院逐步失去了应用 BIM 技术的推动力；但施工企业在机电、钢结构等单专业 BIM 技术应用过程中，创造出效益，提升了企业的竞争力，开始逐步发掘 BIM 技术的扩展应用，从以建模为主过渡到以应用为主，同时，更多的地方政府和甲方单位也加大了对 BIM 技术的重视程度，推动了整个行业 BIM 应用的落地。

　　目前已经有更多的企业选择了 BIM，但在推广应用中还存在各种不同的问题，无法真正提升企业和项目的管理水平，为此我们联合业内专家对 BIM 技术全生命期的应用进行了整体的介绍，通过实例讲解 BIM 应用，为 BIM 技术的落地提供帮助。

　　为了推动 BIM 的应用和发展，人才是关键，2019 年 1 月 24 日，国务院下发了《国务院关于印发国家职业教育改革实施方案的通知》（即"职教 20 条"），文件要求启动了"1＋X"证书制度试点工作。2019 年 3 月 29 日，教育部、财政部关于实施中国特色高水平高职学校和专业建设计划的意见—双高计划，提出打造技术技能人才培养高地（率先开展"学历证书＋若干职业技能等级证书"制度试点）。这些文件和政策再次提醒我们，技能"1＋X"的时代已经到来。

　　本次"1＋X"与其他职业资格证书有所不同，BIM 职业技能等级证书将会严格按照"三同两别"原则管理，"三同"是：院校内、院校外试点培训评价组织对接同一职业标准和教学标准；两部门（人力资源和社会保障部、教育部）目录内职业技能等级证书具有同等效力，持有证书人员享受同等待遇；在学习成果认定、积累和转换等方面具有同一效能。"两别"是：人力资源社会保障部、教育部分别负责管理监督考核院校外、院校内职业技能等级证书的实施；职业技能等级证书由参与试点的培训评价组织分别自行印发。

　　本教材是针对高职高专"1＋X"证书制度所编写，院校是 1＋X 证书制度试点的实施主体。试点院校要推进"1"和"X"的有机衔接，进一步发挥好学历证书作用，夯实学生可持续发展基础，积极发挥职业技能等级证书在促进院校人才培养、实施职业技能水平评价等方面的优势，将证书培训内容有机融入专业人才培养方案，优化课程设置和教学内容，对专业课程未涵盖的内容或需要强化的实训，组织开展专门培训。

本教材由中国建设教育协会组织企业和院校专家编写。教材编写是职业技能等级证书及标准建设的辅助工作，是对标准和考试大纲的解读，是作为对应试人员的指导，基于上述目的，我们编写组编写了本系列教材，旨在多部门的多重保障和政府部门政策的大力组织推进下，"1＋X"证书制度将会越加完善，BIM "1＋X"证书也会成为未来行业内对高质量人才的技能评判标准！

由于编者水平有限，有不当之处，还请大家批评指正，让我们共同努力，将 BIM 技术真正落地，为企业项目创造实效，把建筑业打造成令大家向往和尊敬的行业。

目 录

教学单元 1　BIM 概述

1.1　定义及起源

1.1.1　BIM（建筑信息模型）的定义

建筑信息模型（Building Information Modeling）是以建筑工程项目的各项相关信息数据作为模型的基础，进行建筑模型的建立，通过数字信息仿真模拟建筑物所具有的真实信息。

1.1.2　BIM 起源

BIM 理念的启蒙，受到了 1973 年全球石油危机的影响，当时美国全行业需要考虑提高行业效益的问题，在 1975 年由"BIM 之父"Chuck Eastman 教授在其研究的课题中提出，以便于实现建筑工程的可视化和量化分析，提高工程建设效率。

1.2　特征及前景

1.2.1　特征

它具有可视化、协调性、模拟性、优化性和可出图性等特点。

1. 可视化

可视化即"所见所得"的形式，对于建筑行业来说，真正运用在建筑业可视化的作用是非常大的，例如经常拿到的施工图纸，只是各个构件的信息在图纸上的采用线条绘制表达，但是其真正的构造形式就需要建筑业参与人员去自行想象了。对于一般简单的东西来说，这种想象也未尝不可，但近几年建筑业的建筑形式各异，复杂造型在不断地推出，光靠人脑去想象已不太现实。BIM 提供了可视化的思路，让人们将以往的线条式的构件形成一种三维的立体实物图形展示在人们面前；设计方出效果图，效果图是分包给专业的效果图制作团队进行识读设计制作出的线条式信息，不是通过构件的信息自动生成的，缺少了同构件之间的互动性和反馈性，而 BIM 提到的可视化是一种能够同构件之间形成互动性和反馈性的可视，在 BIM 建筑信息模型中，由于整个过程都是可视化的，所以可视化的结果不仅可用来进行效果图的展示及生成报表，更重要的是项目设计、建造、运营过程中的沟通、讨论、决策都在可视化的状态下进行。

2. 协调性

协调性是建筑业中的重点内容，不管是施工单位还是业主及设计单位，需要协调及相配合。项目在实施过程中遇到问题，需要相关责任人协调，找出问题发生的原因及解决办法，及时变更并相应补救措施使问题得以解决。传统的协调往往在出现问题后，浪费大量的资源，比如：在设计过程中，因各专业设计师之间的沟通不到位，出现专业之间的碰撞问题，如暖通等专业中的管道在进行布置时，管线正好有结构设计的梁等构件妨碍着管线的布置，而这是施工中常遇到问题，运用 BIM 技术，将此类问题在设计过程中解决：BIM 建筑信息模型可在建筑物建造前期对各专业的碰撞问题进行协调，生成协调数据使问题得以解决。BIM 的协调远不止这些：比如电梯井布置与其他设计布置及净空要求之协调，防火分区与其他设计布置之协调，地下排水布置与其他设计布置协调等都是传统施工技术常见的问题。

3. 模拟性

模拟性不仅模拟设计出的建筑物模型，还可以模拟不能在真实世界中进行操作的事物：如设计阶段，BIM 软件进行节能模拟、紧急疏散模拟、日照模拟、热能传导模拟等；在招标投标和施工阶段可以进行 4D 模拟（三维模型加项目的发展时间），也就是根据施工的组织设计模拟实际施工，从而来确定合理的施工方案来指导施工。同时还可以进行 5D 模拟（基于 4D 模型的造价控制），从而来实现成本控制；可以模拟日常紧急情况的处理方式，例如地震人员逃生模拟及消防人员疏散模拟等。

4. 优化性

整个设计、施工、运营的过程就是一个不断优化的过程，在 BIM 的基础上可以做有效地优化。优化受多个条件制约：信息、复杂程度和时间。没有准确的信息做不出合理的优化结果，BIM 模型提供了建筑物实际存在的信息，包括几何信息、物理信息、规则信息，还提供了建筑物变化以后的实际存在信息。复杂程度高到一定程度时，参与人员本身的能力无法掌握所有的信息，必须借助一定的科学技术和设备的帮助。现代建筑物的复杂程度大多超过参与人员本身的能力极限，BIM 及与其配套的各种优化工具提供了对复杂项目进行优化的可能。基于 BIM 的优化可以做下面的工作：

（1）项目方案优化：把项目设计和投资回报分析结合起来，设计变化对投资回报的影响可以实时计算出来；业主对设计方案的选择就不会主要停留在对形状的评价上，通过不同方案的对比，业主可以知道何种项目设计方案更有利于自身的需求。

（2）特殊项目的设计优化：例如裙楼、幕墙、屋顶、大空间、异形设计，通常是施工难度比较大和施工问题比较多的地方，对这些内容的设计施工方案进行优化，可以带来工期和造价显著的改进。

5. 可出图性

BIM 并不仅为建筑设计院所出图，还可以对建筑物进行了可视化展示、协调、模拟、优化以后，帮助业主出如下图纸：

（1）综合管线图。

（2）综合结构留洞图。

（3）碰撞检查侦错报告和建议改进方案。

1.2.2　前景

国内外建设工程界深刻意识到 BIM 技术将对建设领域带来的变革性作用，长期以来，业内的研究人员对 BIM 技术开展了广泛且深入的研究，并已取得大量的研究成果。

BIM 技术作为实现建设工程项目生命周期管理的核心技术，正引发建筑行业一次史无前例的彻底变革。BIM 技术通过利用数字模型将贯穿于建筑全生命周期的各种建筑信息组织成一个整体，对项目的设计、建造和运营进行管理。BIM 技术将改变建筑业的传统思维模式及作业方式，建立设计、建造和运营过程的新组织方式和行业规则，从根本上解决工程项目规划、设计、施工、运营各阶段的信息丢失问题，实现工程信息在生命周期的有效利用与管理，显著提高工程质量和作业效率，为建筑业带来巨大的效益。

1.3　国内外发展概况情况

1.3.1　国外发展

国际上已经发布的 BIM 标准主要可以分为两类：第一类是行业推荐性标准，由行业性协会或机构提出的推荐做法，通常不具有强制性。第二类是针对具体软件的使用指南，为针对 BIM 软件应用的指导性标准。

1. 行业推荐性标准

国际上主要开发研究 BIM 标准的机构是 Building SMART，BIM 标准主要包括三个方面的内容：数据模型 IFC 标准，已经被国际标准化组织 ISO 采纳为 ISO/PAS16739，即将成为 ISO/IS16739 标准；数据字典 IFD 标准；过程信息分发手册 IDM，已经成为国际标准的一部分《BIM 信息交付手册》ISO29481-1：2010。

IFC 标准首先由国际协同联盟 IAI 于 1995 年提出，是面向对象的三维建筑产品数据标准。其在规划、工程设计、工程施工、电子政务等领域获得广泛应用，目的是促成建筑业中不同专业以及不同软件可以共享数据源的有效途径。1997 年 1 月，IAI 发布了 IFC 信息模型的第一个完整版本。经过十余年的努力，IFC 标准已发展到 2×4 版本，信息模型的覆盖范围、应用领域、模型框架都有了很大的改进（现已由 Building SMART 国际接手开发和维护）。

2004 年美国编制了基于 IFC 的《国家 BIM 标准》——NBIMS。NBIMS 是一个完整的 BIM 指导性和规范性的标准，它规定了基于 IFC 数据格式的建筑信息模型在不同行业之间信息交互的要求，实现信息化促进商业进程的目的。在美国，BIM 的普及率与应用程度较高，政府或业主会主动要求项目运用统一的 BIM 标准，甚至有的州已经立法，强制要求州内的所有大型公共建筑项目必须使用 BIM。目前，美国所使用的 BIM 标准包括 NBIMS、COBIE 标准、IFC 标准等，不同的州政府或项目业主会选用不同的标准，但是他们的使用前提都是要求通过统一标准为利益相关方带来最大的价值。

新加坡 2009 年基于 IFC 建立了政府网络审批电子政务系统。

在英国，多家设计/施工企业共同成立了"AEC（UK）BIM 标准"项目委员会，并制订了"AEC（UK）BIM Standard"，作为推荐性的行业标准。

日本建设领域信息化的标准为 CALS/EC 标准，主要内容包括工程项目信息的网络发布、电子招投标、电子签约、设计和施工信息的电子提交、工程信息在使用和维护阶段的再利用、工程项目业绩数据库应用等。

进入 20 世纪 90 年代，为满足信息技术在建筑业的应用要求，以及推动建筑管理的集成化，ISO 和一些国家开始制定集成化的建筑信息体系，如 ISO/12006-2，英国的 UNI-CLASS、瑞典的 NBSA96、美国的 OmniClass。这些体系可以称为现代建筑信息分类体系。它们旨在代替原有的分类体系，满足建设项目全寿命期阶段内各方对建筑信息各项的要求，一些新版本的 BIM 建筑软件已经实现 OCCS 或 UNICLASS 分类体系编码。

ISO/DIS 12006-2 是国际标准化组织为各国建立自己的建筑信息分类体系所制定的框架，它对建筑信息分类体系的基本概念、术语进行了定义，并描述了这些概念之间的关系，然后提出分类体系的框架，即分类表的组成和结构，但不提供具体的分类表，此标准是对多年以来已有的各种建筑信息分类系统的提炼。

2. 使用指南

美国 2009 年 8 月发布《BIM 项目实施计划指南》第一版。主要包括 4 个内容：①确定使用 BIM 在项目计划、设计、建造和运营各阶段中的目标和价值；②设计 BIM 执行步骤；③明确规定项目各阶段需交付的 BIM 信息和信息交换形式；④制订 BIM 实施过程中的法律法规、技术和质量检查等细节。2010 年 4 月，《BIM 项目实施计划指南》第二版发布。澳大利亚为了促进全国范围内的 BIM 标准的制订和实施给出了《国家数字模拟指南》，指南并未对 BIM 技术在建筑项目协同合作中的技术细节进行深入介绍，而是侧重于探讨如何制定出可以充分发挥 BIM 优越性能的实施过程及行业规范等问题。其他如英国、加拿大等国家或行业给出了 BIM 应用标准（指南），日本、韩国也都制定了 BIM 实施指南。

1.3.2 国内发展概况

1. 国内相关政策

2011 年住建部发布《2011—2015 年建筑业信息化发展纲要》，首次将 BIM 纳入信息化标准建设内容，我国于 2012 年启动 BIM 国家标准体系建设（7 本国标编制），2013 年推出《关于推进建筑信息模型应用的指导意见》，2014 年发布《关于推进建筑业发展和改革的若干意见》，2015 年发布《关于推进建筑信息模型应用的指导意见》，2016 年发布《2016—2020 年建筑业信息化发展纲要》，BIM 技术成为"十三五"建筑业重点推广的五大信息技术之一；进入 2017 年，我国加大各地方 BIM 政策与标准落地，《建筑业十项新技术 2017》将 BIM 信息技术列入。

2. 我国 BIM 技术标准化情况

我国也针对 BIM 标准化进行了一些基础性的研究工作。2007 年，中国建筑标准设计研究院提出了《建筑对象数字化定义》JG/T198—2007 标准，其非等效采用了国际上的 IFC 标准《工业基础类 IFC 平台规范》，只是对 IFC 进行了一定简化。2008 年，由中国建筑科学研究院、中国标准化研究院等单位共同起草了《工业基础类平台规范》GB/T25507—2010，等同采用 IFC（ISO/PAS16739：2005），在技术内容上与其完全保持一致，仅为了将其转化为国家标准，并根据我国国家标准的制定要求，在编写格式上作了一些改动。2010 年清华大学软件学院 BIM 课题组提出了中国建筑信息模型标准框架（China Building Information Model Standards，简称 CBIMS），框架中技术规范主要包括三个方面的内容：数据交格式标准 IFC、信息分类及数据字典 IFD 和流程规则 IDM，BIM 标准框架主要应包括标准规范、使用指南和标准资源三大部分。

部分高校和科研院所已开始研究和应用 BIM 技术，特别是数据标准化的研究。部分大型设计院已开始尝试在实际工程项目中使用 BIM 技术。典型工程包括上海世博文化中心、上海世博国家电力馆、杭州奥体中心等。在国内，基于 IFC 的信息模型在国内的开发应用才刚刚起步。中国建筑科学研究院开发完成了 PKPM 软件的 IFC 接口，并在十五期间完成了建筑业信息化关键技术研究与示范项目——《基于 IFC 标准的集成化建筑设计支撑平台研究》；上海现代设计集团开发了基于 IFC 标准开发建筑软件结构设计转换系统以及建筑 CAD 数据资源共享应用系统。此外，还有一些中小软件企业也进行了基于 IFC 的软件开发工作。

目前我国已经编制与 BIM 技术相关的国家标准有：《建筑信息模型应用统一标准》GB/T51212—2016、《建筑信息模型施工应用标准》GB/T51235—2017、《建筑信息模型分类和编码标准》GB/T51269—2017，行业标准有《建筑工程设计信息模型制图标准》JGJ/T 448—2018。

3. 国内案例

BIM 技术在国内发展较快，应用案例：湖北武汉绿地中心项目，北京中国建筑科学研究院科研楼项目，云南昆明润城第二大道项目，北京通州行政副中心项目，广东东莞国贸中心项目，北京首都医科大学附属北京天坛医院，广东深圳腾讯滨海大厦工程，广东深圳平安金融中心，北京中国卫星通信大厦，天津 117 大厦项目，山西晋中矿山综合治理技术研究中心等。

1.4　模型的服务目标和制作主体

1.4.1　模型的服务目标

BIM 的本质是带有信息的项目模型，项目的同一信息只需由某个参与方输入一次，将

BIM 模型的信息共享，其他参与方轻松获取需要数据，不用从图纸、报表、明细中重复收集，提高参与方工作效率，降低管理成本。

1.4.2　制作主体

BIM 项目的信息需要项目主体方协作在中心文件中共同完成，每个责任主体根据自己的任务分工，完善信息模型。

1. 规划设计单位

规划设计单位是 BIM 项目最初建设者，设计方参与项目生命周期时间前期，设计结束后，将最终模型交付甲方。

2. 业主

业主是项目的主导者，参与项目设计、建设、使用的全过程。业主是 BIM 技术的最大受益者，业主应该拥有 BIM 技术人员，最终的信息模型交付后，主要是业主技术人员在运用信息模型对项目进行运营管理。

3. 施工单位

施工阶段占有项目投资的比重较大，和设计单位一样，施工单位也是阶段性参与项目生命周期，施工单位主要是将施工阶段信息补充到信息模型中。

4. 物业管理单位

物业管理单位管理项目的时间最长，物业管理单位根据自己工作需求，来管理项目信息模型。

5. 建设监理单位

建设监理单位在项目移交之前全面参与的非业主单位。BIM 技术使用，在协调、进度控制等各方面提高工作效率。

1.5　国内相关适合高职学生的技能考试介绍

目前国内 BIM 技能考试主要有：全国 BIM 技能等级考试、全国 BIM 应用技能考试、全国 BIM 专业技术能力水平考试、ICM 国际 BIM 资质认证。

1. 全国 BIM 技能等级考试

全国 BIM 技能等级考试是由中国图学学会组织的全国范围的 BIM 技能考试，每年两次考试，一般在 6 月和 12 月。全国 BIM 技能等级考试分为三个等级：一级为 BIM 建模师；二级为 BIM 高级建模师；三级为 BIM 应用设计师。通过相应级别的考试后，将由中国图学学会颁发全国 BIM 技能等级考试证书，同时国家人力资源和社会保障部教育培训中心颁发岗位能力证书。

2. 全国 BIM 应用技能考试

由中国建设教育协会单独机构颁发，该专业 BIM 应用考评按专业领域，本科目的考评分为 BIM 建筑规划与设计应用、BIM 结构应用、BIM 设备应用、BIM 工程管理应用

（土建）、BIM 工程管理应用（安装）共五种类型。考察内容为结合专业，应用 BIM 技术的知识和技能。

采取上机考试形式，各科上机考试时间均为 180 分钟，满分 100 分。总分不低于 60 分可以获证证书。考核内容及分值：理论知识部分：包括单选题和复选题；技能操作部分：专业 BIM 应用。

3. ICM 国际 BIM 资质认证

ICM 国际建设管理学会是全球广为推崇的权威机构，在涉及全面规划、开发、设计、建造、运营以及项目咨询等建设全过程，以入会的形式拥有全球认可的专业资格。BIM 工程师和 BIM 项目管理总监认证是 ICM 在全球推广的两个证书体系，是欧美等发达国家相应职业必备证书。截止 2012 年底，ICM 全球认证人数已超过 10 万人。2010 年开始进入中国，目前中国认证人数已超过 3000 人。证书分类：BIM 工程师 BIM 项目管理总监入会途径：目前在中国国内成为会员的两种途径：申请人必须拥有相关学位，并且具有至少 5 年建设行业管理工作经验；或是相关专业学会会员资质，并且具有至少 10 年建设行业工作经验。资深专业人士途径：分别符合以上条件的申请者需完成职业能力评估（APC）。衔接路径：是专为中国建设领域专业人士提供的入会路径，希望他们能够通过这个途径来获得 ICM 会员资质并加强在国际上的专业认可度。

1.6　职业道德要求

职业道德概括而言，主要应包括以下几方面的内容：忠于职守，乐于奉献；实事求是，不弄虚作假；依法行事，严守秘密；公正透明，服务社会。

1. 忠于职守，乐于奉献

尊职敬业，是从业人员应该具备的一种崇高精神，是做到求真务实、优质服务、勤奋奉献的前提和基础。从业人员，首先要安心工作、热爱工作、献身所从的行业，把自己远大的理想和追求落到工作实处，在平凡的工作岗位上做出非凡的贡献。从业人员有了尊职敬业的精神，就能在实际工作中积极进取，忘我工作，把好工作质量关。对工作认真负责和核实，把工作中所得出的成果，作为自己的天职和莫大的荣幸；同时认真进行分析工作的不足和积累经验。

敬业奉献是从业人员的职业道德的内在要求。随着市场经济市场的发展，对从业人员的职业观念、态度、技能、纪律和作风都提出了新的更高的要求。

职业作为认识和管理社会的基础性工作，可谓默默无闻、枯燥烦琐。没有名利可图，只有"不唯上、不唯书、只为实"的求实精神，是很难出色地完成任务的。为此，我们要求广大从业人员要有高度的责任感和使命，热爱工作，献身事业，树立崇高的职业荣誉感。要克服任务繁重、条件艰苦、生活清苦等困难，勤勤恳恳，任劳任怨，甘于寂寞，乐于奉献。要适应新形势的变化，刻苦钻研。加强个人的道德修养，处理好个人、集体、国家三者关系，树立正确的世界观、人生观和价值观；把继承中华民族传统美德与弘扬时代精神结合起来，坚持解放思想、实事求是，与时俱进、勇于创新，淡泊名利、无私奉献。

2. 实事求是，一票否决

实事求是，不光是思想路线和认识路线的问题，也是一个道德问题，而且是统计职业道德的核心。求，就是深入实际，调查研究；是，有两层涵义，一是是真不是假，二是社会经济现象数量关系的必然联系即规律性。为此，我们必须办实事，求实效，坚决反对和制止工作上弄虚作假。这就需要有心底无私的职业良心和无私无畏的职业作风与职业态度。如果夹杂着个私心杂念，为了满足自己的私利或迎合某些人的私欲需要，弄虚作假、虚报浮夸就在所难免，也就会背离实事求是原则这一最本的职业道德。

职业道德尤其对为人师表的教育工作者非常重要。根据中组部、中宣部、教育部日前联合印发的《关于加强和改进高校青年教师思想政治工作的若干意见》，我国将对师德表现作为教师年度考核、岗位聘任（聘用）、职称评审、评优奖励的首要标准，建立健全青年教师师德考核档案，实行师德"一票否决制"。

作为一个工作者，必须有对国家对人民高度的负责的精神，把实事求是作为履行责任和义务的最基本的道德要求，坚持不唯书，不唯上，只唯实。从业人员要特别注意调查研究，经过去粗取精，去伪存真，由表及里，由此及彼的分析，按照事物本来面貌如实反映，有一说一，有二说二，有喜报喜，有忧报忧，不随波逐，不看眼行事。

3. 依法行事，严守秘密

坚持依法行事和以德行事"两手抓"。一方面，要大力推进国家法治建设的有利时机，进一步加大执法力度，严厉打击各种违法乱纪的现象，依靠法律的强制力量消除腐败滋生的土壤。另一方面，要通过劝导和教育，启迪人们的良知，提高人们的道德自觉性，把职业道德渗透到工作的各个环节，融于工作的全过程，增强人们以德的意识，从根本上消除腐败现象。

严守秘密是统计职业道德必需的重要准则。保守国家、企业和个人的秘密。

4. 公正透明，服务社会

优质服务是职业道德所追求的最终目标，优质服务是职业生命力的延伸。

1.7 建筑信息模型（BIM）相关标准及技术政策

国家标准《建筑信息模型应用统一标准》

住房和城乡建设部于 2016 年 12 月 2 日发布第 1380 号公告，批准《建筑信息模型应用统一标准》GB/T 51212—2016（以下简称《标准》）为国家标准，自 2017 年 7 月 1 日起实施。

《标准》是根据住房和城乡建设部《关于印发〈2012 年工程建设标准规范制订修订计划〉的通知》（建标［2012］5 号）的要求，由中国建筑科学研究院会同有关单位编制而成。由毛志兵、王丹等 10 位行业专家组成的标准审查委员会认为，《标准》充分考虑了我国国情和工程建设行业现阶段特点，创新性地提出了我国建筑信息模型（BIM）应用的一种实践方法（P-BIM），内容科学合理，具有基础性和开创性，对促进我国建筑信息模型应用和发展具有重要指导作用。

　　为了更好地开展《标准》研究编制工作，中国建筑科学研究院、上海市建筑科学研究院（集团）有限公司等《标准》编制单位发起成立国家建筑信息模型（BIM）产业技术创新战略联盟（即中国 BIM 发展联盟）。中国 BIM 发展联盟组织实施了中国 BIM 标准研究项目，共设有研究项目 1 个、课题 3 个、子课题 29 个、基础研究课题 2 个。至 2015 年 1 月，项目编写研究报告 56 份、开发改造软件 40 项、取得软件著作权 23 项、发表学术论文 54 篇、申请专利 5 项，工程应用实例达 134 项，研究工作取得丰硕成果。

　　此外，以《标准》编制单位、中国 BIM 发展联盟成员单位为主，开展了共 21 部中国工程建设协会系列 BIM 标准的编制工作。目前多部 BIM 标准已编制完成，即将由中国工程建设标准化协会发布，更可为《标准》的实施应用进一步提供技术支撑。

　　《标准》编制单位发起成立行业联盟，会同行业有关单位共同为标准编制开展基础研究以及支撑标准编制，这种标准研究与编制工作新模式得到了住房和城乡建设部标准定额司领导的高度肯定。

　　《标准》是我国第一部建筑信息模型应用的工程建设标准，提出了建筑信息模型应用的基本要求，是建筑信息模型应用的基础标准，可作为我国建筑信息模型应用及相关标准研究和编制的依据。国务院印发《"十三五"国家信息化规划》，《标准》实施将为国家建筑业信息化能力提升奠定基础。

　　《标准》由住房和城乡建设部标准定额研究所组织中国建筑工业出版社于出版发行。中国 BIM 发展联盟将组织开展《标准》宣贯培训工作。

习　题

一、判断题

1. 建筑信息模型具有可视化、协调性、共享性、优化性和可出图性五大特点。（　　）
2. BIM 建筑信息模型中，整个过程都是可视化的。（　　）
3. "BIM 之父"——佐治亚理工大学的 Chuck Eastman 教授创建了 BIM 理念。（　　）
4. 可视化的结果可用来效果图的展示及生成报表，项目设计、建造、运营过程中的沟通、讨论、决策不能全在可视化的状态下进行。（　　）
5. BIM 建筑信息模型可在建筑物建造前期对各专业的碰撞问题进行协调，生成协调数据使问题得以解决。（　　）

二、单项选择题

1. 选项中哪一项是协调性内容？（　　）

A. 在设计过程中，各专业设计师之间的沟通不到位，出现专业之间的碰撞问题

B. 建筑形式各异，复杂造型在不断地推出，光靠人脑去想象的东西不太现实

C. BIM 软件可以进行节能模拟、紧急疏散模拟、日照模拟、热能传导模拟

D. BIM 模型提供了建筑物实际存在的信息，包括几何信息、物理信息、规则信息，还提供了建筑物变化以后的实际存在。

2. 关于 BIM 技术可视化特性说法错误的是（　　）。

A. 可视化即"所见所得"的形式

B. BIM 建筑信息模型中，由于整个过程都是可视化的

C. 可视化的结果不仅可用来效果图的展示及生成报表，更重要的是项目设计、建造、运营过程中的沟通、讨论、决策都在可视化的状态下进行

D. BIM 模型是通过构件的信息自动生成的，但缺少构件之间的互动性和反馈性。

解析 D 项：BIM 提到的可视化是一种能够同构件之间形成互动性和反馈性的可视。

3. 下列哪一项 BIM 不能进行模拟（　　）？

A. 节能模拟　　　　B. 紧急疏散模拟　　　　C. 日照模拟　　　　D. 海啸模拟

4. 5D 模拟不含哪一项（　　）？

A. 招标投标　　　　B. 施工阶段　　　　C. 造价　　　　D. 运营管理

5. 优化受多个条件制约，不含下面哪一项（　　）？

A. 信息　　　　B. 复杂程度　　　　C. 时间　　　　D. 项目地点

三、多项选择题

1. 建筑信息模型具有（　　）和可出图性五大特点。

A. 可视化　　　　B. 协调性　　　　C. 模拟性　　　　D. 优化性

2. 5D 模拟不含哪一项（　　）？

A. 招标投标　　　　B. 施工阶段　　　　C. 造价　　　　D. 运营管理

3. 下列哪些 BIM 可以进行模拟（　　）？

A. 热能传导模拟　　B. 紧急疏散模拟　　　　C. 日照模拟　　　　D. 海啸模拟

4. 优化受多个条件制约，不含下面哪一项（　　）？

A. 信息　　　　B. 复杂程度　　　　C. 项目地点　　　　D. 时间

5. 特殊项目的设计优化指的哪些部分（　　）？

A. 裙楼　　　　B. 幕墙　　　　C. 屋顶　　　　D. 异型

四、问答题

1. 简述 BIM 可视化。

2. 简述 BIM 协调性。

3. 简述 BIM 模拟性。

4. 简述 BIM 优化性。

5. 简述 BIM 技术的意义。

习题答案

教学单元 2 BIM 软件介绍

2.1 BIM 软件体系简介

随着建设行业这几年对于 BIM 技术的推广和广泛应用，BIM 技术在国内的发展也如火如荼。BIM 是靠 BIM 软件来实现的，它不同于 CAD。若要充分发挥 BIM 的价值，需要一系列的软件来进行支撑。BIM 应用软件分类：①从软件在应用中的作用分基础软件、工具软件、平台软件上；②从软件支持 BIM 技术的程度分 BIM 应用软件、准 BIM 应用软件。国家和地方政府、设计单位、施工单位、业主等都在积极参与 BIM 的研究。BIM 的设计软件也是门类众多，不同的厂家、不同的软件犹如八仙过海，各显神通。那么在国内外流行的 BIM 软件有哪些呢？下面阐述一下国内外主要 BIM 软件，详见图 2-1-1。

常用BIM软件												
公司	软件	专业功能	方案设计	初步设计	施工图	施工投标	施工组织	深化设计	项目管理	设备维护	空间管理	设备应急
Autodesk	Revit Architecture Revit Structural Revit MEP	建筑 结构 机电	✓	✓	✓	✓	✓	✓				
	Civil 3D	地形 场地		✓	✓	✓	✓					
	NavisWorks	协调管理			✓	✓	✓	✓	✓			
Bentley	AECOsim Building Designer	建筑 结构 机电	✓	✓	✓	✓	✓	✓				
	Building Mechanical Systems	暖通 给水排水	✓	✓	✓	✓	✓	✓				
	Plojectwise Navigator	协调管理			✓	✓	✓	✓				
Dassault Systemes	CATIA	建筑	✓	✓	✓	✓	✓	✓				
Glodon	MagiCAD	机电		✓	✓	✓	✓	✓				
	施工现场三维布置软件GSL	方案	✓									
	模板脚手架三维设计	方案	✓									
	Glodon 5D	造价管理				✓	✓	✓	✓			
Luban	LubanEstimator	造价管理				✓	✓					
斯维尔	BIM Cloud 5D	造价管理					✓					
鸿业	鸿业	机电	✓	✓	✓							

图 2-1-1 国内外主要 BIM 软件表

2.1.1 国外主流软件

1. Autodesk 系列软件

在全球设计软件中，Autodesk 经过二十多年的发展，已经建立了包括图形平台、专业三维应用、协同作业等全方位的产品线，其中专业三维解决方案涵盖了机械设计、建筑设计、土木与基础设施设计、地理信息系统、数字媒体与娱乐等多个领域。尤其在基础设施工程建设领域，一个项目在整个生命期中的全部阶段，从方案立项、规划、设计施工，到运营维护和日常管理等，Autodesk 都有相应的三维产品为用户服务继 2002 年 2 月收购 Revit 技术公司之后，Autodesk 提出了 Building Information Modeling——建筑信息模型这一术语，旨在让客户及合作伙伴积极参与交流对话，以探讨如何利用技术来支持乃至加速建筑行业采取更具效率和效能的流程．将信息模型的价值拓展到设计阶段以外的广泛应用领域，并以这些信息为基础，使建筑物生命期的施工和建筑运营阶段能够采取有效的新型协作方式并提高工作效率，以实现全方位"建筑工程生命期管理"，图 2-1-2 为 Autodesk 公司部分软件功能表。

	建筑	水暖电	结构	土木工程	地理信息	流程工厂	机械制造
云服务及云产品	Autodesk 360（BIM 360/PLM 360/SIM 360）						
分析模拟真实世界的行为和性能表现	Naviworks/Showcase/3ds Max						
	Ecotect Analysis/Vasari/GBS/QTO		Robot structure Analysis	Civil Visualization			Algor/CFDedign
BIM/DP设计解决方案	Revit系列			Civil3D/Infraworks	Map 3D MapGuide Utility Design	Plant 3D	Inventor
专业设计工具	AutoCAD Architecture	AutoCAD MEP	Structural Detailing			AutoCAD P&ID	AutoCAD Electrical/Mechanical
二维制图概念设计定制开发	AutoCAD						
协同管理平台	Autodesk Project Data Management（Vault/Buzzsaw）						

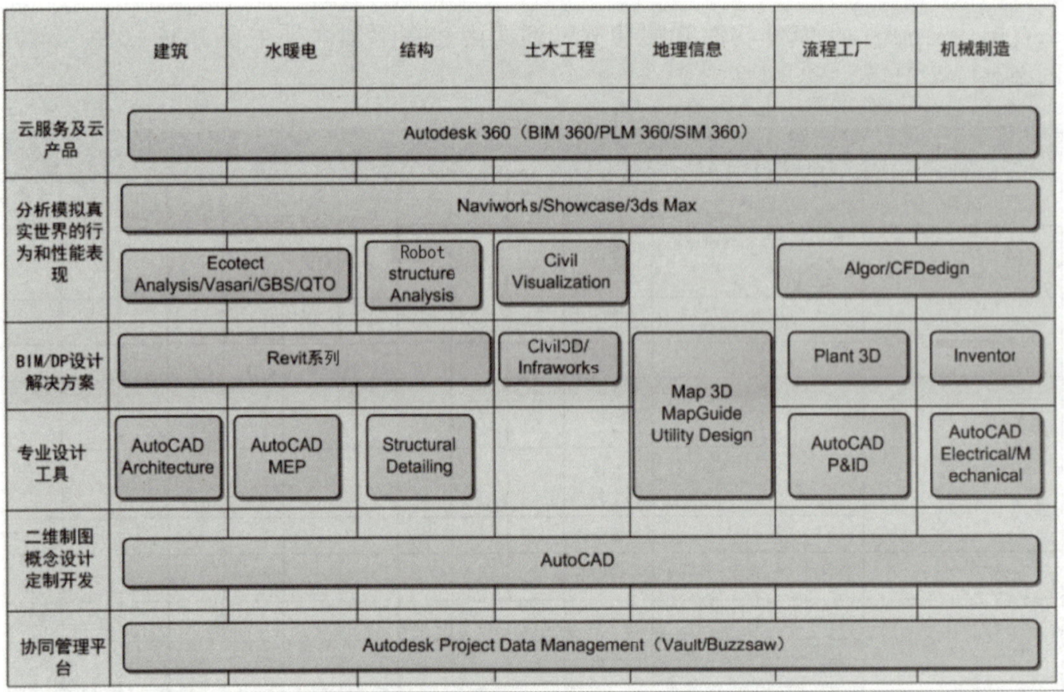

图 2-1-2 Autodesk 公司部分软件功能表

Autodesk Revit 系列软件是由全球领先的数字化设计软件供应商 Autodesk 公司，针对建筑设计行业开发的三维参数化设计软件平台。

目前以 Revit 技术平台为基础推出的专业版模块包括：Revit Architecture（Revit 建筑模块）、RevitStructure（Revit 结构模块）Revit MEP（Revit 设备模块——设备、电气、

给水排水）三个专业设计工具模块，以满足设计中各专业的应用需求。在 Revit 模型中，所有的图纸、二维视图和三维视图以及明细表都是同一个基本建筑模型数据库的信息表现形式。在图纸视图和明细表视图中操作时，Revit 将收集有关建筑项目的信息，并在项目的其他所有表现形式中协调该信息。Revit 参数化修改引擎可自动协调在任何位置（模型视图、图纸明细表、剖面和平面中）进行的修改。

Revit 涉及的使用阶段有：方案阶段、初步设计、施工图、施工投标、施工组织、施工深化。

Revit 支持多数三维模型格式，能读取 .dwg,. dxf. dgn. sat. skp. rvt. rfa 等多种文件格式。

Autodesk navisworks 是 Autodesk 出品的一个建筑工程管理软件套装。

Autodesk Navisworks 系列产品能够帮助建筑、工程设计和施工团队加强对项目成果的控制。Navisworks 解决方案使所有项目利益相关方都能够整合和校审详细设计模型，帮助用户获得建筑信息模型（BM）工作流带来的竞争优势。BIM 流程支持团队成员在实际建造前以数字方式探索项目的主要物理和功能特性，缩短项目交付周期提高经济效益，减少环境影响。

Navisworks 软件涉及的使用阶段有：初步设计，施工图，施工投标，施工组织，施工深化，项目管理。

Navisworks 支持读取 .nwc. nwf. nwd. dwf. fbx 等格式文件。

Auto CAD Civil3D 软件是 Autodesk 公司推出的一款面向基础设施行业的建筑信息模型（BM）解决方案。它为基础设施行业的各类技术人员提供了强大的设计、分析以及文档编制功能。Auto CAD Civil3D2013 软件广泛适用于勘察测绘、岩土工程、交通运输、水利水电、市政给水排水、城市规划和总图设计等众多领域。

Autocad Civil3D 架构在 Autocad 之上，包含 Autocad 的所有功能。

Autocad Civil3D 与 Autocad 有着高度一致的工作环境。通过工作空间的切换，您甚至可以将 Auto CAD Civi3D 瞬间改头换面为最为熟悉的 Auto CAD 界面除了 Autocad 的基本功能之外，Autocad Civil3D 述给您提供了测量、三维地形处理、土方计算、场地规划、道路和铁路设计、地下管网设计等先进的专业设计工具。您可以使用这些工具创建和编辑测量要素、分析测量网络各、精确创建二维地形、平整场地并计算上方、进行土地规划、设计干面路线及纵断面、生成道路模型、创建道路横断面图和道路上方报告、设计地下管网等。另外，Autocad Civil3D 还集成了 Autodesk 公司的一款强大的地理信息系统软件 Autocad Map3D。Auto CAD Map3D 提供基于智能行业模型的基础设施规划和管理功能，可帮助集成 CAD 和多种 GIS 数据，为地理信息、规划和工程决策提供必要信息。

Autocad Civil3D 涉及的使用阶段有：初步设计，施工图，施工投标，施工组织。

Autocad Civil3D 支持多数三维模型格式，能读取 AutoCAD, .dwg, Civil3D, Object 等多种文件格。

Infraworks360 产品组合，Infraworks360 是欧特克公司推出的一款适用于与基础设施项目的规划和方案阶段的全新设计解决方案。

从 2015 年开始，Infraworks360 产品组合有以下两种：

（1）Infraworks 360LT

包含 Infra Works360 桌面端的重要核心功能。能够个础设施工程师更轻松地构建现状环境及方案设计对象的三维数据模型，生成吸引力十足的比较方案，并为其设计进行极佳的模拟和可视化。

（2）Infra Works 360

Infra works 360 包含 Infra works 360LT 的所有功能。除此之外，Infra Works 360 通过云技术和专门的垂直功能，进一步扩展了 Infra Works 360LT 中的各项三维建模能力，利用创新工具推动了道路、桥梁、给水排水工程的设计、模拟和分析。

2. Bentley 系列软件

针对建筑行业在建设项目周期中的业务特点，Bentley 公司基于在业界处于领先前沿地位的 BIM 技术，提出了解决以下需求的内嵌模块化的一站式智能解决方案。在建筑的整个生命周期中，形成一个由多专业组成的、唯一的带有丰富信息的模型。模型中的信息在规划、设计、建造、运营和退役过程中被各个专业以及各个阶段被不断地添加、编辑和校正。同时，这些信息也在不同阶段的不同专业提供多种成果，例如，图样、报表和规范信息等都可以从这些信息中提取。以 MicroStation 为统一的工程内容创建平台，在此平台上具有完备的各专业应用软件。各个团队以 ProjectWise 为协同工作平台，使用高效率协同工作模式，对工程成果分权限、分阶段进行控制。各个专业的应用软件符合 BIM 的设计理念，具有参数化的建模方式、智能化的编辑修改以及精确的模型控制技术。生成的专业模型可以与其他专业相互引用，协调工作，并可以灵活输出各种图样和数据报表。然后以 Navigator 为统一的可视化图形环境，通过 Navigator 的功能模块，进行碰撞检测、施工进度模拟以及渲染动画等操作。

Bentley 的核心产品是 MicroStation 与 ProjectWise。MicroStation 是 Bentley 的旗舰产品，主要用于全球基础设施的设计、建造与实施。ProjectWise 是一组集成的协作服务器产品，它可以帮助 AEC 项目团队利用相关信息和工具，开展一体化地工作。Project-Wise 能够提供可管理的环境，在该环境中，人们能够安全地共享、同步与保护信息。同时，MicroStation 和 ProjectWise 是面向包含 Bentley 全面的软件应用产品组合的强大平台。企业使用这些产品，在全球重要的基础设施工程中执行关键任务。

PlantSpace（Bentley 公司的三维设计软件，三维软件 PlantSpace 是以 Bentley 公司开发的 MicroStation 为基础平台，以 Trifroma 为二次平台，以面向对象的 JSpace Class 技术为核心，基于数据库技术，集智能化三维建模技术、碰撞检查、抽二维图和材料报表以及工厂化实时漫游为一体的三维工厂化整体设计软件。

ProjectWise 功能强大的三维模型设计工具。为在 MicroStation 基础上针对智能三维全信息模型应用的功能扩展。它能从智能化的三维模型中得到任意位置的平面、剖面、正交视图和透视图等，并能依据模型统计材料数量、材料规格以及进行成本估计等。在此项目中主要用于建立各类三维构筑物的模型，应用于建筑专业。利用 ProjectWise 优秀的可视化功能，可以对 BIM 模型整体或者建筑物内部场景进行实时自由浏览，包括：相机视角设置，视图保存；消隐、线框和光滑渲染等显示模式下的动态浏览；推进、拉出、旋转、仰视、俯视和平移等视角操作；行走和飞行漫游。

Bentley Architecture，专业建筑应用软件。具有面向对象的参数化创建工具，能实现智能的对象关联、参数化门窗洁具等，能够实现二维图样与三维模型的智能联动。在此项目中主要用于建立各类三维构筑物的全信息模型，应用于建筑专业。Bentley Structural，专业结构建模软件。适用于各类混凝土结构、钢结构等各类信息结构模型的创建。结构模型可以连接结构应力分析软件（如 STAAD. Pro 等）进行结构安全性分析计算。从结构模型中可以提取可编辑的平、立面模板图，并能自动标注杆件截面信息。在此项目中主要用于建立各类三维构筑物的模型，应用于建筑专业、结构专业。

Bentley Building Mechanical Systems，是建筑物内通风空调系统（HVAC）、给排水系统设计模块。能够快速实现三维通风及给排水管道的布置设计、材料统计以及平、立、剖面图自动生成等功能，实现二维、三维联动。在此项目中主要用于创建通风空调管道及设备布置设计，应用于通风、空调和给排水专业。Bentley Building Electrical Systems，是基于三维设计技术和智能化的建模系统，可以快速完成平面图布置、系统图自动生成，能够生成各种工程报表，完成电气设计的相关工作，结合 BIM 完成协同设计和工程施工模拟进度，满足了建筑行业对三维设计的需求的日益提高，可应用于建筑电气专业。

Bentley Interference Manager（Bentley 碰撞检测管理器）提供了对 PlantSpace 模型硬碰撞和软碰撞的检测、查看和管理功能。除 PlantSpace 模型之外，Bentley Interference Manager 还可以对其他各种商业软件所创建的 3D 模型进行碰撞检测。如果已经有从其他设计软件得到的数据，例如 PDS、AutoPLANT 或者其他相关的 MicroStation 或 AutoCAD 应用程序，都可以使用 Bentley Interference Manager 对这些数据进行检测。Bentley Interference Manager 使用从这些产品中获取的图形和相关联的属性信息进行碰撞检测、查看和管理，可以对当前的模型起到参考作用。

Bentley 涉及的使用阶段有：方案阶段，初步设计，施工图，施工投标，施工组织，施工深化。

Bentley 支持多数三维模型格式，能读取 .dgn，.fbx .dwg .ifc .svg .u3d .stl 等多种文件格式。

3. 达索系列软件

法国达索系统（Dassault）公司是 PLM（Product Lifecycle Management，产品全生命期管理）解决方案的主要提供者，是法国达索飞机公司的子公司，达索系统公司 PLM 解决方案使企业能够创造并数字化地模拟其产品以及这些产品的制造和维护工序和所需资源。在达索系统提供的解决方案中，其核心特点是以三维立体形式提供一种现实的可视化功能，让使用者可以明白无误地沟通并真正实现协同工作。达索系统公司建筑行业解决方案包括：项目协同管理平台 ENOVIA、设计建模平台 CATIA 及 Digital Project、建筑性能分析平台 SIMULIA（Abaqus）、施工模拟平台 DELMIA、虚拟现实交互平台 3DV1A 等，公司官网：https：//www. 3ds. com。

（1）BIM 数据管理平台 ENOVIA

在对工程项目全过程中产生的各类信息如三维模型、图纸、合同、文档等进行集中管理的基础上，为工程项目团队提供一个信息交流和协同工作的环境。对工程项目中的数据存储、沟通交流、进度计划、质量监控、成本控制等进行统一的协作管理。通过三维数据将整个项目过程中的工程信息整合起来，所有与项目相关联的三维和二维信息都集成在一个数据库统一管理。建立一个工程项目内部及外部协同工作环境，使得项目过程中的信息能够快速、有效地共享及交流，并及时得到反馈基于三维可视化模型，对工程项目的变更、进度、成本进行实时监控，实现全过程的动态管理，真正意义上实现 BIM 应用的最大化。所有项目过程中的信息，将统一记录在管理平台的数据中心，提供可追溯的查询并作为知识沉淀，永久保存下来。

（2）建模工具 CATIA

在 CATIA 的设计环境中，无论是实体还是曲面，做到了真正的交互操作；CATIA 建模技术变量和参数化混合建模：在设计时，设计者不必考虑如何参数化设计目标，CATIA 提供了变量驱动及后参数化能力。几何和智能工程混合建模：对于一个企业，可以将企业多年的经验积累到 CATIA 的知识库中，用于指导本企业新手，或指导新车型的开发，加速新型号推向市场的时间。

CATIA 具有在整个产品周期内的方便的修改能力，尤其是后期修改性。无论是实体建模还是曲面造型，由于 CATIA 提供了智能化的树结构，用户可方便快捷的对产品进行重复修改，即使是在设计的最后阶段需要做重大的修改，或者是对原有方案的更新换代，对于 CATIA 来说，都是非常容易。

CATIA 涉及的使用阶段有：方案阶段，初步设计，施工图，施工投标，施工组织，施工深化。

CATIA 支持 .stp，.gl，.3dmap .bdf .catalog .dxf 等多种格式。

（3）施工模拟 DELMIA

提前预见风险，施工方案比选，施工工艺优化，对重要施工步骤进行提前模拟，排除施工过程中的冲突及风险，核查安全问题，对施工工人进行虚拟培训。将施工工序通过虚拟环境进行重建仿真，以实现降低施工风险，优化施工工序，缩短施工周期。消除设计错误，对比分析不同施工方案的可行性，实现虚拟环境下的施工工艺优化。

2.1.2 国内主流软件

1. 广联达 BIM 系列软件

广联达科技股份有限公司致力于提升建设工程信息化领域的 BIM 应用，以贯穿全生命周期的产品与解决方案，让 BIM 技术在项目中的应用能够真正落地。从 2009 年以来广联达 BIM 一直专注 BIM 技术研发，并与国内众多知名建筑企业积极展开 BIM 技术在实际项目中的应用。专注轻量化 BIM 应用，让用户从选择到决定，从学习到学会，从应用到收效的完整流程更加快速，轻松，高效。通过广州东塔、天津 117 等超大型项目的 BIM 综合应用，树立了行业应用典范，并通过大量的 BIM 案例实践和服务提炼出了有效的应用规范。以自主技术及全面产品开启了轻量化 BIM 应用新时代，既提供满足大型复杂项目的整体 BIM 解决方案，也有 BIM 5D、MagiCAD、BIM 算量、BIM 场地布置、BIM 模板脚手架等一系列标准化软件以及免费的 BIM 浏览器和 BIM 审图软件。

广联达 MagiCAD 软件是整个北欧及欧洲大陆地区领先的机电 BIM 软件，广泛应用于通风、采暖、给水排水、电气、喷洒系统和支吊架的设计与施工，是大众化的 BIM 解决方案。该软件包括风系统设计、水系统设计、喷洒系统设计、电气系统设计、电气回路系统设计、系统原理图设计、智能建模、舒适与能耗分析、管道综合支吊架设计模块。用户根据自身情况，可以选用基于 AutoCAD 平台或者 Revit 平台的 MagiCAD 产品，也可以选用双平台套装软件。

MagiCAD 涉及的使用阶段有：初步设计，施工图，施工投标，施工组织，施工深化。MagiCAD 支持 .dxf .dwg .ifc .rvt 等多种格式。

广联达 BIM5D 以 BIM 平台为核心，集成全专业模型，并以集成模型为载体，关联施工过程中的进度、合同、成本、质量、安全、图纸、物料等信息，为项目提供数据支撑，实现有效决策和精细管理，从而达到减少施工变更，缩短工期、控制成本、提升质量的目的（图 2-1-3）。

图 2-1-3

广联达 BIM 施工现场布置软件是基于 BIM 技术真正用于建设项目全过程临建规划设计的三维软件，为施工技术人员提供从投标阶段到施工阶段的现场布置设计产品，解决设计思考规范考虑不周全带来的绘制慢、不直观、调整多以及带来的环保、消防及安全隐患等问题。

2. 鲁班 BIM 系列软件

鲁班企业级 BIM 系统（Luban Builder）是一个以 BIM 技术为依托的工程基础数据平台，它创新性地将最前沿的 BIM 技术应用到了建筑行业的项目管理全过程当中。在 Luban Builder 中，只要将创建完成的 BIM 模型上传到系统服务器，系统就会自动对文件进行解析，同时将海量的数据进行分类和整理，形成一个包含三维图形的多维度、多层次数据库。Luban Builder 以用户权限与客户端的形式实现对 BIM 模型数据的创建、修改与应用，满足企业内各岗位人员需求，最大程度提高项目管理效率。鲁班软件现有 BIM 应用客户端包括 Luban BIM Explorer、Luban Works、Luban Viewer、iBan、Luban Onsite、Luban Plan 等。其中，Luban Viewer、iBan 等与移动应用紧密结合，充分适应了建筑业移动办公特性强的特点。

鲁班 BIM 系列软件涉及的使用阶段有：施工投标，施工组织，施工深化，项目管理。图 2-1-4 为鲁班软件 BIM 应用架构图。

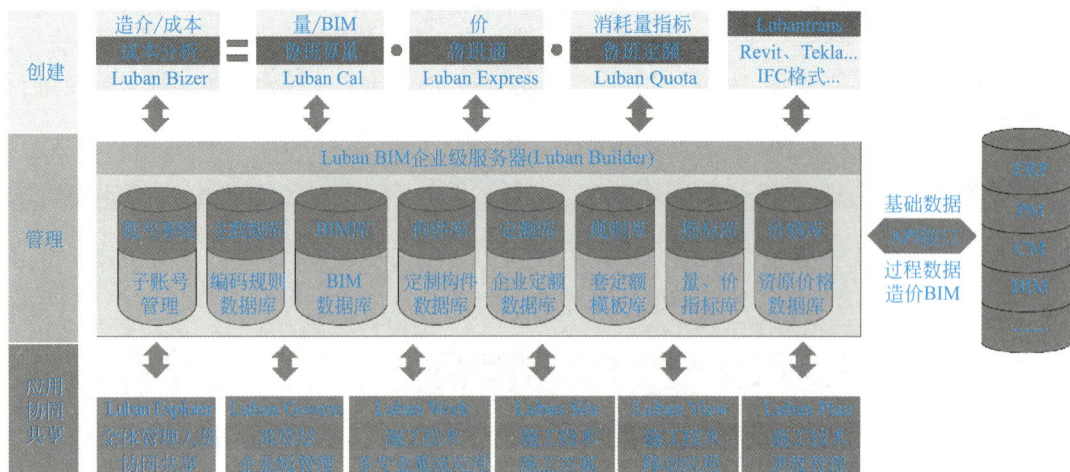

图 2-1-4

3. 斯维尔 BIM 系列软件

深圳市斯维尔科技有限公司一直致力于为工程建设行业提供优秀的产品，目前，斯维尔建筑设计软件、日照分析软件、节能设计软件、暖通负荷软件等软件产品已成为工程设计行业用户不可缺少的软件之一。斯维尔公司以用户需求为导向，不断深化单个产品功能的，同时基于 BIM 技术进行整合，形成了 THS-BIM 解决方案，该解决方案具有以下特点：①符合国内主流设计师的操作习惯。②THS-BIM 解决方案，涵盖了建筑设计、建筑节能分析、日照分析、负荷计算、绿色建筑设计与评价等层面的应用，并可以向工程造价领域延伸。③具有良好的兼容性与扩展性，可以与其他相关的专业软件模型互导（图 2-1-5）。

斯维尔 BIM 系列软件涉及的使用阶段有：施工投标，施工组织，施工深化，项目管理。

4. 鸿业 BIM 系列软件

鸿业软件致力于工程设计行业计算机辅助设计软件的开发，力求探索一条先进软件技术与我国设计行业具体规范规定完美结合之路，凭着不断进取的追求和踏踏实实的作风，先后向社会奉献了给水排水、暖通空调、规划总图、市政道路、市政管线及日照分析等数十个优秀软件产品，其中市政道路设计软件于 2000 年荣获科技部创新基金，其他产品均先后通过建设部组织的专家鉴定及推荐，并与遍及全国各地的用户进行了广泛的交流与服务，使得千万万设计人员的繁重工作变得轻松愉快。

同时，鸿业软件积极探索开拓我国城市信息化之路，主攻城市规划局和自来水公司方向，把办公业务与地理信息有机的紧密结合起来，极大地提高了办公效率，响应了中央政府号召的对公众透明化公开化参与化办事要求，到目前为止，已经为上海规划局、合肥市规划局和三亚规划局等上百家不同规模的城市规划局实现了办公信息化及决策智能化。

BIMSpace 是针对建筑设计行业的、基于 Revit 平台的二次开发软件。BIMSpace 共分为两个部分，一部分是族库管理、资源管理、文件管理，他更多的是考虑到我们在项目的

斯维尔BIM实施策划

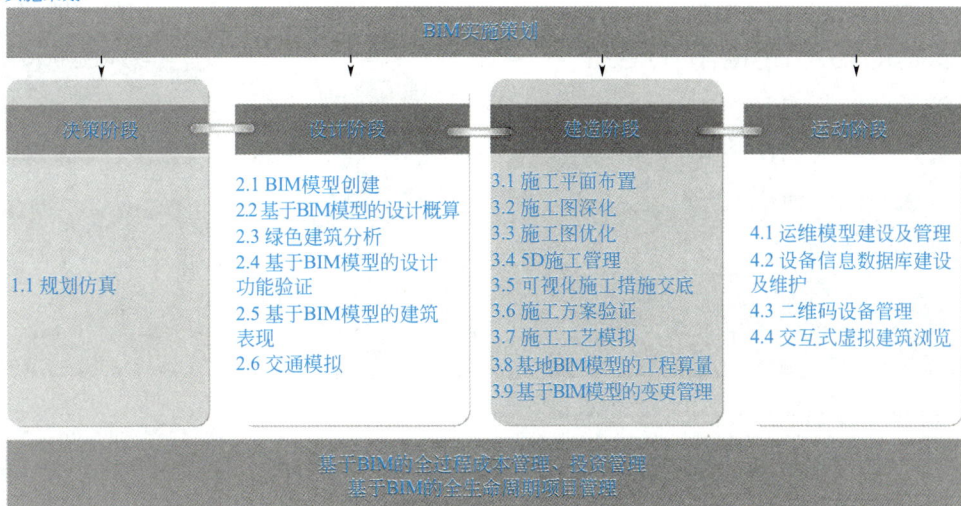

图 2-1-5

创建、分类，包括对项目文件的备份、归档；而另一部分包括乐建、给水排水、暖通、电气、机电深化、装饰，这一系列软件的开发无一不体现设计工作过程中质量、效率、协同、增值的理念。

BIMSpace 涉及的使用阶段有：方案阶段，初步设计，施工图，施工组织，施工深化。

2.2　Autodesk Revit 简介

2.2.1　概述

Revit 是欧特克公司出品的一款 BIM 类工具软件，可以使用它来创建参数化几何模型，进行面向对象的操作。这些"对象"不仅包含了常规三维软件中的几何图形，更重要的是嵌入其中的工程信息。这些信息为建筑和基础设施的设计、建造提供了有益的参考。在 Revit 模型中，所有的几何图元、图纸、二维视图和三维视图以及明细表，它们都是对同一个虚拟建筑模型的信息表现形式，反映了该模型在不同阶段下的三维空间内的状态。用户对建筑模型进行操作时，Revit 将自动收集用户操作对有关建筑模型图元的影响，并在项目的其他所有表现形式中协调该结果。Revit 的参数化修改引擎可自动协调在任何位置（模型视图、图纸、明细表、剖面和平面中）进行的修改。

如图 2-2-1 所示，就是展示在同一张图纸上的三维视图、渲染图、明细表，它们都是来自同一个建筑模型。

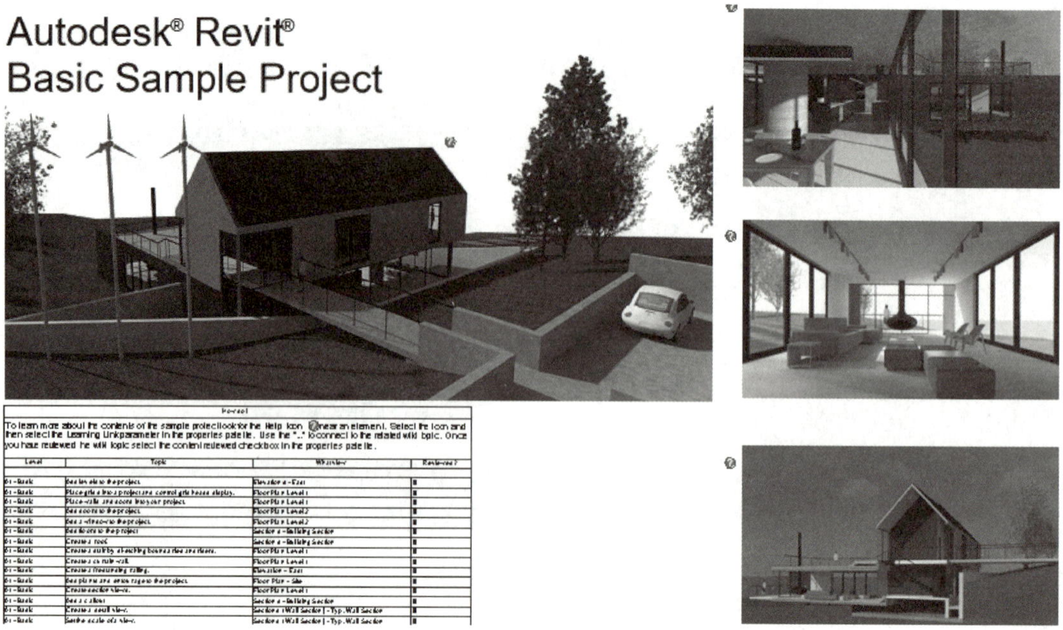

图 2-2-1　放置在图纸中的内容

2.2.2　集成的数据库——信息平台

基于这样的特点，我们也可以把 Revit 文件看作是关于建设项目的信息记录平台，它包含了该项目的虚拟三维构件、图纸和明细表，用户可以在这个模型文件中查阅与项目有关的设计、范围、数量和阶段等信息，如图 2-2-2 所示。

图 2-2-2　在项目浏览器中显示的信息

由 Revit 创建的图纸，并不是单纯的二维线条和图形的集合，而是从虚拟的三维建筑模型里提取的动态关联视图。这些模型是由"智能化构件"组成的，不仅包含了几何属性，还携带了关于建筑物的其他信息。

2.2.3　全局性的参数化动态修改机制

Revit 中的各种图元，都是通过一系列的参数来进行管理和控制的，对参数与属性的调整，贯穿了软件的整个操作过程。这些图元具有双向的关联性，用户可以在二维视图中进行调整而改变三维模型，或者修改三维模型以改变二维视图。例如在平面视图中移动了一扇窗，那么在所有能够看到这扇窗的立面视图、剖面视图和透视图里，这个图元也会同时反映用户所做的这个改变。如图 2-2-3 所示，在剖面图中选择一扇门，那么在对应的平面视图里，这扇门也会显示为被选中的状态。

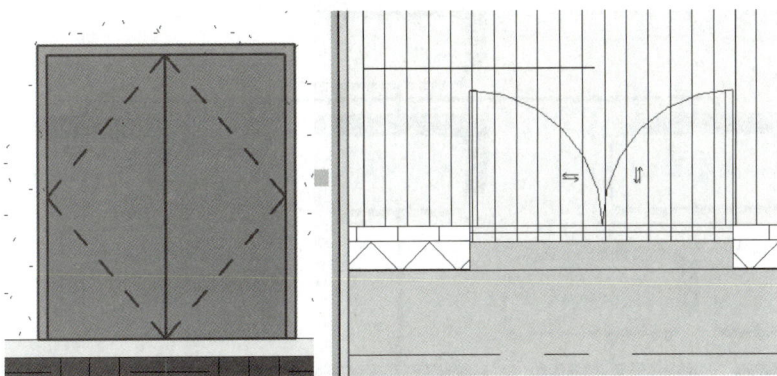

图 2-2-3　相关视图会动态显示图元状态

并且，这些图元以"属性"的方式将信息"随身携带"，意味着与图元关联的标记是直接绑定到了对象信息的。所以，这些标记将会自动的显示有关数据，而不需要用户的手动干预。相对于传统二维绘图工具的方式——"仅在注释中存储信息"，Revit 可以使用户在项目的协调、执行阶段，更加轻松的录入、管理、导出各种项目数据。图 2-2-4 显示了与图元属性相关联的标记族。

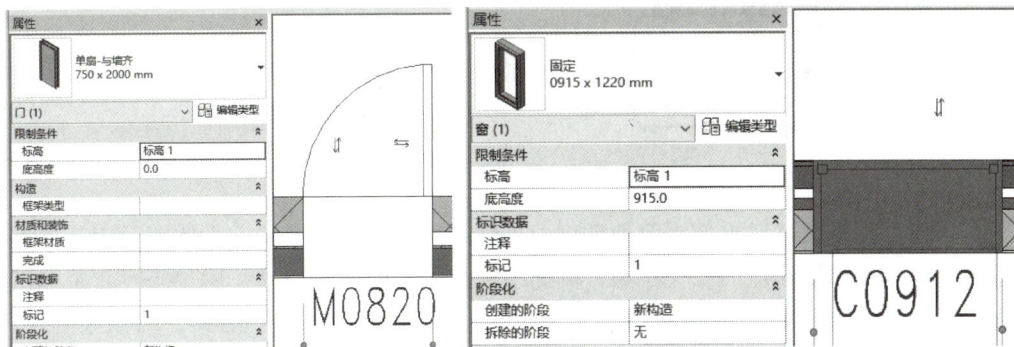

图 2-2-4　标记族可以提取图元信息

2.2.4 图元类型

Revit 在项目中使用 3 种类型的图元：模型图元、基准图元和视图专有图元。Revit 中的图元也称为族。族包含图元的几何定义和图元所使用的参数。图元的每个实例都由族定义和控制。

模型图元表示建筑的实际三维几何图形。它们显示在模型的相关视图中。例如：墙体、门窗、屋顶。

基准图元可帮助定义项目中的上下文环境。例如，轴网、标高和参照平面都是基准图元。视图专有图元只显示在放置这些图元的视图中。它们可帮助对模型进行描述或归档。例如，尺寸标注是视图专有图元。在图 2-2-5 中列出了与图元分类对应的例子。

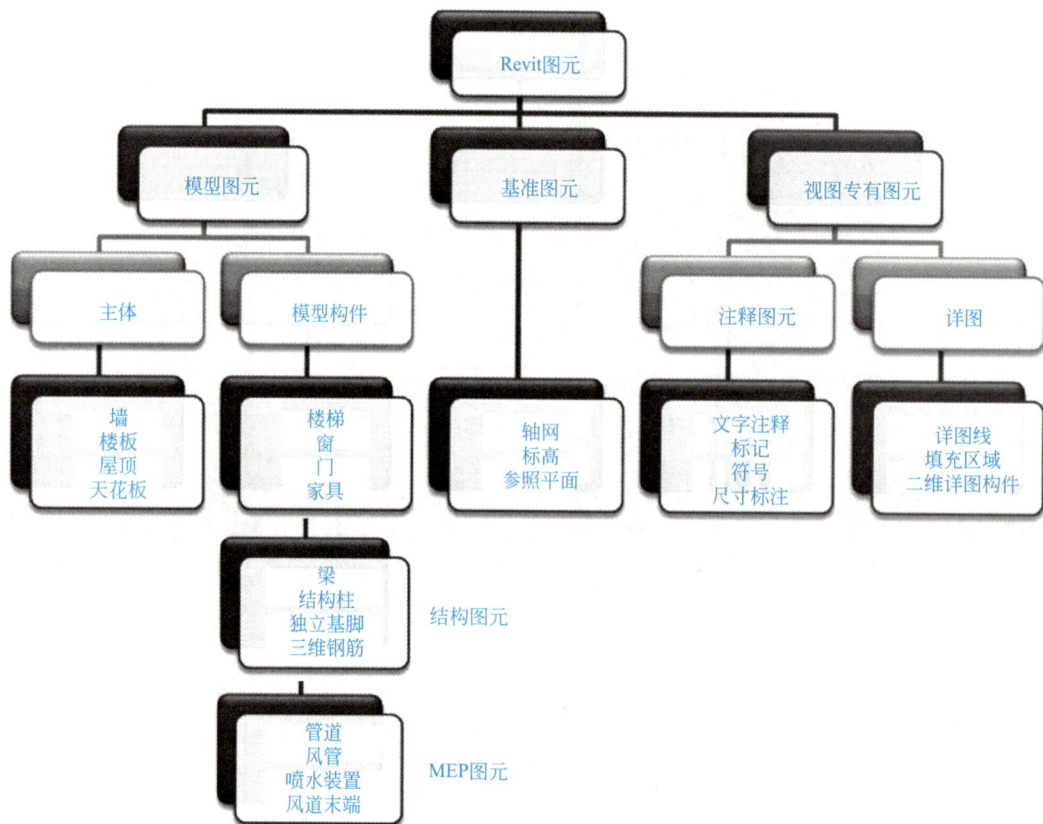

图 2-2-5　图元分类

其中模型图元又可以再分为两种类型，主体图元与非主体图元。主体图元用于代表那些通常是在施工现场建造的工程实物，例如结构墙体、楼板、顶棚、屋顶等。非主体图元则是模型中排除了主体图元后的其他所有图元，例如门窗、卫生洁具、结构梁/柱、锅炉等。

视图专有图元也分为两种类型，注释图元和详图。注释图元是对模型进行归档并在图纸上保持比例的二维构件。例如，尺寸标注、标记和注释记号都是注释图元。详图是在特定视图中提供有关建筑模型详细信息的二维构件。例如详图线、填充区域都是二维详图构件。

2.2.5 "参数化建模"的含义

Revit 中的参数化建模，指的是在创建项目中的图元时，各类图元之间由 Revit 提供的协调和变更管理功能。图元之间的这些关系，可以是由软件自动生成的，也可以是用户在创建图元时自行添加的，例如在创建族构件时所添加的自定义参数。Revit 能够在整个项目模型内即时协调用户做出的修改，正是得益于图元之间的参数化关系。

这种"参数化关系"可以有多种表现形式。例如门到墙面的距离，这是一个具有长度单位的类型；而约束到外墙的楼板的边缘，在墙体发生移动时，楼板也会自动调整自己的边界，这是图元之间几何关系的约束。

当 Revit 用户修改模型时，参数化引擎会立即确定判断受到影响的相关图元和视图，并同步进行调整。这种对"一致性"的保持是非常重要的，是所有 BIM 类工具软件的基本特征。这可以使用户更多的关注于工作内容本身，而不必再花时间去考虑"何时、如何"去手动的修正其他相关图元。通过这样的方式，不仅提高了工作效率，也保证了工作结果的质量。

Revit 也提供了丰富的 API，用户可以由此创建功能强大的个性化工具，在一个平台内进行更多类型的操作，还能加强与其他软件的数据交流。

2.3 Bentley 软件在施工中的应用

2.3.1 Bentley 特点

与施工相关的大部分风险产生主要原因是项目团队的协作效率较低，审批流程碎片化，手工操作冗长，且受制于现场数据的移动性差，施工资源数据无法有效获取、反馈，导致时间浪费，增加成本，增加安全隐患。针对以上问题 Bentley 公司拥有针对项目全生命周期、涵盖施工管理需求的软件产品解决方案，无论项目体量大小、复杂度，都可以做到很好地支持（图 2-3-1）。

2.3.2 Bentley 施工解决方案

Bentley 施工领域的解决方案包括如下软件：

Context Capture：三维实景建模软件，可以将对象的一组照片转化成三维模型，这个模型可以拥有精确的位置信息和尺寸信息，误差可以控制在几个厘米之内。施工场地规划可以利用实景建模技术，快速得到真实可靠的三维场地模型。从而帮助设计施工管理人员了解场地、施工进度等情况（图 2-3-2）。

图 2-3-1　Bentley BIM 信息的管理和共享

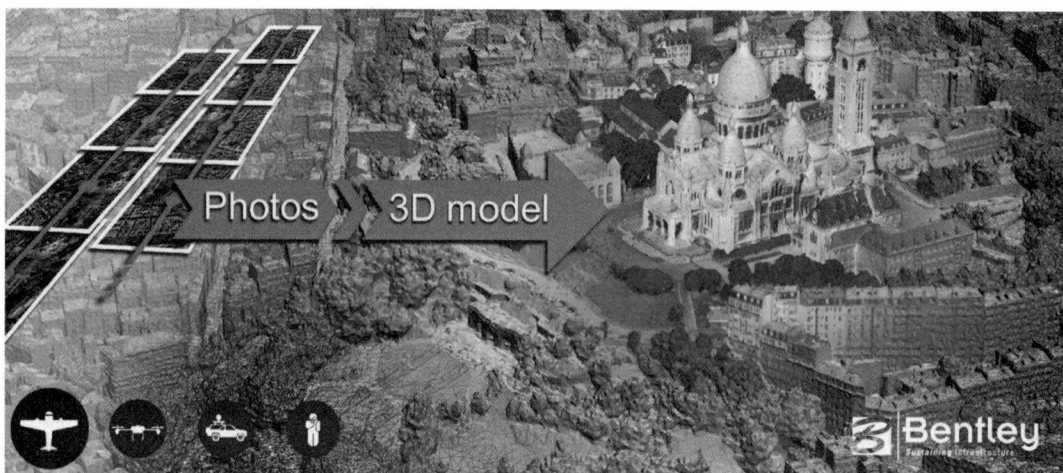

图 2-3-2　Bentley 施工解决方案

　　GeoPAK Site：场地三维建模软件，即利用现有的场地二维平面图，CAD 资源数据利用软件手段，将赋予二维平面图形以高程和坡度，从而将二维场地转化三维场地。借助这一技术，可以实现对现场的开挖回填分析、土方量分析、排水分析、场地优化与布置以及碰撞检查分析等（图 2-3-3）。

　　ProjectWise：数据的管理与工作协同平台，可以精确有效的管理各种 A/E/C（Architecture/Engineer/Construction）文件内容，并通过良好的安全访问机制，使项目的参与方在一个统一的平台上协同工作。通过 ProjectWise 协同工作平台，能够把贯穿项目生命周期中所有的信息进行集中，有效的管理，让散布在不同区域甚至不同国家的项目团队，能够在一个集中统一的环境下工作，随时获取所需的项目信息，进而能够进一步明确项目成员的责任，提升项目团队的工作效率及生产力。通过这个平台，不仅可将项目中所创造

图 2-3-3　二维场地转化三维场地

和积累的知识加以分类，储存以及供项目团队分享，而且可以作为以后企业进行知识管理的基础（图 2-3-4）。

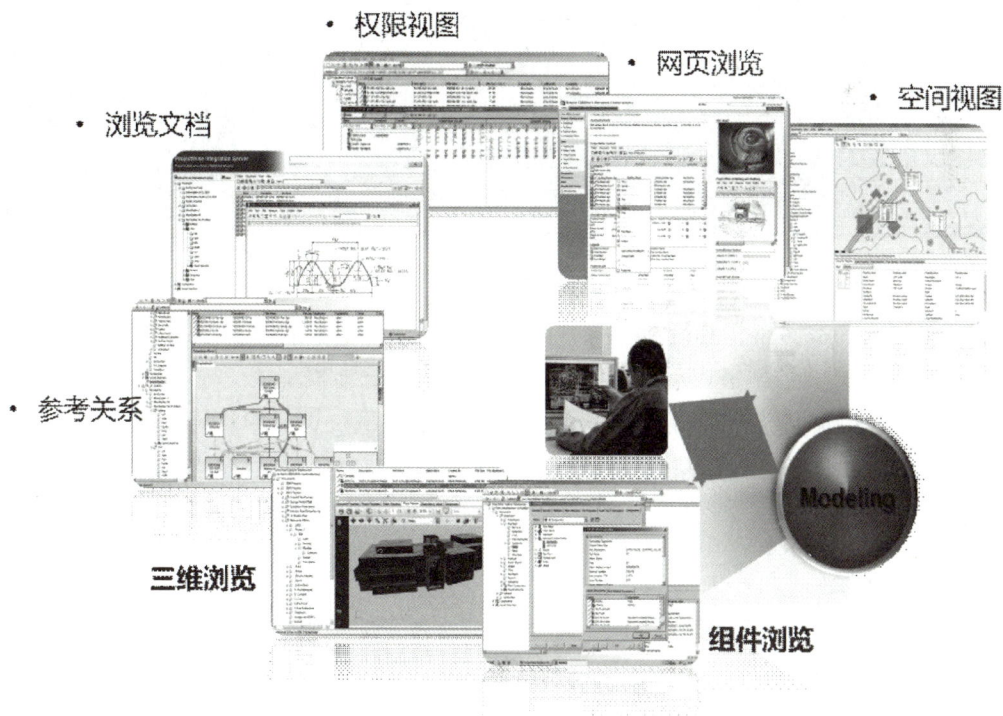

图 2-3-4　数据管理与工作协同平台

Bentley Navigator：是一款设计检视工具，为管理者和项目组成员提供了协同工作的平台，他们可以在不修改原始设计模型的情况下，添加自己的注释和标注信息。通过让用户可视化地交互式的浏览那些大型的复杂的智能 3D 模型，快速看到设计人员提供的设备布置，维修通道和其他关键的设计数据。检查碰撞让项目施工人员在建造前做建造模拟，尽早发现施工过程中的不当之处，可以降低施工成本，避免重复劳动和优化施工进度。

借助 Bentley Navigator，项目团队可以通过吊装模拟事先模拟大型设备吊装方案，在 3D 虚拟环境下检查项目设计和施工能力。用户还可对施工计划进行模拟并为其制作动画，并通过动态碰撞分析模块检测物体运动过程中可能潜在的碰撞（图 2-3-5）。

图 2-3-5　对施工计划进行模拟

Bentley Schedule Simulation（集成于 Bentley Navigator）：能够直接（原始数据格式）或间接（XML 等开放数据格式）将进度计划数据导入到三维模型或 i-model（i-models 文件是 Bentley Navigator 所浏览的模型格式，是 Bentley 为支持项目团队联合工作的信息交互的通用方法），可以支持 Microsoft Project 以及 Primavera，用户可对施工计划进行模拟并为其制作动画，分析进度计划的合理性（图 2-3-6）。

Bentley Interference Manager（集成于 Bentley Navigator）：提供了对三维模型硬碰撞和软碰撞的检测、查看和管理功能。以实时查看碰撞的情况。用户可以找到并锁定碰撞点，可以方便地在区域内移动来检测任何设计修改所带来的变化（图 2-3-7）。

ConstructSim Work Package Server：是用于施工过程管理 5D 三维可视化集成平台，用户使用它来计划，执行并解决施工过程当中的问题。ConstructSim WPS 支持创建各种类型的工作包，并提供统一的工作包框架从而实现针对项目全生命周期不同阶段的施工工作计划创建。依照 AWP 高级工作包理论的定义，在项目不同阶段，工作包的类型也不尽相同，工

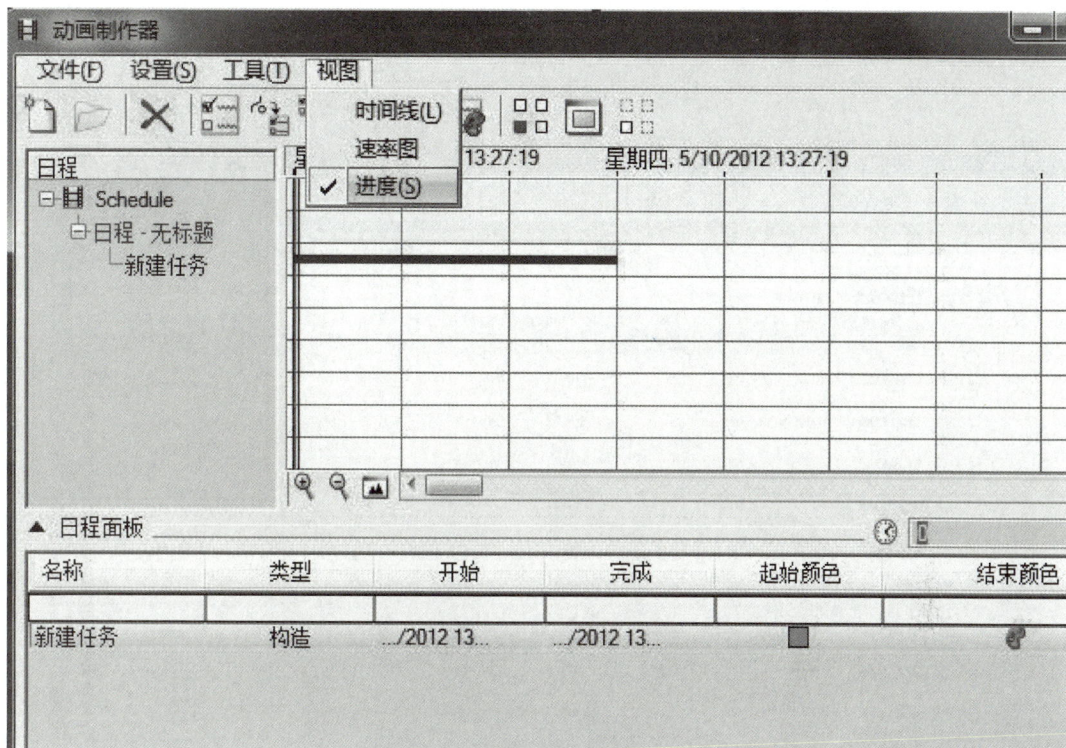

图 2-3-6　进度计划数据导入

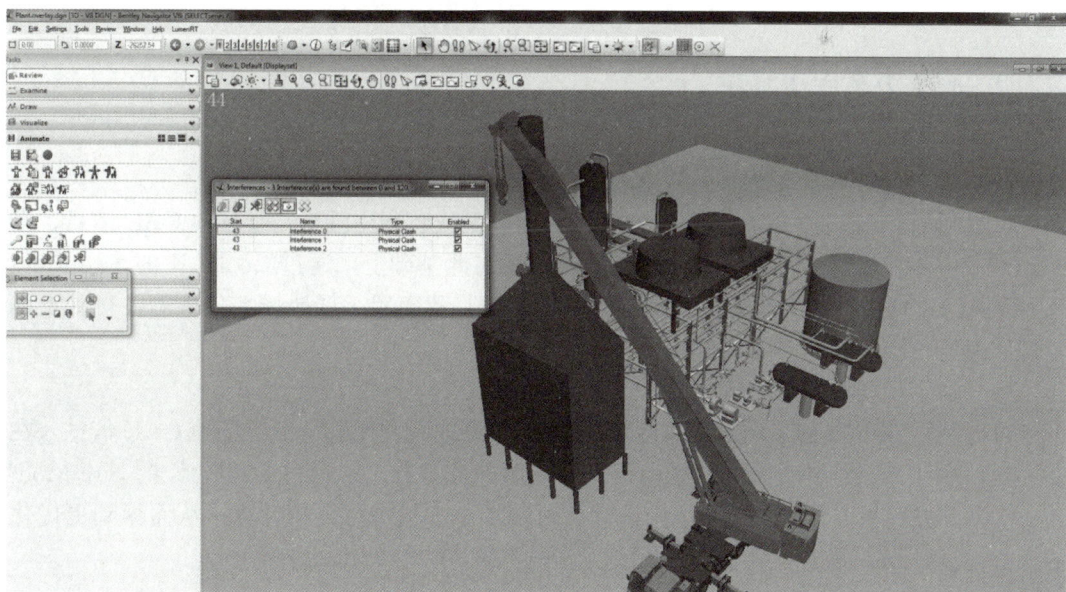

图 2-3-7

作包的应用可以贯穿整个项目周期，在不同的阶段定义不同类型的工作包，通过工作包明确信息传递的范围和内容，以工作包为单位进行上下游产业链之间的信息交互（图 2-3-8）。

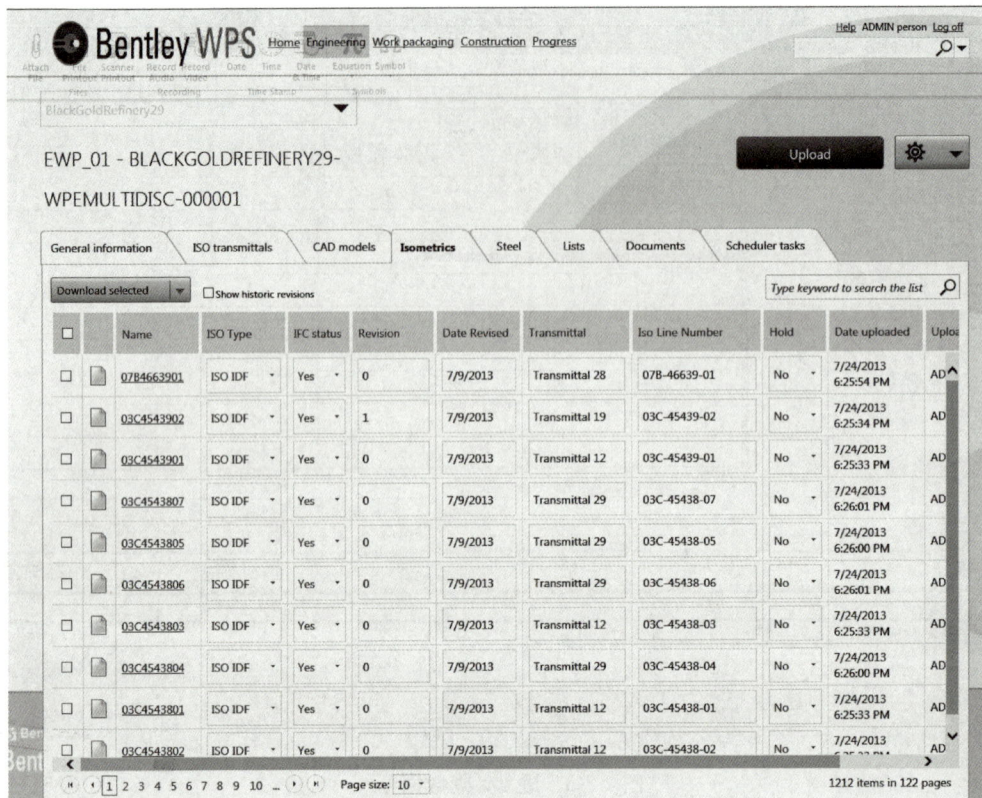

图 2-3-8

2.3.3 施工方案应用流程

（1）施工现场场地布置

可以利用 Context Capture 获取到三维场地模型或者利用既有二维场地 CAD 信息，在 GeoPAK 中生成最终的三维原始场地模型，然后在此基础上，通过 GeoPAK 的 Site Modeler 模块，对场地进行土地平整、施工区域划分、临建布置、场地排水分析等，得到更加合理的现场三维布置图（图 2-3-9、图 2-3-10）。

（2）施工现场开挖与回填分析

可以利用 Context Capture 获取到三维场地模型或者利用既有二维场地 CAD 信息，在 GeoPAK 中生成最终的三维原始场地模型，然后在此基础上，通过 GeoPAK 的 Site Modeler 模块，进行基坑开挖、道路填挖设计，对现场土方量进行分析计算，从而得到更优化的土方运输计划、弃土方案等（图 2-3-11、图 2-3-12）。

（3）施工进度可视化管理

利用 Context Capture 获取实景模型快捷方便的特点，可以定期获取施工现场的三维实景模型，作为施工进度计划管理的现场进展依据，可以让管理者和决策层更加形象直观地了解施工进度，更好地进行计划的调整，为整个项目的推进提供更好的依据（图 2-3-13）。

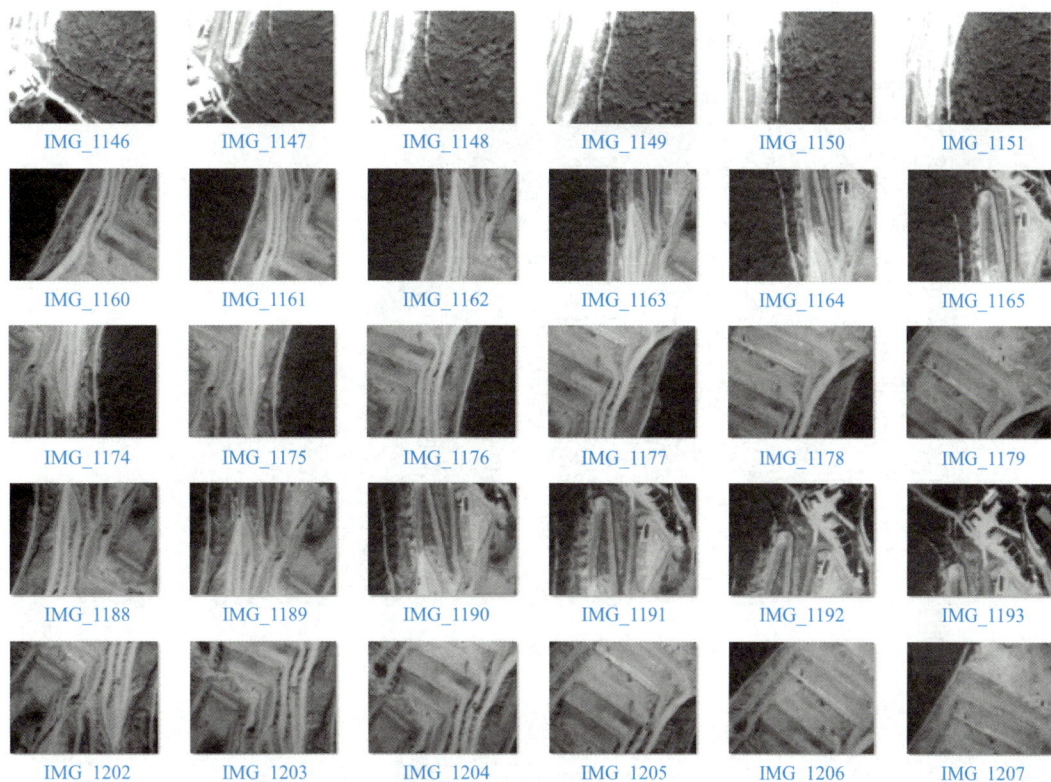

图 2-3-9　一组场地航拍照片

图 2-3-10

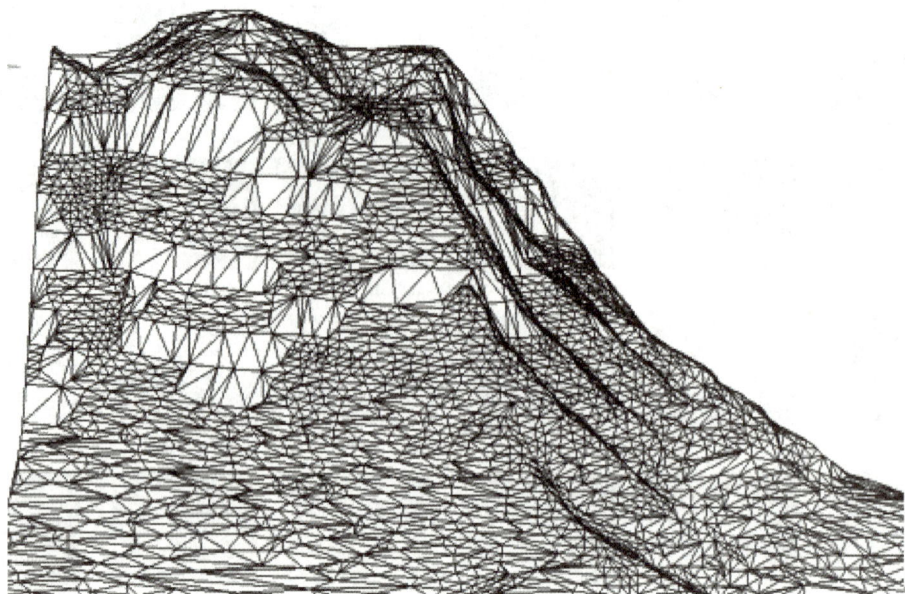

图 2-3-11　三维场地设计——原始地形

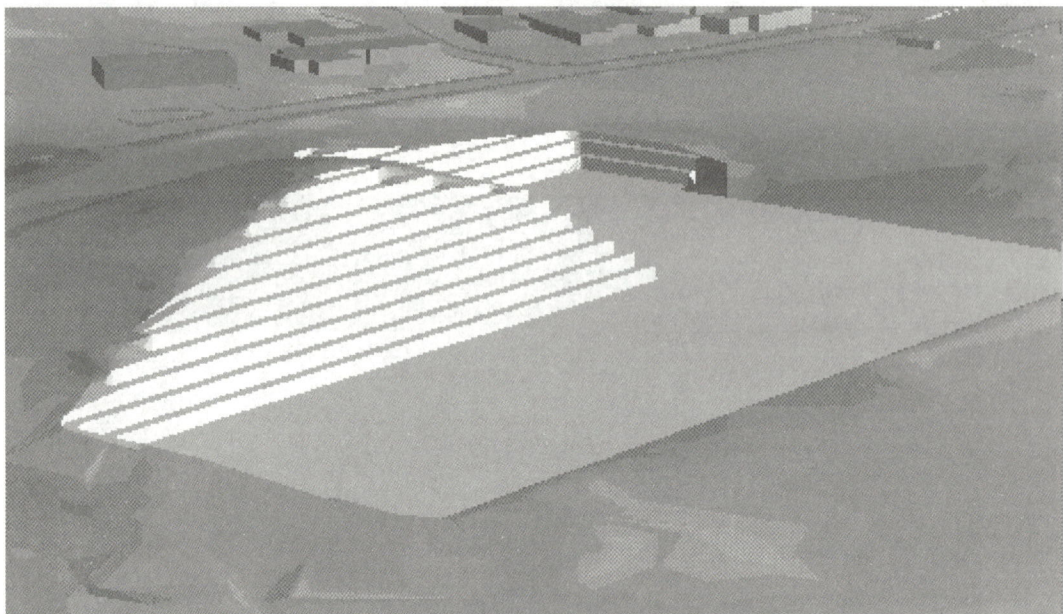

图 2-3-12　三维场地设计——开挖与放坡

（4）现场踏勘

在前期缺乏资料，或者现场暂不具备进场测量的条件下，可以利用 Context Capture 软件，通过无人机或者固定翼飞行器获取现场照片，然后在软件中生成场地实景模型，通过 Project Wise 平台将模型共享给建设方、设计方以及施工方，从而让项目参与各方无需达到现场，在项目的策划阶段就可以对整个现场有一个形象直观的了解，为后期的工作提供充分可靠的依据（图 2-3-14）。

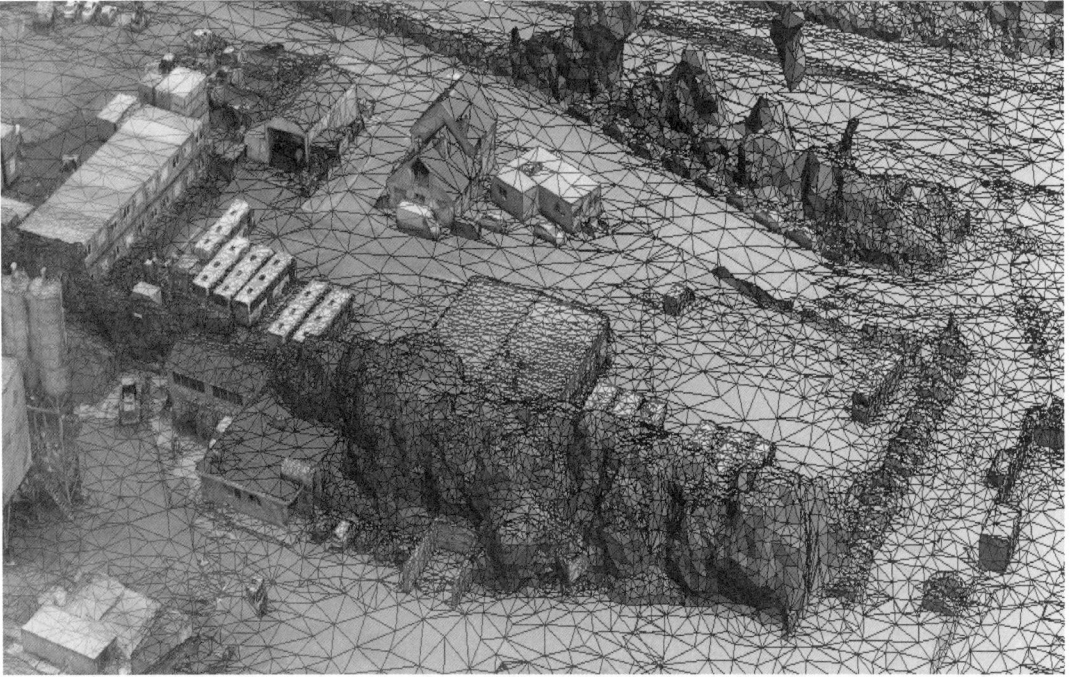

图 2-3-13　施工进度可视化管理

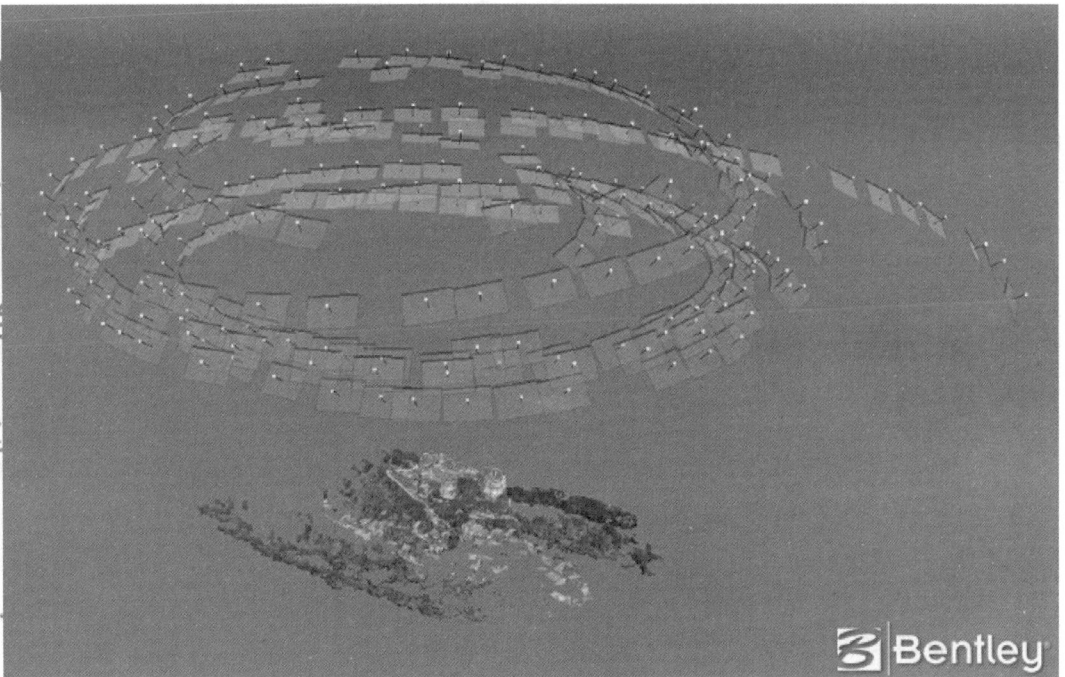

图 2-3-14　现场踏勘

（5）总图

利用 GeoPAK 生成的三维场地模型，可以将工程涉及的各专业模型参考进来，从而得到总装模型。该模型实质是三维数字化信息模型，通过 ProjectWise 平台，可将该模型延展到各专业、各参与方以及项目全寿命周期的各阶段（图 2-3-15）。

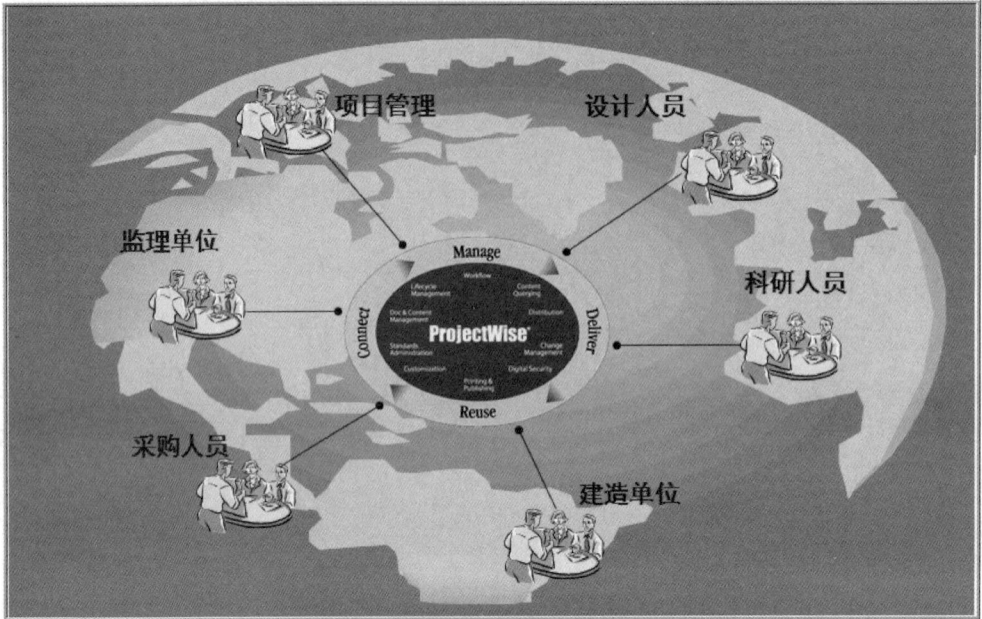

图 2-3-15　总图

（6）场地前期规划

在项目开始的初期，往往资料不足或缺失，现场不具备勘测条件，或者既有现场勘测资料长久未更新，与实际情况相差较远，这就需要通过技术手段快速获取现场现况情况。Context Capture 可以快速方便的获取现场实景模型，该模型拥有精确的位置信息和尺寸信息，为项目前期规划提供可靠依据（图 2-3-16）。

（7）施工模拟阶段

使用 Bentley 不同行业设计软件完成实际的工程模型后，通过参考的方式可以和 Context Capture 或者 GeoPAK 生成的模型进行整合并导出 Navigator 支持的 i-model 模型进行后续的施工吊装模拟、施工进度管理、动态浏览及审批校核（图 2-3-17）。

（8）施工管理阶段

ConstructSim WPS 的应用，通常使用阶段递进模式，项目实施的难易程度和所需时间完全取决于功能需求和前期数据准备情况。在计划阶段：ConstructSim WPS 的用户自定义系统，用户可以在可视化的环境下快速重组三维模型，很方便地将模型进行自定义划分，划分施工区域以指导施工人员施工。在执行阶段：对工作包进行排序。工作包创建完毕后，可以定义工作包的优先级，如某些关键系统需要优先施工，然后还需判断现场的场地、设备、材料配料、人力安排等因素，合理分配资源，安排施工顺序。在跟踪报告阶段：现场施工信息反馈给 ConstructSim WPS，ConstructSim WPS 将这些信息在三维模型当中进行安装状态可视化管理。同理，也可以利用这些信息进行材料采购状态，测试状态等可视化管理，便于业主或者 EPCM 公司实时把握掌控现场的施工进度（图 2-3-18）。

图 2-3-16　场地前期规划

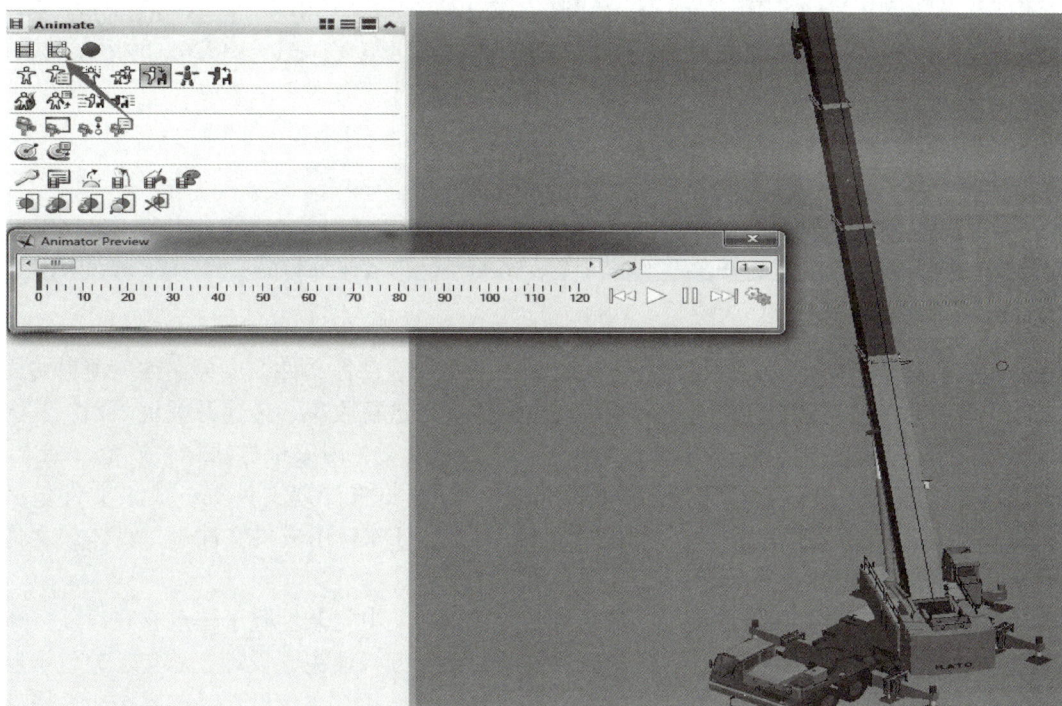

图 2-3-17　施工模拟阶段

图 2-3-18　施工管理阶段

2.4　项目文件管理、数据管理与转换

　　项目过程中所产生的文件可分为三大类：依据文件、过程文件、成果文件。项目实施过程中各参与方根据自身需求及实际情况对这三类文件进行收集、传递及登记归档。其中依据文件包括设计条件、设计图纸、变更指令、政府批文、国家地方法律、规范、标准、合同等；过程文件包括会议纪要、工作联系单、BIM 实施计划文件等；成果文件包括BIM 模型文件（过程模型、方案模型和竣工模型）及 BIM 应用成果文件等。具体的文件夹层次可依据图 2-4-1 进行设置。

　　建设项目本身具有项目周期长、复杂性高等特点，其中复杂性除了体现在建设任务繁多且技术要求较高等方面外，还表现在众多的项目参与方（业主、设计、总包、分包和监理等）之间的沟通与交互、协同工作方面。有相关资料显示，在建设项目的整个生命周期内，超过八成的数据、信息是以文档的形式进行传递的，这些文档包括多种形式，如表格、图形、纯文本文件以及它们相结合的形式等。随着建设项目愈来愈趋向于复杂和大型化，建设项目数据、信息从数量和复杂性上都发生了巨大的变化，并且随着建设项目参与

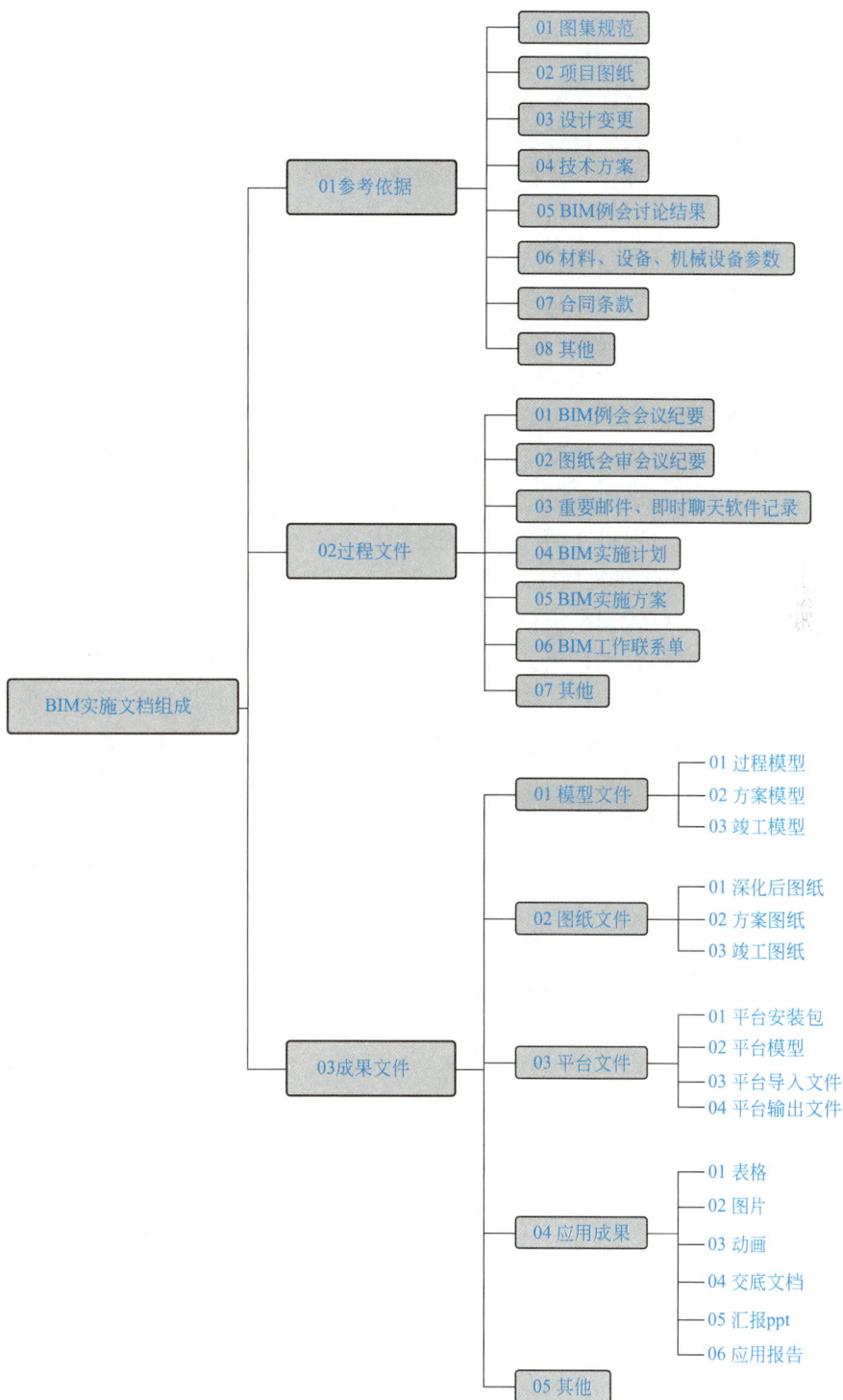

图 2-4-1　文件夹层次

各方之间交互、协同工作等需求的进一步提高，传统的档案式的建设项目文档管理系统已经远远不能满足由数据储存到知识管理转变的需求。而基于 BIM 的信息集成管理将极大提高项目管理的效率。

1. 传统建设项目文档管理系统存在的问题

传统的建设项目文档管理系统是根据项目各参与方各自的内部需求建立的，容易产生信息孤岛，非常不利于建设项目各参与方之间的协同工作。并且即使是在某个项目参与方内部，建设项目文档的管理也是依据设计、成本、进度、质量、施工、运营等不同职能部门的划分进行管理的。各职能部门自行进行文档管理，并只对上级决策层汇总报告。项目管理中经常产生的对不同部门间相关数建设项目本身具有项目周期长、复杂性高等特点，其中复杂性除了体现在建设任务繁多且技术要求较高等方面外，还表现在众多的项目参与方（业主、设计、总包、分包和监理等）之间的沟通与交互、协同工作方面。有相关资料显示，在建设项目的整个生命周期内，超过八成的数据、信息是以文档的形式进行传递的，这些文档包括多种形式，如表格、图形、纯文本文件以及它们相结合的形式等。

随着建设项目愈来愈趋向于复杂和大型化，建设项目数据、信息从数量和复杂性上都发生了巨大的变化，并且随着建设项目参与各方之间交互、协同工作等需求的进一步提高，传统的档案式的建设项目文档管理系统已经远远不能满足由数据储存到知识管理转变的需求。而基于BIM的信息集成管理将极大提高项目管理的效率。

2. 传统建设项目文档管理系统存在的问题

传统的建设项目文档管理系统是根据项目各参与方各自的内部需求建立的，容易产生信息孤岛，非常不利于建设项目各参与方之间的协同工作。并且即使是在某个项目参与方内部，建设项目文档的管理也是依据设计、成本、进度、质量、施工、运营等不同职能部门的划分进行管理的。各职能部门自行进行文档管理，并只对上级决策层汇总报告。项目管理中经常产生的对不同部门间相关数

（1）尽管计算机辅助已经得到了广泛应用，但是传统的纸质文档管理仍然是现今建设项目文档管理中信息储存、交流的主要形式。计算机制表、复印、递送等人工操作，造成了沟通时间长、效率低，信息反馈周期长及程序繁冗，造成极大的资源浪费，影响计划、决策和分析，耽误工期，并且文档生成的及时性和准确性也得不到保证，直接影响建设项目的顺利实施。

（2）目前大部分研究仍然只是着眼于从不同数据类型、结构的角度进行系统设计，寻找对结构化、非结构化等数据结构，或者视档、图档等异构类型数据的管理方案。这样最终只能实现问题的局部解决，且会导致项目实施过程中不同文档管理系统之间不兼容，不利于文档信息的交互与共享，造成相同文档信息的重复输入与储存。

（3）一些已经开发成熟的商业系统，以企业内部为重点，经常被项目参与者独立使用，不能真正实现文件管理系统的多方互动与合作。

（4）项目文件作为指导项目实施、竣工后项目验证和项目案例知识学习的重要依据，在建设项目全生命周期乃至未来的类似项目管理中发挥着重要作用。但是，传统的建设项目文件管理系统的信息检索效率较低，只能存放在企业或项目本身，知识复用不足。

（5）目前，建设项目文件管理系统的检索方法主要依赖于系统本身的检索功能。只能基于文本匹配功能的关键字/词检索。对于不同的项目参与者来说，创建不同的文档表达方式、不同的写作方式和不同的专业知识可能是多义性的。一词多义的现象，甚至搜索词不一定包含在相关文档中，导致检索效率低下，检索结果不理想。

（6）随着建筑工程领域国际合作项目的不断增多，参与方可能分布在不同的国家和地区，从而改变了项目参与方之间传统的沟通和交流。

（7）这对信息的互动性、稳定性和及时性提出了更高的要求。作为施工信息的重要载体，传统的施工项目文件管理系统也需要进行相应的改革。

3. 建筑信息模型（BIM）

建筑信息建模（BIM）最早出现在 20 世纪 70 年代的机械工程领域，后来被引入建筑领域，成为"建筑描述系统"（Building Description Systems）。后来，它被称为"构建产品模型"（Building Product Model）。自 2002 年欧特克首次引入"建筑信息建模"一词以来，BIM 一词已被广泛传播。

随着多维信息建模技术在建筑领域的应用和发展，BIM 的概念应运而生。建筑信息模型才逐步发展和成熟。

到目前为止，建筑信息模型（BIM）还没有统一的定义。根据相关国际组织和专家学者给出的定义和描述，BIM 的特点总结如下：

（1）计算机信息多维建模技术在建筑领域的应用。

（2）参数化模型组件库。

（3）强大的建筑信息数据库及相关关系，在生成、修改、维护过程中实现各种建筑数据信息的平台化协同集成和自动关联更新。

（4）三维图像可视化，强大的交互分析功能。

（5）基于国际金融公司标准的数据交换和协作。值得注意的是，国际金融公司标准的使用使得不同的 BIM 系统和软件能够更方便地交换数据，这是 BIM 快速发展的关键因素。目前，国际标准化组织（ISO）已将国际金融公司标准注册为 ISO/IS＿，已成为正式的国际标准。

4. BIM 环境下文件管理系统的研究框架

在对传统的建设项目文件管理系统进行分析的基础上，结合建筑、设计、施工和设施管理（aec/fm）领域中 BIM 的越来越深入的应用和发展，对其集成进行研究和探讨。建筑信息模型的集成数据。在 BIM 环境下建立文档管理系统。BIM 环境下文件管理系统研究的必要性。

5. 传统建设项目文件管理系统及其应用

BIM 技术的运用可以提高施工预算的准确性，对预制加工提供支持，有效地提高设备参数的准确性和施工协调管理水平。充分利用 BIM 的共享平台，可以真正实现信息互动和高效管理。

第一，BIM 模型被誉为参数化的模型，提高了施工预算的准确性。在建模的同时，各类的构建就被赋予了尺寸、型号、材料等约束参数。由于 BIM 是经过可视化设计的环境反复验证和修改的成果，所以由此导出的材料设备数据有很高的可信度，应用 BIM 模型导出的数据可以直接应用到工程预算中，为造价控制、施工决算提供了有力的依据。以往，施工决算都是拿着图纸测量，现在有了 BIM 模型以后，数据完全自动生成，做决算、预算的准确性大大提高了。各施工单位会将大量的构件，如门窗、钢结构、机电管道等进行工厂化预制后再到现场进行安装，运用 BIM 导出的数据可以极大程度地减少预制架构的现场测绘工作量，同时有效提高了构件预制加工的准确性和速度，使原本粗放性、分散性的施工模式变为集成化、模块化的现场施工模式，从而很好地解决了现场加工场地狭小、垂直运输困难、加工质量难以控制等等问题，为提高工作效率、降低工作成本起到了关键作用。以往做预制加工都是在现场测绘，所以准确性很有问题。现在根据正确的已检验好的模型来做预制加工，并利用软件绘制预制加工图，把每个管段都进行物流编号，进行后厂加工，是一个很好的解决方案。

第二，BIM 可以有效地提高设备参数复核的准确性。在机电安装过程中，由于管线综合平衡设计，以及精装修时会将部分管线的行进路线进行调整，由此增加或减少了部分管线的弯头数量，这就会对原有的系统复核产生影响。通过 BIM 模型的准确信息，对系统进行复核计算，就可以得到更为精确的系统数据，从而为设备参数的选型提供有力的依据。

第三，BIM 使施工协调管理更为便捷。信息数据共享、四维施工模拟、施工远程的监控，BIM 在项目各参与者之间建立了信息交流平台，尤其像上海中心这样一个结构复杂、系统庞大，功能众多的建筑项目，各施工单位之间的协调管理显得尤为重要。有了 BIM 这样一个信息交流的平台，可以使业主、设计院、顾问公司、施工总承包、专业分包、材料供应商等众多单位在同一个平台上实现数据共享，使沟通更为便捷、协作更为紧密、管理更为有效。

2.5　BIM 项目管理

建筑信息模型是以建筑工程项目的各项相关信息数据作为模型的基础，进行建筑模型的建立，通过数字信息仿真模拟建筑物所具有的真实信息。

BIM 的英文全称是 Building Information Modeling，国内较为一致的中文翻译为：建筑信息模型。定义由三部分组成：

（1）BIM 是一个设施（建设项目）物理和功能特性的数字表达；

（2）BIM 是一个共享的知识资源，是一个分享有关这个设施的信息，为该设施从建设到拆除的全生命周期中的所有决策提供可靠依据的过程；

（3）在项目的不同阶段，不同利益相关方通过在 BIM 中插入、提取、更新和修改信息，以支持和反映其各自职责的协同作业。

2.6　BIM 协同工作知识与方法

BIM 协同操作是以前传统工程流程里面难以实现的，各专业可以借助协同平台去完成各自的任务，这样既不互相影响，又可以联动起来，提高工作效率，降低成本。BIM 协同与传统方法最大的差异有以下四点：

（1）设计方案立体视觉呈现，设计冲突检讨不再受限于传统 2D 图面，需要靠专业知识才能解读及感受空间感，业主及设计师可以直接浏览每个空间，减少双方想象的落差、缩短沟通的时间，而且是有效沟通，容易达成共识。

（2）以往各专业之间的信息流通属于单向沟通，很容易发生顾此失彼，现在透过 BIM 模型可以整合所有信息，作多面向通盘性的检讨，及早发掘设计冲突，并有机会主动调整，节省工程费用。

（3）随着设计概念发展到细部设计再到施工建造阶段，不同阶段的 BIM 模型有着不同的任务，BIM 模型随着建筑生命周期演变，扮演着不同阶段信息沟通的角色，BIM 模型使用的周期越长，应用的范围越广，越能发挥 BIM 的价值。

（4）使用绿能分析进行 BIM 的延伸应用，回馈设计团队做建筑性能的优化参考，设计出更舒适的热环境，节省能源消耗。进阶应用更可分析出全年空调耗能，透过遮阳、热缓冲建材等手法，可节省更多耗电量，达到真正的节能减碳效果。

通过以上阐述，大家对 BIM 协同与传统方法最大的差异可以很明显看出来，可以通过 BIM 的协同操作去同步完成一个目标，这样可以大大降低项目的设计与施工周期，为业主带来真正的效益。

习　题

判断

1. BIM 核心软件包括：BIM 方案设计软件、发布和审核软件、运营管理软件、造价管理软件、模型综合碰撞检查、深化设计软件、模型检查软件、可视化软件、结构分析软件、机电分析软件、可持续发展软件和 BIM 接口的几种造型软件。（　　）

2. MicroStation 功能强大的三维模型设计工具，为在 ProjectWise 基础上针对智能三维全信息模型应用的功能扩展。它能从智能化的三维模型中得到任意位置的平面、剖面、正交视图和透视图等。（　　）

3. 达索系列软件 DELMIA 具有提前预见风险，施工方案比选，施工工艺优化，对重要施工步骤进行提前模拟，排除施工过程中的冲突及风险，核查安全问题，对施工工人进行虚拟培训的功能。（　　）

4. 在全球设计软件中，欧特克经过二十多年的发展，Autodesk 已经建立了包括图形平台、专业三维应用、协同作业等全方位的产品线，其中专业三维解决方案涵盖了机械设计、建筑设计、土木与基础设施设计、地理信息系统、数字媒体与娱乐等多种领域。（　　）

多选

1. 深圳市斯维尔科技有限公司一直致力于为工程建设行业提供优秀的产品，目前，下列哪些斯维尔软件产品已成为工程设计行业用户不可缺少的软件之一。（　　）

A. 建筑设计软件　　　　B. 日照分析软件　　　　C. 碰撞检测软件

D. 漫游模拟软件　　　　E. 节能设计软件

2. 鲁班软件现有 BIM 应用客户端包括 Luban BIM Explorer、Luban Works、Luban Viewer、iBan、Luban Onsite、Luban Plan 等。其中，_____、_____等与移动应用紧密结合，充分适应了建筑业移动办公特性强的特点。（　　）

A. Luban BIM Explorer   B. Luban Plan   C. Luban Viewer

D. Luban Works   E. iBan

3. PlantSpace 是 Bentley 公司的三维设计软件，三维软件 PlantSpace 是以 Bentley 公司开发的_____为基础平台，以_____为二次平台，以面向对象的 JSpace Class 技术为核心，基于数据库技术，集智能化三维建模技术、碰撞检查、抽二维图和材料报表以及工厂化实时漫游为一体的三维工厂化整体设计软件。（   ）

A. PlantSpace   B. MicroStation   C. Bently

D. Trifroma   E. BentleyStructural

单选

1. Auto CAD Civil3D 2013 软件广泛适用于勘察测绘、岩土工程、交通运输、_____、市政给排水、城市规划和总图设计等众多领域。（   ）

A. 民用建筑   B. 水利水电   C. 桥梁工程   D. 公共建筑

2. BIMSpace 是针对建筑设计行业的、基于 Revit 平台的二次开发软件。BIMSpace 共分为两个部分，一部分是族库管理、资源管理、文件管理，他更多的是考虑到我们在项目的创建、分类，包括对项目文件的备份、归档；而另一部分包括_____、给水排水、暖通、电气、机电深化、装饰。（   ）

A. 乐建   B. 结构   C. 建筑   D. 小市政

3. 广联达 MagiCAD 软件是大众化的 BIM 解决方案。该软件包括风系统设计、水系统设计、喷洒系统设计、电气系统设计、电气回路系统设计、系统原理图设计、智能建模、_____、管道综合支吊架设计模块 （   ）

A. 结构分析   B. 舒适与能耗分析   C. 日照分析   D. 管线综合碰撞分析

习题答案

教学单元 3 BIM 全生命期应用

3.1 BIM 技术在建筑全生命期的应用实施

随着 BIM 技术在施工行业应用的不断推广和实践，虽然大部分企业在 BIM 实施时能做到理性务实、重点突破，但还是有很多企业不够理性客观，没有做好需求分析和规划，就仓促购买软件实施。部分企业开始对 BIM 应用高期望，最后对 BIM 持否定态度。因此，在实施 BIM 时，应从业务需求出发，明确需要解决什么问题，知道要从哪里做起，并结合企业及项目的特点和条件，明确近期与中长期的目标，制定切实可行的规划，建立科学的实施体系和保障措施，有方法、有步骤地循序推进。

首先，BIM 技术作为一项全新和先进的技术，它的实施和推广必然带来项目建造方式革命性的变化，同时也意味着企业也要以新的工作方式对项目进行监管。BIM 实施（即 BIM 技术的应用）过程中会遇到多种复杂的问题，它不是一蹴而就的。其次，BIM 实施是一个基于项目建设全过程中的 BIM 模型创建、数据积累、管理以及协同共享的过程，对于施工业务更是如此，整个应用过程并不是仅仅单纯依靠软件完成的。最后，通过近年来国内企业的实践发现，BIM 应用软件的学习和培训本身并不困难，难点在于如何将 BIM 技术应用到实际的工作和业务上去。例如，如何利用 BIM 应用软件所提供的信息和数据进行管理，以及在数据的有效性和准确性出现问题时，应该如何协调什么岗位的人员来对模型进行相应的加工和完善等。因此，在开始实施 BIM 之前，对其整体目标、实施方法与策略以及保障措施等方面进行有效的规划就显得非常重要。

无论是企业还是具体的项目，实施 BIM 都是一个较为复杂的过程。在宏观上，我们应该遵循信息化阶段规律，正确定位企业 BIM 建设的现状和能力，并制定切实可行的 BIM 实施路线。在微观上，要根据企业 BIM 人才和能力、建设项目的特点、项目团队的能力、当前的技术发展水平、BIM 实施成本等多个方面综合考虑选择切合自身特点的 BIM 实施路线。

BIM 实施目标主要包括通过 BIM 技术的应用和推广，促进企业核心竞争力的提升，推动生产效率和效益的提高。确定目标是实施 BIM 技术的第一步，目标明确以后才能决定要完成什么任务、利用什么样的 BIM 技术去实现这个目标。在 BIM 实施规划中，可以结合企业自身业务的实际情况，将不同 BIM 技术应用所带来的价值和利益贡献进行分析排序，进而明确地规划出所要实施的具体 BIM 技术应用及其目标。在此基础上，制定 BIM 实施的实施流程、实施计划、组织及工作职责、保障措施等，最终才能系统性地保障 BIM 实施的顺利进行。

3.1.1　BIM 实施模式

BIM 在项目上应用有多种管理模式，从实施主体的角度，主要有业主主导管理模式、设计主导管理模式、施工主导管理模式等。但不管是业主主导、设计主导还是施工主导，常见的实施模式不外乎咨询实施、自行实施、组合实施 3 种方式：

（1）咨询实施是聘请 BIM 专业咨询公司指导项目 BIM 主导方实施 BIM 相关工作，咨询公司提交满足项目要求的成果，这种方式适用于对 BIM 技术完全不了解的项目团队；

（2）自行实施是项目 BIM 主导方自行组建 BIM 团队完成实施工作，适用于对 BIM 技术有深刻理解和应用经验的项目团队；

（3）组合实施是在项目 BIM 主导方统一管理下，部分 BIM 实施工作外包给第三方。在项目 BIM 实施工作中，项目 BIM 主导方作为 BIM 技术实施者和应用者，对 BIM 技术应用工作应承担主导作用，由主导方提出 BIM 技术应用工作要求，接收 BIM 技术应用交付成果，并对 BIM 服务方和参与方进行管理，各参与方按照与施工项目的合同约定，完成自身实施工作并积极配合其他参与方，最终提交相应的 BIM 技术应用工作成果，此方式适用于对 BIM 技术有一定了解的项目团队。

3.1.2　BIM 实施策划

1. BIM 实施策划内容

BIM 实施策划的主要内容包括：

（1）BIM 规划概述。阐述 BIM 策划制定的总体情况，以及 BIM 的应用效益目标。

（2）项目信息。阐述项目的关键信息，如：项目位置、项目描述、关键的时间节点。

（3）关键人员信息。作为 BIM 策划制定的参考信息，应包含关键的工程人员信息。

（4）项目目标和 BIM 应用目标。详细阐述应用 BIM 需要到达的目标和效益。

（5）各组织角色和人员配备。项目 BIM 策划的主要任务之一就是定义项目各阶段 BIM 策划的协调过程和人员责任，尤其是在 BIM 策划制定和最初的启动阶段。确定制定计划和执行计划的合适人选，是 BIM 策划成功的关键。

（6）BIM 应用流程设计。以流程图的形式清晰展示 BIM 的整个应用过程。

（7）BIM 信息交换。以信息交换需求的形式，详细描述支持 BIM 应用信息交换过程模型信息需要达到的细度。

（8）协作规程。详细描述项目团队协作的规程，主要包括：模型管理规程（例如：命名规则、模型结构、坐标系统、建模标准，以及文件结构和操作权限等）以及关键的协作会议日程和议程。

（9）模型质量控制规程。详细描述为确保 BIM 应用需要达到的质量要求，以及对项目参与者的监控要求。

（10）基础技术条件需求。描述保证 BIM 策划实施所需硬件、软件、网络等基础条件。

（11）项目交付需求。描述对最终项目模型交付的需求。项目的运作模式（如：DBB设计招标建造、EPC 设计采购施工、DB 设计建造、EP 设计采购、PC 采购施工、BOT 建造运营-移交、BOOT 建造拥有-运营-移交、TOT 转让运营移交等）会影响模型交付的策略，所以需要结合项目运作模式描述模型交付需求。

2. BIM 实施目标

（1）BIM 策划制定的第一步，也是最重要步骤，就是确定 BIM 应用的总体目标，以此明确 BIM 应用为项目带来的潜在价值，这些目标一般为提升项目施工效益，例如：缩短施工周期、提升工作效率、提升施工质量、减少工程变更等；BIM 应用目标也可以是提升项目团队技能，例如：通过示范项目提升施工各分包之间，以及与设计方之间信息交换的能力，一旦项目团队确定了可评价的目标，从公司和项目的角度，BIM 应用效益就可以进行评估。

（2）确定 BIM 应用目标之后，要筛选将要应用的 BIM，例如：深化设计建模、4D 进度管理、5D 成本管理、专业协调等。在项目的早期确定将要应用的 BIM，具有一定难度。项目团队要综合考虑项目特点、需求、团队能力、技术应用风险。

（3）一项 BIM 应用是一个独立的任务或流程，通过将它集成进项目日常管理中，而为项目带来收益。BIM 应用的范围和深度还在不断扩展，未来可能会有新的 BIM 应用出现。工程团队应该选择适合项目实际情况，并对项目工程效益提升有帮助的 BIM。

（4）项目团队可以用优先级（高、中、低）的形式标示每个 BIM 应用的价值，完成 BIM 筛选。BIM 筛选可由各专业负责人在项目经理的组织下完成，其一般过程如下：

1）罗列备选 BIM 应用点

项目团队应认真筛选可能有价值的 BIM 应用点，并将其罗列出来，在罗列 BIM 应用点时，要注意其与 BIM 应用目标的关系。

2）确定每项备选 BIM 应用点的责任方

为每项备选 BIM 应用点至少确定一个责任方，主要负责主体放在第一行。

3）标示每项 BIM 应用点各责任方需要具备的条件

确定责任方应用 BIM 所需的条件，一般的条件包括：人员、软件、软件培训、硬件支持等。如果已有条件不足，需要额外补充时，应详细说明。例如：需要购买软件硬件等；确定责任方应用 BIM 所需的能力水平。项目团队需要知道 BIM 应用的细节，及其在特定项目中实施的方法。如果已有能力不足，需要额外培训时，应详细说明；确定责任方是否具备应用 BIM 所需的经验。团队经验对于 BIM 应用的成功与否至关重要。如果已有经验不足，需要额外技术支持时，应详细说明。

4）标示每项 BIM 应用的额外应用点价值和风险

项目 BIM 团队在清楚每项 BIM 应用点价值的同时，也要清楚可能产生的额外项目风险。这些额外应用价值和风险应该在表格的"备注"中说明。

5）决定是否应用 BIM

项目 BIM 团队应该详细讨论每项 BIM 应用的可能性，确定某项 BIM 是否适合项目和团队的特点。这需要项目 BIM 团队确定潜在价值或效益的同时，均衡考虑需要投入成本。项目 BIM 团队也需要考虑应用或不应用某项 BIM 对应的风险。例如：应用一些 BIM 会显著降低项目总体风险，然而它们也可能将风险从一方转移到另一方；另一方面，应用 BIM 可能会增加个别团队完成本职工作任务的风险。在考虑所有因素之后，项目 BIM 团队需要做出是否应用各项备选 BIM 的决定。当项目团队决定应用某项 BIM 时，判断是否应用其他 BIM 就变得很容易，因为项目 BIM 团队成员可以利用已有的信息。例如，如果决定完成建筑、结构、机电的 BIM 建模，那么实现专业协调就变得简单。

在确定将要应用的 BIM 应用点时，要强调模型信息的全生命期应用，也就是 BIM 策划要从源头开始为信息模型的潜在用户标示出 BIM 的应用方法。所以，项目 BIM 团队应首先考虑什么信息对项目的后期施工（也包括竣工和运维）是有价值的，然后逆向（运维、施工、设计、规划）标示下游所需信息应由哪些上游阶段来支持（如图 3-1-1 所示）。通过先识别下游 BIM 应用点，项目团队可以专注于可重用的信息，以及重要的信息交换过程。BIM 成功应用的关键是项目团队成员要清晰认识和理解他们建立的模型信息用途。

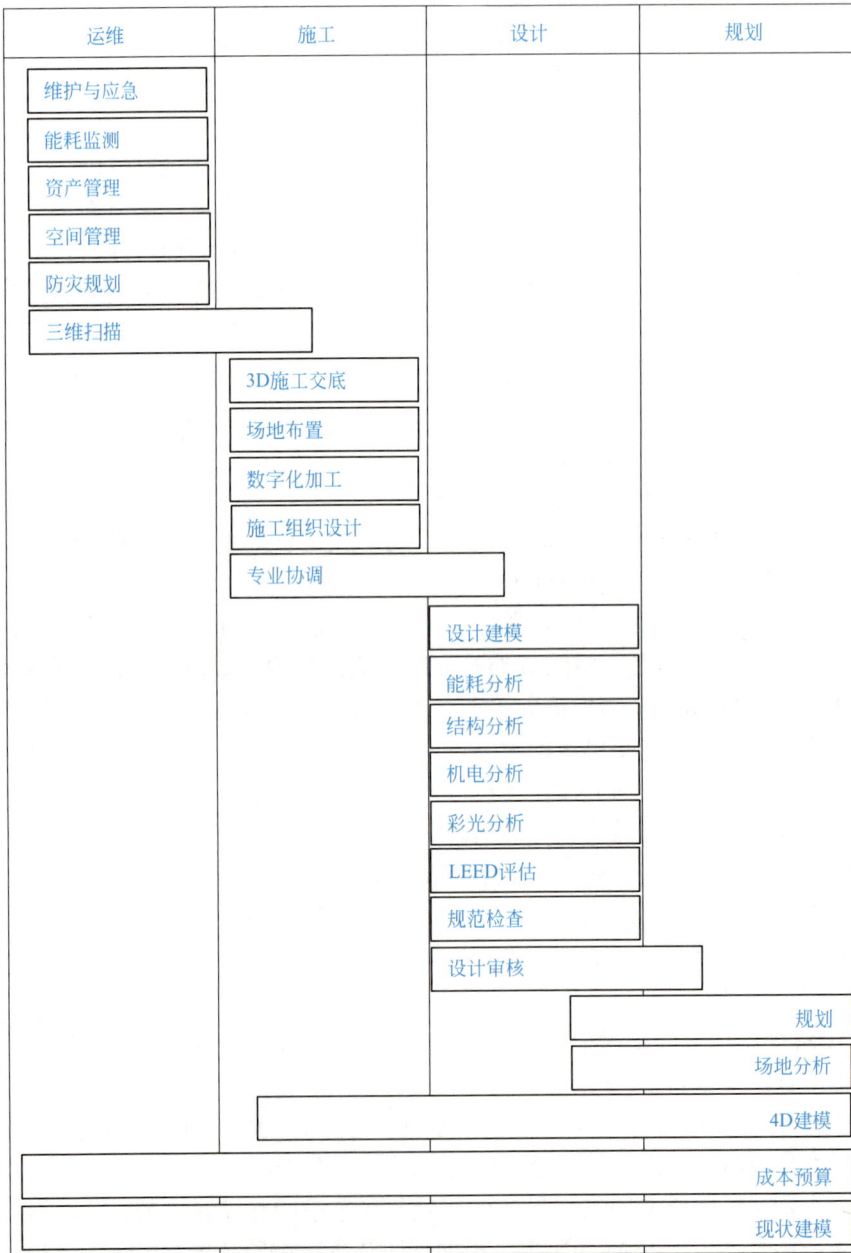

图 3-1-1　建筑全生命期 BIM 应用（逆向）

例如，当建筑师在建筑模型里增加了一堵墙时，这堵墙可以附带有关材料信息、结构性能信息和其他数据信息，建筑师应该知道这些信息将来是否会用到，如果用会怎么用。未来这些信息的使用方式会影响（或决定）当前的建模方法，会影响依赖这些信息的工程任务的工作质量和准确性。需要注意的是，BIM 应用目标与 BIM 应用之间没有严格的对应关系。例如：某项目采用混凝土预制构件提升项目现场的生产效率、缩短工期，应用 BIM 多专业协调技术，在施工前解决构件尺寸冲突问题。有些时候，BIM 应用目标与 BIM 之间关联密切。例如，为提升项目效益，采用深化设计建模、4D 建模等 BlM 应用。

3. BIM 实施流程

确定 BIM 应用目标和技术后，要设计 BIM 应用流程。应该从 BIM 应用的总体流程设计开始，定义 BIM 应用的总体顺序和信息交换过程全貌，如图 3-1-2 所示，这能使团队的所有成员清晰地了解 BIM 应用的整体情况，以及相互之间的配合关系。

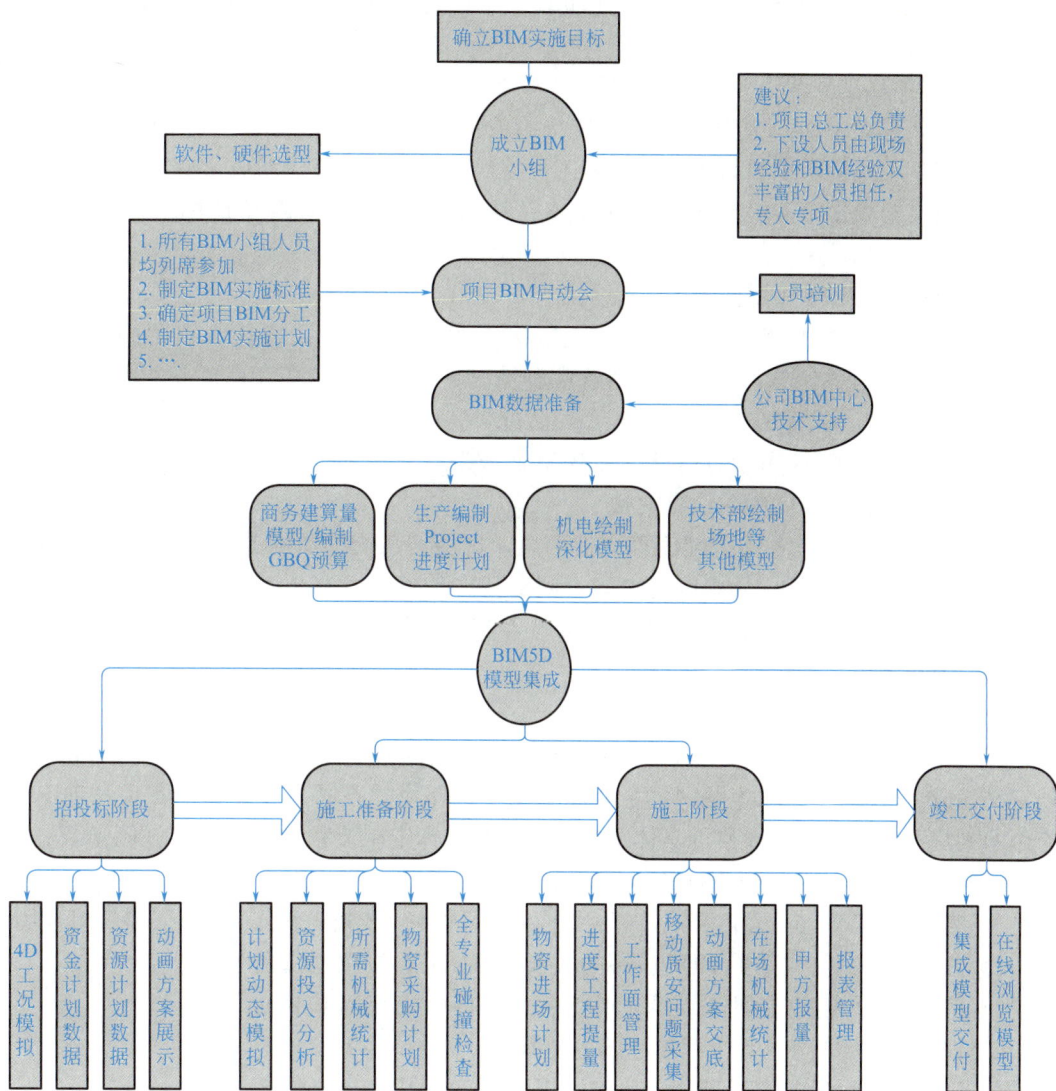

图 3-1-2　某项目 BIM 应用总体流程

总体流程确定后，各专业分包团队就可以设计二级（详细）流程。例如，总体流程图显示的是深化设计建模、成本估算和 4D 模拟等 BIM 应用的总体顺序和关联，而细化的 BIM 应用流程图显示的是某一专业分包团队（或几个专业分包团队）完成某一 BIM 应用（如深化设计建模）所需要完成的各项任务的流程图。详细的流程图也要确定每项任务的责任方，引用的信息内容，将创建的模型，以及与其他任务共享的信息。

通过二级流程图制作，项目团队不仅可以快速完成流程设计，也可作为识别其他重要的 BIM 应用信息，包括：合同结构、BIM 交付需求和信息技术基础架构等。

（1）整体流程

BIM 应用流程总图的设计可参考如下过程：

1）将所有应用的 BIM 加入总图

一旦项目确认了将要应用的 BIM 应用点，项目就应该开始设计 BIM 应用流程总图，将每项选定的 BIM 加入总图。如果某项 BIM 在项目的全生命期多个阶段应用，则每处应用点都要表达。

2）根据项目进度调整 BIM 应用顺序

项目团队建立了 BIM 应用总图后，应按照项目实施顺序调整 BIM 应用顺序。建立总图的目的之一就是标示项目每个阶段（施工深化、施工管理、竣工验收）应用的 BIM，使项目团队成员清晰每个阶段 BIM 应用的重点。在总图上，也应该简单地标示出 BIM 模型和成果交付的计划。

3）确认各项 BIM 应用任务的责任方

为每项 BIM 应用任务确认一个责任方。对某些 BIM 应用，责任方很明确；对某些 BIM 应用，责任方并不容易判定。不管在哪种情况下，都应该考虑用最胜任的团队来完成相关任务。另外，有些任务可能需要多个团队配合完成，那么确认的责任方负责协调各方工作，明确完成 BIM 应用所需信息以及 BIM 的成果。

4）确定支持 BIM 应用的信息交换

BIM 策划总图应包含的关键信息交换信息，这些信息交换有时是针对某项 BIM 应用内部的特定过程，有时是 BIM 应用之间不同责任方的信息共享。总的来说，将从一方传递给另一方的所有信息都标示出来非常重要。在当前的技术环境下，虽然也有共享数据库的方式，但更多还是靠传递数据文件完成。

（2）分项流程

BIM 应用流程总图创建后，应该为每项 BIM 应用创建二级流程图（流程详图），清晰地定义完成 BIM 应用的任务顺序。企业环境和项目环境的不同，导致具体实现每项 BIM 应用的方法不同，应根据项目的具体情况和企业的目标定制流程详图。流程详图涉及三类信息，即参考信息、BIM 应用任务、信息交换。

1）参考信息：来自企业内部或外部的结构化信息资源，支持工程任务的开展和 BIM 应用。

2）流程任务：完成某项 BIM 应用的多项流程任务，按照逻辑顺序展开。

3）信息交换：BIM 应用的成果，作为资源支持后续 BIM 应用。

BIM 应用流程详图的制作可参考如下过程：

1）以实际工程任务为基础，将 BIM 应用逐项分解成多个流程任务

根据工程任务的实际需求，将 BIM 应用分解成若干核心任务，按照相应顺序用矩形

节点表达。

2）定义各任务之间的依赖关系

通过连线和箭头，表达各项任务之间的依赖关系，表明各项任务的前置任务和后置任务。有些时候一项任务有多个前置任务或后置任务。

3）补充其他信息

将支持 BIM 应用的信息资源作为参考信息加入流程图，例如：造价定额库、气象数据、产品目录数据等；补充所有的信息交换（外部、内部）内容；补充责任方信息，为每项任务指定负责人。

4）添加关键的验证节点

验证节点用于控制 BIM 应用的工作质量，是质量保障体系的一部分。基于判定，指引流程的流转。验证节点也是项目团队决策的关键点。

5）检查、精炼流程图，以便其他项目使用

BIM 应用流程详图今后可以用于其他项目，所以在项目实施过程中，应该不断检查修改、精炼和对比分析，以便其他项目使用。

4. BIM 组织及工作职责

（1）BIM 组织架构

项目初期可配备专门的团队完成 BIM 应用，及对项目管理人员的 BIM 应用培训；后期可由项目管理人员自行进行 BIM 应用，BIM 团队负责人、各专业 BIM 负责及 BIM 工程师可由项目管理人员专职或兼职，项目 BIM 中心（管理部）宜由 BIM 总牵头单位与分包方 BIM 小组共同组成，人员数量根据项目大小进行调整，各专业分包单位 BIM 小组在项目 BIM 团队负责人的统一管理和组织下开展 BIM 工作。BIM 组织架构如图 3-1-3 所示。

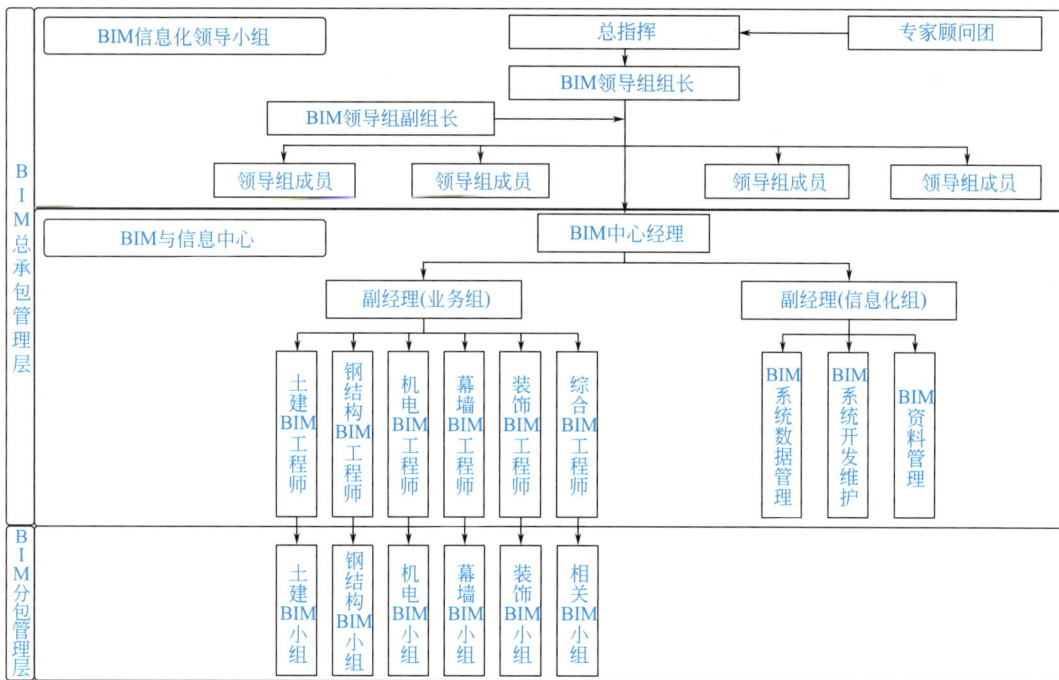

图 3-1-3　某工程 BIM 组织架构

（2）BIM 工作职责

项目 BIM 团队及参与 BIM 应用的管理人员需明确自己的 BIM 工作职责，了解或掌握 BIM 知识和相关应用技术，在同一个框架内进行 BIM 的相关工作，共同进行项目管理。

1）BIM 团队工作职责

BIM 团队工作职责参见表 3-1-1。

BIM 团队工作职责（示例）

表 3-1-1

序号	专业/岗位		BIM 工作职责
1	BIM 团队负责		协调业主、监理、顾问、设计、施工总包和上级等各方关系，全面负责本工程 BIM 系统的建立、运用、管理，与各专业方 BIM 小组负责人对接沟通，全面管理 BIM 系统运用情况。负责 BIM 模型规则制定、应用检查及过程服务，各专业小组的协调工作，在 BIM 模型的各组成之间展开碰撞检查，并推荐解决碰撞的方法，协同项目工程部、技术部、商务部等部门进行施工管理，协助解决现场实际问题
2	各专业 BIM 负责		参与协调各专业间的模型图纸工作，负责模型图纸的审核工作、工程施工模拟等日常工作指导，定期复查工作
3	土建 BIM 工程师		负责本工程建筑专业 BIM 建模、模型应用，深化设计等工作，主要为提供完整的梁柱、板等结构，墙、门窗、楼梯、屋顶等建筑信息 Revit 模型，以及主要的平面、立面、剖面视图和门窗明细表，以及面视图三道尺寸标注，方便施工沟通
4	机电 BIM 工程师	给水排水	对本工程给水排水、消防专业创建并运用 BIM 模型，管线综合深化设计、水泵等设备管路的设计复核等工作，主要包括提供完整的给水排水管道、阀门及管道附件的 Revit 管网模型，变更工程量计量工作流程以及主要的平面、立面、剖面视图和管道及配件明细表，以及平面视图主要尺寸标注
5		暖通	对本工程暖通专业创建并运用 BIM 模型，管线综合深化设计、空调设备、管路的设计复核等工作，主要包括提供完整的暖通管道、系统机柜等的暖通管网模型，以及主要的平面、立面、剖面视图和管道及设备明细表，以及平面视图主要尺寸标注
6		电气	对本工程电气专业创建并运用 BIM 模型，管线综合深化设计、电气设备、线路的设计复核等工作，提供完整的电缆布线、线板、电气室设备、照明设备、桥架等的电气信息模型，以及主要的平面、立面、剖面视图和设备明细表，以及平面视图主要尺寸标注
7	幕墙 BIM 工程师		对本工程幕墙专业创建并运用 BIM 模型，为幕墙构件加工提供数字化加工图纸，并根据现场具体情况及进度进行幕墙安装模拟，将幕墙技术参数、维修资料等信息输入模型
8	钢结构 BIM 工程师		对本工程钢结构专业创建并运用 BIM 模型，为钢结构加工提供数字化加工图纸，并根据现场进度情况进行钢结构安装模拟，将钢结构技术参数、维修资料等信息输入模型
9	其他分包 BIM 工程师		配合 BIM 牵头方进行模型的创建与信息的完善，为项目实施 BIM 应用提供支持，并定期参与 BIM 会议，听从 BIM 牵头方安排

2）项目管理人员 BIM 职责

项目管理人员 BIM 职责参见表 3-1-2。

项目管理人员 BIM 职责（示例）　　　　　　　　　　　　　　　　表 3-1-2

序号	专业/职务	BIM 工作职责
1	项目经理	领导并审核 BIM 管理部的各项工作，掌握 BIM 工作的进展，及时获知 BIM 数据并进行判断，解决 BIM 管理部与外单位的协调事宜
2	项目总工	全面协调 BIM 工作各项事宜，协助 BIM 管理部收集项目各类 BIM 需求，对 BIM 数据及成果进行分析判断，负责 BIM 在进度、平面、技术等各项管理中的工作开展
3	生产经理	协调 BIM 在现场、进度、平面管理中的各项事宜，收集现场管理中的 BIM 需求，学习并掌握 BIM 模型的使用方法，及时反馈 BIM 模型与现场的对比情况及 BIM 数据的正确性
4	商务部经理	负责 BIM 在商务管理中的各项工作，提供工程量、造价等方面的数据支持，学习并掌握 BIM 数据的使用和对比分析方法，协助 BIM 管理部对模型精度进行完善
5	其他管理人员	全面学习 BIM 知识，熟悉 BIM 应用价值点，及时提出 BIM 工作需求，使用并分析 BIM 模型和相关数据，反馈现场数据与 BIM 管理部

5. BIM 实施保障措施

（1）BIM 实施的组织保障

BIM 实施的目的是要为企业带来效益，提升管理水平和生产能力。从长远来看，要保证 BIM 实施工作的正常运转、支持业务工作、持续优化改进，建立起相应的组织保障体系是 BIM 成功实施的重要基础。

1）建立 BIM 中心

企业在 BIM 实施前需要建立企业级的 BIM 中心，其职能主要是负责企业 BIM 的整体实施规划、技术标准规范的制定和完善软硬件的选型和系统构建、BIM 技术应用的企业级基础数据库的建立、实施流程和相关制度的制定、人员培训考核等。

目前，国内许多施工企业已经开始筹建 BIM 中心，其主要构成为：

A. 管理组。其职责是以 BIM 实施管理为工作重心，特别是随着 BIM 实施的逐步深入，信息资源的不断积累，有责任制定相关的制度和政策对资源进行相应的管理和利用。

B. 业务组。各业务部门的业务专家需要担任诸如 BIM 项目经理一类的角色，因此，该团队是一个围绕业务为核心的组织方式，他们是最能准确提出 BIM 应用需求的人，最终对 BIM 实施效果也能做出有效的总结和评价。

C. 信息化组。职责包括 BIM 技术支持和 BIM 资源管理两方面。技术支持主要负责企业软硬件、网络资源的维护以及 BIM 技术的研究与应用开发；资源管理需要完成企业 BIM 资源的整体规划、数据管理与维护、权限管理等工作，以达到企业的 BIM 资源能高度共享和重用的目的。

BIM 中心的建立有助于全盘规划 BIM 技术的应用路线，有助于企业基础数据库的积累，形成基于 BIM 模型的协同和共享平台，解决上下游信息不对称的局面，解决企业内部管理系统缺少基础数据的困境，为企业各职能部门的管理提供数据支撑，让各项目在实施 BIM 的时候有标准可循，有方法可依，促进公司整体 BIM 技术应用水平和能力的提升。

2）培养 BIM 专业人才队伍

一个企业的 BIM 技术应用能力和生产力的高低，取决于 BIM 专业人才的完整性和胜任程度，BIM 技术相关应用需在相应的岗位上配置相应的 BIM 专业人才，从而应用 BIM 技术支持和完成工程项目生命周期过程中各种专业任务。在施工企业中，BIM 专业应用人才包括项目管理、施工计划、施工技术、工程造价人员等。可以从职能上将施工企业 BIM 专业队伍划分为以下几类：

A. BIM 战略总监。BIM 战略总监属于企业级的 BIM 管理岗位，其主要职责是负责企业 BIM 的总体发展战略和整体实施，对企业 BIM 规划和推进进行全盘把控。该职位需要对施工业务和技术有一定管理经验，并对 BIM 技术的应用价值有系统了解和深入认识。BIM 战略总监不一定要求会操作 BIM 应用软件，但对 BIM 技术的基本原理和国内外应用现状、BIM 技术给建筑业带来的价值和影响、BIM 技术在施工行业的应用价值和实施方法、BIM 技术实施应用环境等知识需要有深刻的认识。可以结合企业自身条件和行业发展趋势规划适合企业的 BIM 发展战略。

B. BIM 项目经理。BIM 项目经理是针对具体实施 BIM 项目的管理岗位，需要在每个实施的项目上，负责 BIM 项目的规划、管理和执行。该岗位通常由原施工项目的项目经理或项目技术总工担任，具有丰富的项目管理经验。但在 BIM 实施初期，他们对于 BIM 技术的专业知识比较欠缺，需要对 BIM 技术的各个应用价值点和具体实施流程进行系统性的学习，能够自行或通过调动资源解决工程项目 BIM 应用中的技术和管理问题。

C. BIM 模型工程师。BIM 模型工程师分为两类：一类任职于企业直属于 BIM 中心，其职责主要是构建企业级的 BIM 建模规范和标准，包括标准构件库的开发和积累，让各个 BIM 实施项目可以直接复用这些建模规范和标准构件；另一类任职于项目部，其主要职责是建立项目实施过程中需要的各种 BIM 模型，根据项目需求通过 BIM 建模提供相应的模型数据和信息。由于建筑的专业性要求，通常每个建筑专业需要配备至少一名模型工程师，也可以依据项目的特点而定，针对一些大型项目，每个专业甚至可能需要两到三名模型工程师才能满足项目进度。但无论如何，土建、结构和机电专业的模型工程师是必不可少的，至于幕墙、精装等专业的建模，则视项目的具体需求而定。无论哪个专业的模型工程师，都需要对相应的专业设计规范和要求非常熟悉。初期他们可以通过各专业的设计软件供应商所提供的培训来迅速提升 BIM 建模能力。

D. BIM 专业分析工程师。BIM 专业分析工程师的主要职责是利用 BIM 模型对工程项目的整体质量、效率、成本、安全等关键指标进行分析、模拟、优化，提出对该项目的 BIM 模型进行调整，从而实现高效、优质和低价的项目总体实现和交付。与模型工程师一样，企业级的 BIM 中心和项目上的 BIM 团队都需要这个职位。前者主要负责制定数据分析的关键指标和交付标准，后者负责实施项目的业务数据分析。这个岗位需要由业务经验非常丰富的工程师担任，因为他们的分析方法和输出的结果，会直接影响到项目进度、质量、成本等核心问题。

E. BIM 信息应用工程师。BIM 信息应用工程师主要工作是基于 BIM 模型完成不同业务管理的工作。他们主要任职于在实施 BIM 项目上。在实施 BIM 技术之前，他们需要的应用数据可能来自于二维图纸、项目管理系统等不同信息源，有了 BIM 应用软件，就要求 BIM 信息应用工程师在统一的 BIM 模型里提取相关的业务数据，以支撑日常的项目管理。例如，负责施工进度的人员，需要从 BIM 模型中实时获取相关的施工进度、流水段信息、工作面交接等信息，而负责材料管理的人员则需要从 BIM 模型中提取相应的材料总量等信息。这类 BIM 应用人员是比较容易培养的，他们原本就在各自的业务岗位上担任相应的管理工作，实施 BIM 技术之后，区别就在于他们的业务数据和决策数据来源发生了变化。

3）选择好合作单位

目前大多数企业专业化的 BIM 人才紧缺，具有全面的 BIM 技术能力的人更少，能独立承担项目 BIM 实施工作的人才匮乏。因此，企业需要选择好的合作单位辅助 BIM 实施，主要包括专业的软件供应商和 BIM 咨询两类企业。前者主要解决软件的实际操作和应用过程中的技术服务问题，后者则从 BIM 技术实施规划、实施流程以及数据分析等方面协助企业的 BIM 团队进行完整的实施，从理论和实践角度共同提升企业 BIM 应用能力。

一方面，BIM 应用的落地需要有专业的软件供应商，结合企业自身的需求和目标合理选型。应选择专业强、综合实力强、技术能力强、产品链长、服务有保障的软件供应商建立长期合作伙伴关系。对于软件供应商的选择是一个系统的、全面的、科学的策划过程，需要在整体规划指导下，系统性地选择软件供应商，综合考虑供应商的价格、技术能力、开发能力、实施能力、服务保障等因素。另一方面，BIM 技术实施不仅包含应用软件，还需要先进的管理理念。施工企业需要转变意识，借助外部资源，选择适合的 BIM 技术服务单位或 BIM 咨询公司，充分利用他们的专业能力和经验，避免在实施过程中走弯路。

（2）BIM 相关标准保障

在 BIM 实施的过程中，BIM 配套标准是有力的保障。主要包括 BIM 技术标准和 BIM 应用标准两大类。技术标准包括建模标准和数据交互标准；应用标准则指的是 BIM 技术全生命周期中各个环节的 BIM 技术应用流程规范和数据交付标准。通过标准的建设，能有效保障各个实施项目遵循统一的规则和标准，避免大家各自为政，以便普及应用。

目前，我国的 BIM 标准还在建立和完善过程中，比较缺乏可以直接借鉴的完整的 BIM 相关标准，企业可以通过两个途径逐步建立自己的 BIM 企业标准。一是借助有具体项目实施经验的 BIM 咨询公司，结合企业自身的技术情况和管理特点，一起编写相应的标准；二是可以参考目前已经颁布的一些 BIM 标准，例如北京市地方标准——《民用建筑信息模型设计标准》DB11/1063-2014，这是我国第一部地方 BIM 技术应用标准，国家及地方标准也有相继出台。由中国建筑标准设计研究院承担编制的 BIM 国家标准《建筑工程设计信息模型交付标准》、《建筑工程设计信息模型分类编码标准》也于 2017 年编制完成并通过审查，这意味着 BIM 技术的发展逐渐正规化和标准化，为企业应用 BIM 技术提供了基础标准规范，使得企业后续推行 BIM 应用有章可依。

企业应通过不断的应用与实践来持续地完善和优化业务流程、标准和规范，逐步形成一套完整的企业 BIM 实施规范体系。

3.1.3　生命期不同阶段典型 BIM 应用的实施

BuildingSMART 的"BIM Project Execution Planning Guide"通过专家访谈、案例分

析、文献综述等方式，总结了项目各阶段可应用的多项典型 BIM 应用，见表 3-1-3 和图 3-1-4。项目团队在选定 BIM 应用目标和技术时，可参考相关的信息。

BIM 典型应用点 表 3-1-3

序号	BIM 应用	英文
1	建筑维护计划	Building (Preventative) Maintenance Scheduling
2	建筑系统分析	Building System Analysis
3	资产管理	Asset Management
4	空间管理和追踪	Space Management/Tracking
5	灾害计划	Disaster Planning
6	记录模型	Record Modeling
7	场地使用规划	Site Utilization Planning
8	施工系统设计	Construction System Design
9	数字化加工	Digital Fabrication
10	3D 控制和规划	3D Control and Planning
11	3D 协调	3D Coordination
12	设计建模	Design Authoring
13	能量分析	Energy Analysis
14	结构分析	Structural Analysis
15	LEED 评估	Sustainability (LEED) Evaluation
16	规范验证	Code Validation
17	规划文件编制	Programming
18	场地分析	Site Analysis
19	设计方案论证	Design Reviews
20	4D 建模	4D Modeling
21	成本预算	Cost Estimation
22	现状建模	Existing Conditions Modeling
23	工程分析	Engineering Analysis

1. 建筑维护计划

为维持建筑的正常使用，在建筑的全生命期对建筑结构（墙、楼板、屋顶等），以及建筑设备（机械、电气、管道等）的持续维护工作。良好的建筑运维管理将改善建筑性能、减少维修工作和维护成本。

（1）BIM 应用价值

- 有前瞻性地制定维护计划，合理分配维护人力；
- 跟踪维修历史；
- 减少不必要的调整和突发维护；

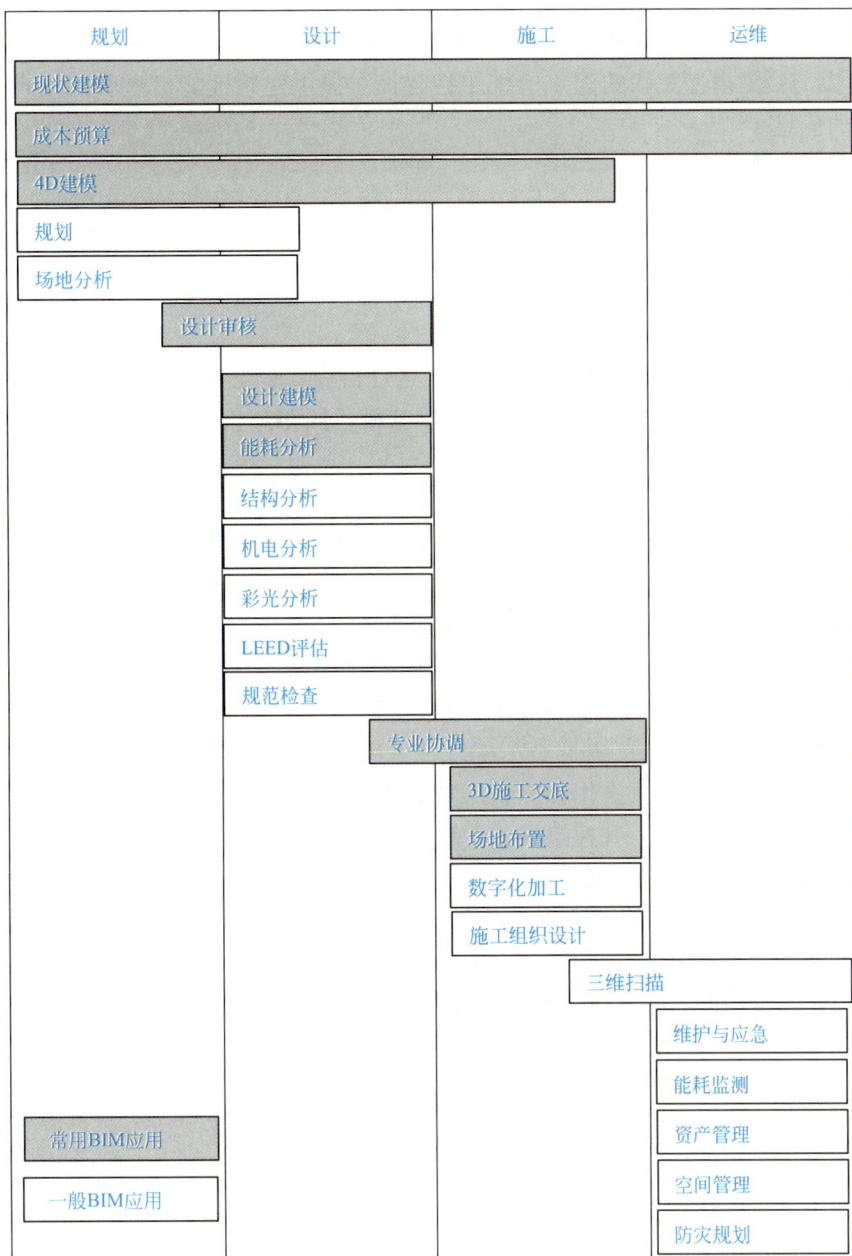

图 3-1-4　建筑全生命期不同阶段典型 BIM 应用

- 通过让维修人员快速熟悉和掌握设备和系统的位置和信息，提高维修人员的生产效率；
- 通过维护多方案必选，降低维护成本；
- 为维护经理提供一个可靠的集中管理环境，支持维护工作的决策。

（2）需要的资源

- 用于查看竣工模型和构件的设计审核软件；

- 可以与竣工模型关联的建筑自动化控制系统；
- 可以与竣工模型关联的建筑运维管理系统；
- 可以与竣工模型关联的建筑运维主控界面，提供建筑性能信息和（或）其他用于引导业主的信息。

（3）需要的团队能力

- 能够理解和操作基于竣工模型的运维管理系统和自动化控制系统；
- 理解典型的设备操作，并能实际维护；
- 操作、浏览和检查 3D 模型。

2. 建筑系统分析

建筑系统分析是将实际测量的建筑性能与设计目标不断比对的过程，这包括电气系统的运行和建筑能耗。其他的分析还包括：通风分析、照明分析、内外部的 CFD 气流分析和太阳能分析等。

（1）BIM 应用价值

- 确保建筑按照设计目标运行，并符合节能标准；
- 确定改善、提升系统运转的方案；
- 在建筑修缮时，模拟改变材料时的建筑性能。

（2）需要的资源

- 建筑系统分析软件（能耗、照明、电气等）。

（3）需要的团队能力

- 通过记录模型，掌握操作计算机维护管理系统（Computerized Maintenance Management Systems，CMMS）和建筑控制系统；
- 典型设备的操作和维护能力；
- 操作、浏览和检查 3D 模型。

3. 资产管理

通过与记录模型的双向链接，辅助设备和资产高效维护和操作。这些资产都是业主和用户需要高效操作、运行和维护的资产，包括：建筑物、系统、周围环境和设备等。从经济的角度，资产管理可以辅助短期和长期规划决策，并按计划生成工作订单。资产管理利用记录模型中的数据，确定维护和升级资产的成本，达到合理资产减值和避税的目的，实现企业资产综合价值的最大化。与记录模型的双向链接还允许用户通过可视化手段查看模型，在资产维修时缩短服务时间。

（1）BlM 应用价值

- 为业主快速生成运维用户手册和设备规范；
- 快速评估和分析设备、资产情况；
- 维护更新设施和设备数据，包括：维护时间表、质保信息、成本信息、升级更换赔偿等维护记录、制造商信息和设备功能信息等；
- 为业主、维护团队和财务部门，提供一个全面的建筑资产运维跟踪使用记录；
- 从公司资产中自动提取准确的数量，辅助生成财务报告、招标，以及估计未来资产的升级或更换成本；
- 在建筑升级、替换、维护后，在记录模型中显示最新的资产信息；

- 通过增强的可视化手段，辅助财务部门有效地分析不同类型的资产；
- 提升建筑使用期的监测和验证的手段；
- 为维护团队自动生成计划工作单。

（2）需要的资源
- 资产管理系统；
- 在资产管理系统与记录模型之间的双向链接。

（3）需要的团队能力
- 操作、浏览和检查 3D 模型（建议，但非必须具备）；
- 操作资产管理系统的能力；
- 税收及相关财务软件的知识；
- 建筑运维的工程知识（替换、更新等）；
- 有关设备跟踪、运维，以及掌握业主需求的知识。

4. 空间管理和追踪

应用 BIM 技术，有效地分配、管理和跟踪建筑的空间和设施内相关资源。通过设施建筑信息模型，支持设施管理团队来分析现有的使用空间，以及设计空间使用变化的过渡计划。在建筑部分改造，而其余部分正常使用时，空间管理和跟踪将起到重要作用。在建筑的全生命期，空间管理和跟踪可确保空间资源合理分配。应用记录模型，有利于空间管理和追踪。空间管理和追踪需与空间跟踪软件进行集成。

（1）BIM 应用价值
- 更容易标示和合理分配建筑使用空间；
- 提升空间过渡计划制定和管理的效率；
- 跟踪当前的空间和资源的使用效率；
- 协助规划未来空间设施需求。

（2）需要的资源
- 双向操作三维模型；
- 与记录模型进行软件集成；
- 空间映射和管理输入软件。

（3）需要的团队能力
- 操作、浏览和检查记录模型；
- 访问当前空间和资产的能力，管理未来需求的能力；
- 物业管理应用程序的知识；
- 能够有效地整合记录模型和设施管理的应用程序，应用软件满足客户的需求。

5. 灾害计划

紧急救援人员通过灾害计划软件访问建筑信息模型和信息系统。BIM 为救援人员提供关键的建筑信息，提高反应的效率，降低安全风险。动态建筑信息将提供的楼宇自动化系统（Building Automation System，BAS），而静态的建筑信息，如楼层分布和设备示意图，将保存在 BIM 模型里。紧急救援人员将这两个系统通过无线连接进行集成。BIM 加上 BAS 能够清晰地显示紧急情况在建筑物内的位置，可行救援路线，提醒建筑物内任何其他有害物的位置。

（1）BIM 应用价值

- 为警察、消防、公共安全等急救人员提供实时至关重要的信息；
- 提升应急反应的效率；
- 降低应急人员的风险。

（2）需要的资源

- 查看记录模型和组件的设计评审软件；
- 与记录模型链接的楼宇自动化系统（Building Automation System，BAS)；
- 链接记录模型的物业管理系统。

（3）需要的团队能力

- 为设施升级而具备操作、浏览和检查 BIM 模型的能力；
- 通过 BAS 理解动态建筑信息的能力；
- 应急期间作出适当决策的能力。

6. 记录模型

通过竣工建模精确描述建筑的实际条件、环境和资产，至少要包含建筑、结构和 MEP 构件信息。竣工模型将运维信息和资产数据与竣工模型（由设计、施工、4D 协调模型、专业分包模型）关联起来，是所有模型的综合。竣工模型面向业主或运维管理单位。如果业主需要，竣工模型也应该包括设备和空间规划信息。

（1）BIM 应用价值

- 辅助未来既有建筑改造的 3D 建模和设计协调过程；
- 提升档案环境，为未来改造和历史档案追踪打下基础；
- 辅助审批过程；
- 减少设施运维纠纷（例如：将历史数据与合同关联，突出显示预期与最终产品的比较）；
- 随着改造或设备更新，不断嵌入新数据；
- 为业主提供准确的建筑、设备和空间模型，为与其他 BIM 的协同应用打下基础；
- 减少建筑运营所需的信息，以及信息的存储空间；
- 更好地满足业主需求，有助于培养和提升双方关系；
- 更容易多角度地评估客户需求数据（例如：从设计阶段、竣工后、实际运营阶段的环境性能或空间利用的数据）。

（2）需要的资源

- 3D 模型的操作工具；
- 创建竣工模型的建模工具；
- 读写电子格式的关键信息；
- 可访问资产和设备的元数据数据库。

（3）需要的团队能力

- 操作、浏览和检查 3D 模型；
- 应用建模工具更新建筑信息；
- 清晰理解设备操作流程，确保输入正确的信息；
- 与设计、施工和运维管理团队进行有效沟通的能力。

7. 场地使用规划

通过 BIM，用图形化的方式表达施工现场各阶段的永久和临时设施。通过与工程任务计划相结合，可以表达空间和时序要求。劳动力资源、材料入场、设备定位可以以附加信息的形式纳入模型。因为 3D 模型组件可以直接与场地使用规划相关联，可以完成可视化规划、现场周转计划，以及不同空间和临时资源的优化管理等现场管理功能。

（1）BIM 应用价值

- 有效地生成现场使用临时设施布局，适用于装配工业化和材料交付等各阶段的建设；
- 快速识别潜在的和重要的空间和时间冲突；
- 为施工安全，准确评估场地布局；
- 可行施工方案评选；
- 与所有相关团队有效沟通施工顺序和布局；
- 方便更新场地组织反应施工进展；
- 缩短执行计划和场地利用的规划时间。

（2）需要的资源

- 设计建模软件；
- 规划软件；
- 4D 模型集成软件；
- 详细的既有条件下场地规划。

（3）需要的团队能力

- 操作、浏览和检查 3D 模型；
- 通过 3D 模型，操作和访问施工计划；
- 掌握典型施工方法；
- 将现场知识转换为施工工艺流程。

8. 施工系统设计

应用 3D 系统设计软件设计和分析复杂建筑体系的施工过程，提高计划的质量，例如：模板、幕墙、吊装等分析。

（1）BIM 应用价值

- 提高复杂建筑体系的施工能力；
- 提高施工效率；
- 保障复杂建筑体系的施工安全；
- 减少语言沟通障碍。

（2）需要的资源

- 3D 系统设计软件。

（3）需要的团队能力

- 操作、浏览和审查三维模型的能力；
- 通过使用 3D 系统设计软件做出适当的工程决策的能力；
- 对每种构件的具有相应工程经验和知识。

9. 数字化加工

应用数字化信息完成建筑材料的制造或装配，例如：金属加工、钢结构制造、管道切割、设计意图原型制作等。数字化加工有助于确保建筑业的上游阶段，以更少的歧义、更多的信息和最少的浪费来加工制造。BIM模型也适合用于将零件组装成成品。

（1）BIM应用价值
- 确保信息质量；
- 减少机器制造公差；
- 提高制造效率和安全性；
- 缩短交货时间；
- 适应后期设计变化；
- 减少对2D图纸的依赖。

（2）需要的资源
- 设计建模软件；
- 数控设备可读的数据格式；
- 机械加工技术。

（3）需要的团队能力
- 理解和创建制造模型的能力；
- 操作、浏览和审查三维模型的能力；
- 从3D模型提取数字化加工信息的能力；
- 应用数字化信息制作建筑构件的能力；
- 掌握典型数字化加工方法的能力。

10. 3D控制和规划

应用信息模型创建详细的控制点，辅助设施布置，以及自动控制设备的运动和位置。例如：应用预设点通过全站仪控制墙的放样，使用GPS坐标来确定适当的挖掘深度。

（1）BIM应用价值
- 通过模型连接真实全局坐标，减少放样错误；
- 通过减少测量时间，提高效率和生产力；
- 从模型直接接受控制点，减少返工；
- 减少、消除语言沟通障碍。

（2）需要的资源
- 带有GPS功能的机器；
- 数字放样设备；
- 模型转换软件（从模型中转换有用的信息）。

（3）需要的团队能力
- 操作、浏览和审查三维模型的能力；
- 能够从模型数据中抽取适当的布局和设备控制信息。

11. 3D协调

通过使用冲突检查软件，比较多专业3D模型，协调现场冲突。通过在实际施工前检测主要系统冲突，降低返工和错改。

（1）BIM 应用价值

- 通过模型协调建筑项目；
- 减少和消除现场冲突，与传统方法比较大量减少返工；
- 通过可视化手段完成施工交底；
- 提高现场生产效率；
- 降低施工成本，减少工程变更；
- 缩短工期；
- 形成更加精准的竣工文档。

（2）需要的资源

- 设计建模软件；
- 模型浏览软件；
- 模型冲突检测软件。

（3）需要的团队能力

- 专业间冲突的协调能力；
- 3D 模型的操作、浏览和审核能力；
- 模型更新方法的知识。

12. 设计建模

通过应用 3D 建模软件，基于建筑设计规范创建 BIM 模型的过程。设计建模软件是应用 BIM 的第一步，也是最重要的一步。设计建模软件在三维模型的基础上，增加丰富的数量、方法、成本和计划等信息。

（1）BIM 应用价值

- 为项目所有参与方提供了清晰、直观的设计方案；
- 更好地控制设计、成本和计划的质量；
- 提供有力的设计可视化手段；
- 为项目参与者和 BIM 用户提供一个良好的相互间协作环境；
- 提高质量控制和保障的水平。

（2）需要的资源

- 设计＋建模软件。

（3）需要的团队能力

- 3D 模型的操作、浏览和审核能力；
- 施工工艺和方法的知识；
- 设计和施工经验。

13. 能量分析

应用 BIM 完成设施能耗分析是设施设计阶段的一项基本任务。通过应用一个或多个建筑能源仿真程序，适当调整 BIM 模型，评估当前建筑设计的能源情况。使用 BIM 的核心目标是检查建筑物符合能耗标准的情况，寻找最优设计方案，降低建筑物全生命期的运行成本。

（1）BIM 应用价值

- 从 BIM 模型自动获得系统信息，避免手动输入数据，节省时间和成本；

- 从 BIM 模型自动建筑几何、体积等精准信息，提高建筑物能耗预测精准度；
- 辅助完成建筑能耗规范检查；
- 优化建筑设计，实现更优建筑性能，降低建筑全生命期运行成本。

（2）需要的资源
- 建筑能耗模拟和分析软件；
- 调整好的建筑 BIM 模型；
- 详细的当地天气数据；
- 国家或当地建筑能耗标准。

（3）需要的团队能力
- 基本的建筑能耗系统知识；
- 相关的建筑能耗标准知识；
- 建筑系统设计知识和经验；
- 操作、浏览和审查三维模型的能力；
- 通过分析工具评估模型的能力。

14. 结构分析

结构模型分析软件利用 BIM 设计模型，分析一个给定结构系统的性能。通过设定结构设计与建模所需的最低标准，可以优化结构分析过程。在此基础上，分析结构设计软件可以进一步发展和增强功能，创建高效的结构体系。创建的这些信息是数字化建造和建筑系统设计的基础。

结构分析不仅可在设计的开始阶段应用，在施工阶段也可应用，例如：安装设计、施工验算、吊装等。通过结构分析软件的性能模拟，可以显著提高建筑全生命期的设计、性能和安全。

（1）BIM 应用价值
- 节省创建额外模型的时间和成本；
- 扩展 BIM 建模工具的应用范围；
- 提高设计公司的专业服务能力；
- 通过严格的分析，实现高效的优化设计方案；
- 通过更快的投资回报与审计和分析工具申请工程分析；
- 通过审查和分析工具，使工程实现更快的投资回报；
- 提高设计分析的质量；
- 缩短设计分析的周期。

（2）需要的资源
- 设计＋建模工具；
- 结构工程分析工具和软件；
- 设计标准和规范；
- 足够的允许程序的硬件。

（3）需要的团队能力
- 操作、浏览和审查三维结构模型的能力；
- 通过工程分析工具评估模型的能力；

- 施工方法知识；
- 分析建模技术的知识；
- 结构分析和设计的知识；
- 设计经验；
- 将专业技术与建筑系统集成为一个整体的能力；
- 结构施工的经验。

15. LEED 评估

LEED 评估是基于 LEED 或其他可持续标准，对 BIM 项目进行评估的过程。LEED 评估可以在项目各个阶段（规划、设计、施工和运维）应用，但在规划和早期设计阶段效果更好，可以对后期设计产生很大的影响，从成本和进度的角度也会提高工程效率。

LEED 评估是一个全面的过程，需要更多的专业尽早提供有价值的信息和意见，特别是在规划阶段最好通过合同形式固定相互之间的配合。除了实现可持续发展目标，LEED 评估过程还可以实施计算、生成文档和审核。如果责任清晰，信息可以很好地共享，能耗模拟、计算和生成文档可以在一个集成的环境下完成。

（1）BIM 应用价值

- 在项目的早期，通过促进互动和协作，有利于项目可持续发展目的的实现；
- 在项目早期，可对多方案进行可靠的评价；
- 在项目的早期得到准确的信息，有助于解决成本核算和进度协调问题；
- 通过早期的设计决策，缩短实际的设计过程，提升设计效率和效益较，使设计团队能够承揽更多工程；
- 使工程交付质量得到提升；
- 由于已事先为验证准备好了计算资料，可以减轻后期编写设计文档的负担，加速认证过程；
- 通过能耗性能的提升，优化能源管理，降低后期运营成本；
- 增强了环保意识，有利于可持续设计技术的发展；
- 辅助项目团队对未来项目运行进行全生命期比对和优化。

（2）需要的资源

- 设计建模软件。

（3）需要的团队能力

- 创建和检查 3D 模型的能力；
- 最新 LEED 认证的知识；
- 组织和管理数据库的能力。

16. 规范验证

应用规范验证软件，基于专业规范对模型参数进行检查。当前规范验证 BIM 应用还处于初期阶段，没有被广泛采用。随着模型检查工具的不断发展，越来越多的规范条文可以通过软件来验证。

（1）BIM 应用价值

- 通过 BIM 模型，验证建筑设计符合特定的规范，例如：残疾人通道设计、人员疏散等；

- 在项目设计的早期应用规范验证技术，可以降低设计错误、遗漏或疏忽的概率，避免后期设计和施工的返工在工期和成本上的浪费；
- 通过规范验证，可以在设计阶段对设计方案符合规范的情况给出持续的反馈；
- 通过 3DBIM 模型，减少本地规范检查人员的时间投入，减少规范检查会议投入，以及现场访问，快速解决违反规范问题；
- 节省合规检查的时间和成本，提升设计效率。

（2）需要的资源
- 地方规范知识；
- 模型检查软件；
- 3D 模型处理软件。

（3）需要的团队能力
- 能够使用 BIM 建模工具进行设计，应用设计模型审查工具；
- 能够使用规范验证软件，以及规范检查的知识和经验。

17. 规划文件编制

利用 BIM 空间规划程序高效、准确地评估空间需求和设计性能。通过 BIM 模型，允许项目团队分析空间需求，并能很好地理解空间的复杂性。在设计关键的决策阶段，通过与客户讨论需求来选择最好的方法进行分析，给项目带来最大的价值。

（1）BIM 应用价值
- 为业主高效、准确评估设计性能和空间需求。

（2）需要的资源
- 设计建模工具。

（3）需要的团队能力
- 3D 模型的操作、浏览和审核能力。

18. 场地分析

利用 BIM/GIS 工具评价给定区域的性能，以此来确定未来项目最优的施工场地。通过收集场地数据，为优化建筑定位和朝向等确定关键条件。

（1）BIM 应用价值
- 通过计算和决策，综合考虑技术因素和财务因素，确定满足项目需求的潜在最优场地选址；
- 降低工程和拆迁成本；
- 提升能耗效率；
- 减少采用有害材料的风险；
- 最大化投资回报。

（2）需要的资源
- GIS 软件；
- 设计建模软件。

（3）需要的团队能力
- 3D 模型的操作、浏览和审核能力；
- 拥有当地环境的知识（GIS、数据库信息）。

19. 设计方案论证

相关人员通过浏览 3D 模型，对多个设计方案给出反馈意见，包括满足规划需求的评估，空间美学和空间布局的预研，采光、安全、人体工程学、材质、颜色的预览和评估。

BIM 技术的应用环境既包括计算机软件，也可以包括特殊虚拟模拟设施，如计算机辅助虚拟环境（Computer Assisted Virtual Environment，CAVE）和身临其境的实验室。根据项目需求可以建立不同细节水平的虚拟原型。例如：为项目的某一部分创建精细的模型，以便快速评估设计问题，解决设计和施工问题。

（1）BIM 应用价值
- 改变传统建筑实物模型建造的代价昂贵和不及时的问题；
- 可以很容易地对不同设计方案建模，在设计方案论证阶段，基于用户和业主需求，可以快速修改方案；
- 设计和论证过程更短、更高效；
- 设计评估更加高效，更加容易迎合建筑标准和业主需求；
- 提升项目健康、安全和幸福指数，例如，应用 BIM 技术可以分析和比较防火疏散条件、自动喷淋设计不同楼梯布局；
- 简化业主、施工团队和最终用户之间有关设计的沟通；
- 对业主需求、空间美学需求给出快速反馈；
- 提升不同团队之间的沟通效率，为产生更加设计决策打下基础。

（2）需要的资源
- 设计审查软件；
- 交互评估空间；
- 处理大场景的硬件。

（3）需要的团队能力
- 操作、浏览和审查 3D 模型的能力；
- 为模型照片提供纹理、颜色，并利于在不同软件或插件上浏览；
- 较好的协调能力，理解不同团队成员的责任和角色；
- 建筑各系统集成的知识。

20. 4D 建模

通过 4D 建模（3D 模型加上时间），高效地编制工程各阶段计划，为施工顺序和施工场地需求提供全新的技术手段。4D 建模是一个有力的可视化和沟通工具，可以使项目组（包括业主）对工程计划和里程碑有更深入的理解。

（1）BIM 应用价值
- 使业主和项目参与方对各阶段计划有更好的理解，展示项目的关键路径；
- 在实际施工前，发现并解决空间冲突，为空间冲突展现更多的解决方案；
- 通过 BIM 模型将人、材、机计划更好地整合在一起，实现更好的计划和成本效益；
- 达到更好的营销目的和宣传效果；
- 快速标示计划、工序或定位问题；
- 使工程项目具有更好的可施工性、可操作性和可维护性；

- 为监视项目过程提供技术手段；
- 提高现场的生产率，减少浪费；
- 为项目复杂空间运输提供计划信息，支持其他运输分析。

（2）需要的资源

- 设计建模工具；
- 计划编制软件；
- 4D 建模软件。

（3）需要的团队能力

- 工程计划编制和一般施工过程的知识；
- 4D 模型和进度计划软件链接技巧；
- 操作、浏览和审查 3D 模型的能力；
- 4D 软件知识，包括：几何输入、计划链接，以及动画制作。

21. 成本预算

应用 BIM 技术，辅助工程人员准确计算工程量，并估算项目成本投入。在项目的各个阶段，辅助项目组评估工程变更带来的成本变化，避免超支。特别是在设计早期，通过应用 BIM 技术带来的额外效益（工期和成本）。

（1）BIM 应用价值

- 准确计算工程量；
- 通过快速计算工程量，辅助决策；
- 快速成本预算；
- 为估算项目和构件提供可视化表达；
- 在早期设计阶段为业主提供项目的全生命期成本预算，以及工程变更带来的成本变化；
- 通过快速提取工程量，节省成本预算人员的时间；
- 允许成本预算人员将精力放在高附加值的活动上，例如：价格和风险分析；
- 为工程计划提供准确信息，使工程技术人员能够全程跟踪成员预算；
- 在业主预算范围内，寻找更多方案；
- 为特定对象快速估算成本；
- 通过可视化手段，更容易培训新的成员预算人员。

（2）需要的资源

- 基于模型的预算软件；
- 设计建模软件；
- 准确的设计模型；
- 成本数据（包括：分类和定额数据）。

（3）需要的团队能力

- 在特定设计建模过程中，快速、准确提取工程量；
- 在不同阶段，给出适当的成本预算的能力；
- 操作模型，获取估算用工程量的能力。

22. 现状建模

通过创建 3D 模型，记录既有建筑、场地、设施信息。基于特定需求和准确性要求，模型创建有多种方式，包括：激光扫描、传统测量。通过创建的模型，可以为新建工程或改建工程提供信息。

（1）BIM 应用价值

- 提升既有建筑文档的准确性，以及查询的效率；
- 为未来应用提供素材；
- 辅助未来建模和 3D 设计协调；
- 为完成项目提供一个精确的表示；
- 从财务的角度，提供一个实时和准确的数量；
- 提供详细的规划信息；
- 提供灾害规划信息；
- 提供灾后记录信息；
- 提供可视化手段。

（2）需要的资源

- BIM 建模软件；
- 激光扫描点云处理软件；
- 3D 激光扫描仪器；
- 传统测量装备。

（3）需要的团队能力

- 操作、浏览和审查 3D 模型的能力；
- BIM 建模工具的知识；
- 3D 激光扫描工具的知识；
- 常规测量工具和装备的知识；
- 3D 激光扫描海量数据处理的能力；
- 对模型细度的把握能力；
- 从测量的 3D 激光扫描或测量数据创建 BIM 模型的能力。

23. 工程分析

通过应用智能分析软件，基于 BIM 模型和工程规范判定最佳工程方法。工程分析结果将传递给业主和（或）运维管理，用于建筑系统（例如：能耗分析、结构分析、紧急疏散计划等）。这些分析工具和性能模拟工具能显著提高建筑和设备的设计性能，以及未来建筑全生命期能源消耗。

（1）BIM 应用价值

- 通过自动化分析，减少时间和成本投入；
- 相对于 BIM 建模软件，分析工具更加容易学习和应用，对已有工作流程的影响较小；
- 提高专业设计公司的专业知识和服务能力；
- 通过应用各种严格的分析，实现最佳节能设计方案；
- 通过审查和分析工具，使工程实现更快的投资回报；

- 提高设计分析的质量，缩短设计分析的周期。

（2）需要的资源

- 设计建模软件；
- 工程分析工具和软件。

（3）需要的团队能力

- 操作、浏览和审查 3D 模型的能力；
- 通过工程分析工具评估模型的能力；
- 施工技术和方法的相关知识；
- 设计和施工经验。

3.2 BIM 技术质量管理与控制体系

3.2.1 基于 BIM 的质量控制要点确定

BIM 模型是建筑生命周期中各相关方共享的工程信息资源，也是各相关方在不同阶段制定决策的重要依据。BIM 实施团队应该明确 BIM 应用的总体质量控制方法。确保每个阶段信息交换前的模型质量，所以在 BIM 应用流程中要加入模型质量控制的判定节点，在模型交付之前，应增加 BIM 模型检查的重要环节，以有效地保证 BIM 模型的交付质量。每个 BIM 模型在创建之前，应该预先计划模型创建的内容和细度、模型文件格式，以及模型更新的责任方和模型分发的范围。项目经理在质量控制过程中应该起到协调控制的作用，作为 BIM 应用的负责人应该参与所有主要 BIM 协调和质量控制活动，负责解决可能出现的问题，保持模型数据的及时更新、准确和完整。

但目前国内还没有建立起 BIM 模型检查的标准制度和规范，也没有模型检查的有效软件工具和方法，既缺乏有效的模型检查手段，也缺少可行的模型检查标准。这些问题带来的直接结果是，无论设计单位还是业主方，都较难评判 BIM 模型是否达到了质量要求。

所以为了保证模型信息的准确、完整，应用企业在发布、使用模型前必须要先建立一套模型质量控制规范和相关制度。伴随深化设计评审、协调会议或里程碑节点，都要进行 BIM 应用的质量控制活动。在 BIM 策划中要明确质量控制的标准，并在 BIM 团队内达成一致。国家的设计交付深度和项目制定的模型细度要求都可以作为质量控制的参考标准，质量控制标准也要考虑业主和施工方的需求。质量控制过程中发现的问题，应该深入跟踪，并应进一步研究和预防再次发生。

每个专业分包团队对各自专业的模型质量负责，在提交模型前检查模型和信息是否满足模型细度要求。每次模型质量控制检查都要有确认文档，记录做过的检查项目，以及检查结果，这将作为 BIM 应用报告的一部分存档。项目经理须对每一修正后再版模型质量负责。

传统的二维图纸审查重点是图纸的完整性、准确性、合规性，采用 BIM 技术后，模型所承载的信息量更丰富，逻辑性与关联性更强。因此，对于 BIM 模型是否达到交付要求的检查也更加复杂，在制定模型检查规范的过程中，应考虑如下几方面的检查内容：

1. 模型与工程项目的符合性检查

指 BIM 交付物中所应包含的模型、构件等内容是否完整，BIM 模型所包含的内容及深度是否符合交付要求。

2. 不同模型元素之间的相互关系检查

指 BIM 交付物中模型及构件是否具有良好的协调关系，如专业内部及专业间模型是否存在直接的冲突，安全空间、操作空间是否合理等。

3. 模型与相应标准规定的符合性检查

指 BIM 交付物是否符合建模规范，如 BIM 模型的建模方法是否合理，模型构件及参数间的关联性是否正确，模型构件间的空间关系是否正确，语义属性信息是否完整，交付格式及版本是否正确等。

4. 模型信息的准确性和完整性检查

指 BIM 交付物中的具体设计内容，设计参数是否符合项目设计要求，是否符合国家和行业主管部门有关建筑设计的规范和条例，如 BIM 模型及构件的几何尺寸、空间位置、类型规格等是否符合合同及规范要求。

在实际的模型检查环节中，针对以上四个方面的模型检查内容，明确具体并可操作的模型检查指标，通过模型检查真正发现问题，保证设计质量。为此，企业可以首先制定模型检查的一般要求，并根据具体的工程项目要求筛选确定具体的模型检查要求。

3.2.2 质量管理制度与保障体系

BIM 质量管理相关的制度包括软硬件管理制度、项目实施管理制度、BIM 培训管理制度、应用绩效管理制度、数据维护制度等一系列保障措施。

1. 软硬件管理制度

硬件方面包括规范设备购置、管理、应用、维护、维修及报废等方面的工作；软件方面包括系统的采购、权限分配、运行信息系统安全等方面。需要注意的是，BIM 的应用系统往往对硬件系统有较高的要求，软硬件的配合需要提前做好分析准备。另一方面，BIM 软件种类繁多，需要根据 BIM 规划所提出的具体应用需求进行选型搭配，避免造成资金浪费。

2. 项目实施管理制度

该制度的主要内容是制定 BIM 项目管理的目标和应取得的项目成果，明确项目管理的任务、时间进度等内容，预计项目进行中可能发生的变更和风险，以及如何有效地管理、控制、处理项目进程等问题。

3. BIM 培训管理制度

BIM 培训管理制度既要考虑到普及性，又要考虑到专业岗位的针对性。对于通用的 BIM 知识、BIM 实施流程、各个环节的交付标准等内容可以制定整个 BIM 实施团队的培训计划，而对于一些专职的岗位，例如 BIM 数据分析师，则需要制定专门的培训课程专项进行。完善的培训管理制度主要是需要保障在项目实施的推广普及阶段，各项目的 BIM

实施人员能及时到位展开工作。项目管理团队需在进场前进行 BIM 应用基础培训，掌握一定的软件操作及相应的模型应用能力，基本的 BIM 培训要求见表 3-2-1。

BIM 培训制度（示例）   表 3-2-1

项目 序号	培训人员	培训时间	课时	培训内容安排	备注
1	项目全体管理人员（包括劳务及各分包主要管理人员）	进场前 1 个月	1~2	BIM 普及知识、公司 BIM 发展状况及定位、项目 BIM 目标及策划	1h/课时
2	项目全体管理人员	进场前半个月	4~10	BIM 软件介绍，结构、建筑、机电等模型的创建及常规 BIM 应用	1h/课时
3	项目全体管理人员	进场前半个月	2~3	项目模型的熟悉及应用	1h/课时

4. BIM 交底制度

BIM 启动交底：由总包 BIM 负责人主持，项目经理牵头，项目部全体人员参与，针对 BIM 模型、BIM 系统平台的基本操作等入门级及相关业务内容进行交底，提高项目部各部门人员 BIM 使用水平。

BIM 日常交底：由 BIM 团队进行，BIM 相关管理人员参与，针对 BIM 模型维护、信息录入、阶段协调情况等进行工序交接。

5. 各专业动态管理制度

各专业 BIM 工程师按规划及计划完成本专业 BIM 模型后，交由总包单位进行整合，根据整合结果，定期或不定期进行审查。由审查结果反推至目标模型，图纸进行完善。施工时典型检查内容、要点及频率参见表 3-2-2。

施工时检查内容、要点及频率（示例）   表 3-2-2

检查内容	检查要点		检查频率
施工模型更新	是否按照进度进行模型更新	模型是否符合要求	每月
设计变更	设计变更是否得到确认	模型是否符合要求	每月
变更工程量计量	变更工程量是否正确	模型是否符合要求	每月
专业深化设计复核	深化设计模型是否符合要求	—	每月

各参与方依据管理体系、职责对信息模型进行必要的调整，并反馈最新的信息模型至 BIM 总包单位。

6. 总包与甲方、监理互动管理制度

（1）甲方主导：若甲方对 BIM 应用有要求，则甲方可起主导作用，提出工作要求，总包 BIM 负责人协助其召集各方共同参与制定 BIM 实施标准，并共同制定 BIM 计划，接收成果验收，并对参与方进行管理。

（2）总包负责：总包单位负责 BIM 实施的执行，按照相关要求，设立专门的 BIM 管理部，制定行之有效的工作制度，将各分包 BIM 工作人员纳入管理部，进行过程管理和操作，最终实现成果验收。

（3）监理监督：监理单位在 BIM 实施过程中，对总包单位的实施情况进行监督，并

对模型信息进行时时监督管理。

7. BIM 例会制度

（1）与会人员要求：甲方、监理单位应各派遣至少一名技术代表参与，项目经理、项目总工、各专业分包代表及 BIM 管理部所有成员应到场。

（2）会议主要内容：总结上一阶段工作完成情况，各方又对完成情况进行研讨，总包 BIM 负责人协调未解决问题，并制定下一阶段工作计划。

（3）会议原则：参会人员要本着发现问题、解决问题、杜绝问题的再度发生为原则。

8. 绩效管理制度

对于企业管理者来讲，如何提高项目实施 BIM 的积极性、树立实施 BIM 的信心至关重要。因此，企业有必要建立完善科学的 BIM 实施绩效评估体系，并基于指标进行考核。例如对于建模人员，可以基于建模的平米数与构件量制定指标；对于分析工程师，可以基于提出的有效碰撞点制定指标；对于成本分析人员，可以基于 BIM 输出的成本数据准确度进行打分等。绩效指标和考核标准刚开始不能设立太高的门槛，视现有人员的技术和应用水平而定，否则反而形成一个实施的障碍，适得其反。

9. 数据维护制度

BIM 的实施最终会形成一个庞大的数据共享和协同平台，因此一开始就设立好一个良好的数据维护制度至关重要，主要包括 BIM 模型数据标准、数据归档格式、访问权限等内容。该制度最重要的作用是保障能形成统一的 BIM 协同平台，避免数据在不同的工作流程中无法传递和运转的情况。

3.3　全生命期中的协同工作

3.3.1　BIM 多专业协同管理工作概述

所谓协同，是指协调两个或者两个以上的不同资源或者个体，共同完成某一目标的过程或能力。协同不仅包括人与人之间的工作协作，也包括不同业务之间、不同信息资源之间、不同技术之间、不同应用情景之间等全方位的协同。

1. 工程建设项目有着典型的协同工作特性，它具有周期长、资金投入大、项目地点分散、多专业、多干系方、流动性强等特点。通常表现为"分散的市场、分散的生产、分散的管理"，这就大大增加了管理与协同的难度。同时，每一个项目都存在生产现场的变化、人力资源的不同、气候条件、政府管制、社会环境、市场环境等方面的影响。因此，如何保证项目各参与方有效协同工作，对工程建设项目的成功与否至关重要。

2. 实践证明 BIM 技术的可视化、参数化、数字化特性为建筑设计和施工阶段的质量和高效提供了保障，其背后的根本原因是大大降低了沟通的成本，提高了沟通的有效性。BIM 技术的一个主要目标和核心功能就是为了促进建筑全生命周期中的协同工作，当前 BIM 技术的研究重心，已从单一的应用软件研发，逐步转移到基于 BIM 技术协同应用的研究上。只有深入理解 BIM 技术这个本质才能真正实现建筑领域中各参与方对建筑信息模型的共享与转换；才能实现对管理流程和管理模式的支持和创新；才能实现不同工作场景中基于同一模型的有效对接和移交；最终逐步消除精细化的分工带来的协同问题，实现真正意义上的协同工作。

3.基于 BIM 的协同主要分为数据协同、工作协同、管理协同三个层次（如图 3-3-1 所示），其内容主要包括：通过 BIM 技术，提高建筑信息模型进行创建、共享与转换的效率和准确性；基于 BIM 提升施工过程的精细化管理和控制的水平；基于 BIM 降低不同工作界面之间交接和转换数据的误差和错误。

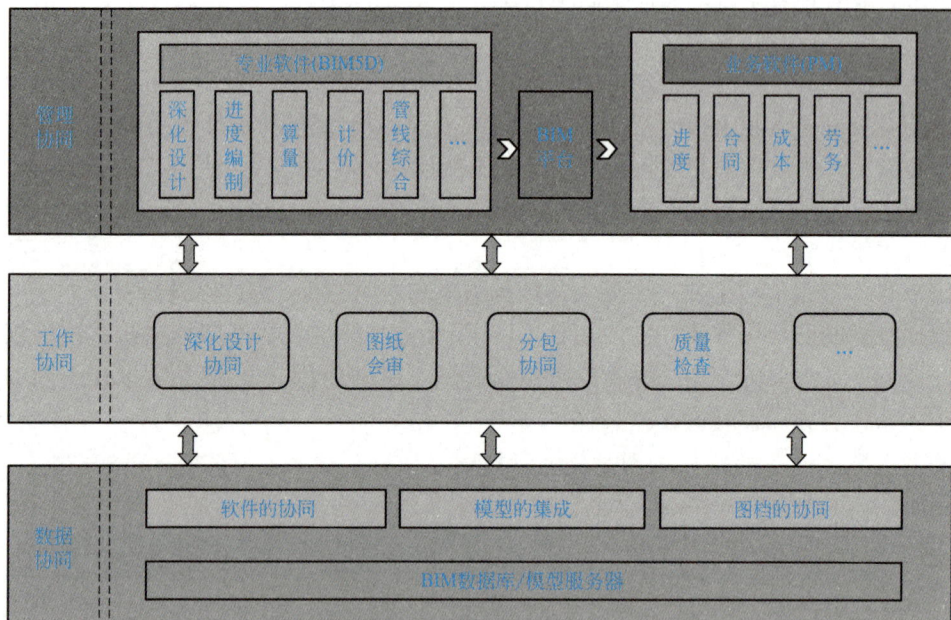

图 3-3-1　基于 BIM 的协同工作内容框架示意图

（1）管理协同

BIM 技术不仅仅是信息技术，同时又是一种应用于设计、建造、运营的数字化管理方法，这种方法支持建筑工程的集成管理环境，可以使建筑工程在其整个生命周期中显著提高效率和大量减少风险。因此，BIM 技术的应用更类似一个管理过程，同时，它与以往的工程项目管理过程不同，它的应用范围涉及了不同参加方、不同专业、不同业务、不同软件等多方的协同。而且，各个参建方对于 BIM 模型存在不同的需求、管理、使用、控制、协同的方式和方法。在施工过程中需要以 BIM 模型为中心，在为各业务提供准确高效的数据的同时，辅助施工管理过程完成管理和流程的协同。在管理协同过程中，核心是基于 BIM 平台强化项目运营管控。通过基于 BIM 的设计模型、工程量计算、工程计价、施工模拟、变更结算等专业化的过程控制，形成富含丰富施工信息的 BIM5D 模型，对招标投标、进度管理、成本管理、质量控制、结算变更等业务管理过程的形成数据来源和基础。

（2）工作协同

在施工现场，大多需要不同专业之间必须进行实时的沟通和协调，这些沟通与协调往往体现为一个又一个的工作场景；保证这些工作点上的沟通顺畅、信息正确传达、行为协同一致对于避免后续工作的争论、纠纷、推诿以及返工具有很有现实意义。例如：在图纸审核或施工交底方面，图纸的会审应将各专业的交叉与协调工作列为重点，从图纸上解决问题；而施工交底是让施工队、班组充分理解设计意图，了解施工的各个环节，从而减少交叉协调问题。在这样的场景下，一个图形化的工作展示一定比表格更形象；一个 3D 的展示一定比 2D 更能说明问题；一个动态的 BIM 模型一定比图纸更能够传达意图和相互理解，并达成一致。所以，充分利用 BIM 的可视化、参数化、模型化和动态化的特性，对于不同人员在不同场景的沟通及信息传递上具有不可比拟的优势。

3.3.2　基于 BIM 的数据协同

协同和共享是 BIM 的核心概念，同一构件元素，只需一次创建，各工种共享元素数据并从不同的专业角度更新、修改和丰富该构件元素。从这个意义上说，基于 BIM 的专业模型、业务资源、图档资源等数据如何能够在不同的应用软件、不同人员、不同业务之间顺畅流转和协同工作显得更加基础和重要。

1. BIM 软件间的应用

（1）建筑工程项目是一个具有复杂度高、专业性强、生命周期长的生产经营活动。在这个过程中使用的建筑软件都只是涉及建筑生命周期的某个阶段或某个专业领域的应用，目前没有哪个开发商能够提供覆盖建筑整个生命周期的应用系统，也没有哪个工程是只使用一家的软件产品完成的。

（2）软件和信息是 BIM 应用的两个关键要素，其中软件是 BIM 的手段，信息是 BIM 的目的。当我们提到 BIM 应用时，往往要认识清楚 BIM 不是一个或一类软件的事，而且每一类软件的选择也不只是一个产品，常用的 BIM 软件数量就有十几个到几十个之多。对于建筑施工行业相关的 BIM 软件基本上可以划分为三个大类：

1）技术类 BIM 软件，主要是以二次深化设计类软件、碰撞检查和计算软件为主。

2）经济类 BIM 软件，主要是以工程量计算、计价和 BIM5D 等造价业务有关的软件。

3）生产类 BIM 软件，主要是以方案模拟、施工工艺模拟、BIM4D 等生产类业务相关的软件。

（3）在 BIM 技术应用过程中，不同应用软件之间存在着大量的模型交换和信息沟通需求。由于软件之间的信息互用实现的程序语言、数据格式、专业手段等不尽相同，导致应用软件之间信息共享方式也不一样，交互方式一般包括直接调用、间接调用、统一数据格式调用等三种模式。

1）直接调用

在直接调用模式下，两个 BIM 软件之间的数据信息的转换是通过编写数据转换接口来实现。如果其中一个软件是模型的创建者，称之为上游软件，另外一个软件是模型的使用者或导入者，称之为下游软件。一般来讲，下游软件会编写接口程序，将上游软件产生的文件转换成自己可以识别的格式。接口程序可以是单独的，也可以作为插件嵌入在上游软件中。

如图 3-3-2 所示，广联达土建 BIM 算量软件 GCL2013 为了能够共享设计模型，降低建模工作量，采用直接调用方式。具体步骤是，编写模型格式转换程序，将其作为插件，安装在 BIM 设计软件中（例如：Revit、ArchiCAD），直接运行程序即将 Revit 文件转换成为广联达的 GFC 格式文件，进而直接在广联达算量软件中打开，进行工程量计算。这时需要人工干预的工作量很少，仅需要按照不同应用软件对模型的专业要求进行必要的设置。只要应用软件本身不出错，信息互用就不会出错。这种信息共享方式效率高、可靠性强，但是实现起来会受到技术条件和开发成本的限制。

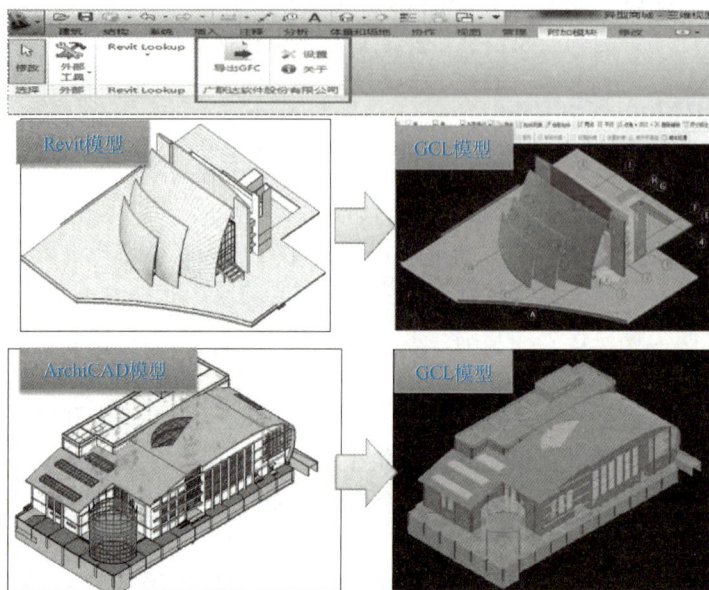

图 3-3-2　算量模型直接调用设计模型示意图

一般这样的调用是单向的，导出的模型难以再导回去使用。但是也有双向调用的例子。如图 3-3-3 所示，BIM 建模软件和结构分析软件之间信息互用是可以双向直接互用的。在建模软件中可以把结构的几何、物理、荷载信息都建立起来，然后把所有信息都转换到结构分析软件中进行分析，结构分析软件会根据计算结果对构件尺寸或材料进行调整以满足结构安全需要，最后再把经过调整修改后的数据转换回原来的模型中去，合并以后形成新的 BIM 模型。

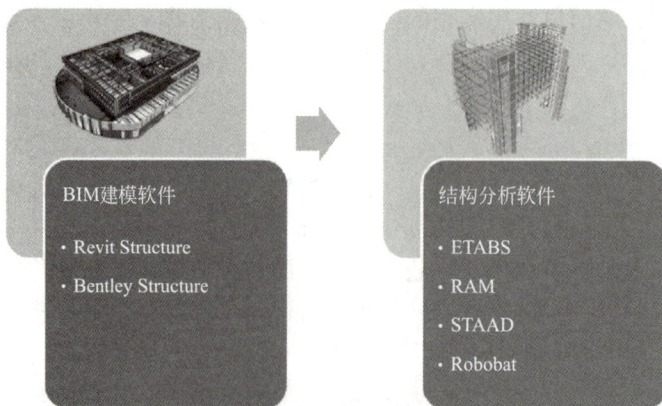

图 3-3-3　设计模型与结构设计模型相互调用示意图

2）间接调用

在模型合并时，需要使用人工方式把信息从多个软件格式转换或合并到另外一个软件。这时，一般情况需要人工进行大量的参数设置，或者重新输入数据；另外一些时候也可能需要对导入的模型进行重构。如图 3-3-4 所示，在进行管线综合和碰撞检查时，需要将结构、土建、机电的模型导入到 BIM 模型检查软件中，碰撞检查软件把有关碰撞的问题检查出来并进行标示，而修改相应的模型数据则需要专业人员根据碰撞检查报告，在BIM 专业建模软件里面人工调整，然后输出到碰撞检查软件里面重新检查，直到问题彻底更正。

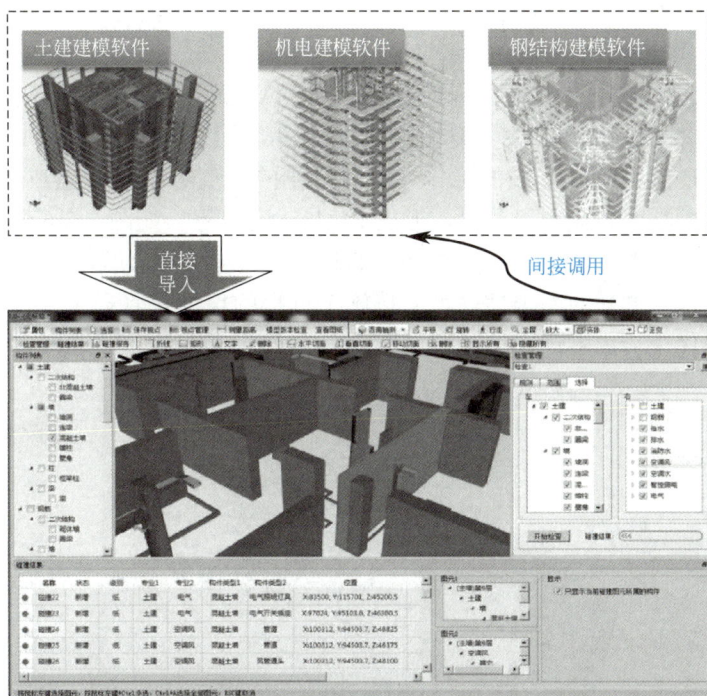

图 3-3-4 利用已有接口间接调用集成模型进行碰撞检查示意图

3）统一数据格式调用

直接调用、间接调用这两种方式都需要软件一方或双方对程序进行部分修改才可以完成。这就要求软件的数据格式全部或部分开放并兼容，以支持相互导入、读取和共享，这种方式在广泛推广中存在一定的难度。因此，统一数据标准格式调用方式应运而生。这种方式是通过建立一个统一数据交换标准和格式，不同应用软件都可以识别或输出这种格式，以此实现不同应用软件之间的模型共享。IAI（International-Allianceof-Interoperability）组织制定的建筑工程数据交换标准 IFC（Industry Foundation Classes）就属于此类标准格式。但是这种信息交互方式可能引起信息丢失、改变等问题，有必要对转换以后的模型信息进行数据效验，以保证数据的准确性。如图 3-3-5 所示，在土建工程量计算的时候，ArchiCAD 设计软件输出 IFC 标准格式的设计模型，广联达 GCL 算量软件可以直接读取IFC 格式设计模型，开展算量工作。这个过程中，为防止数据丢失，需要进行一些必要的参数设置工作。

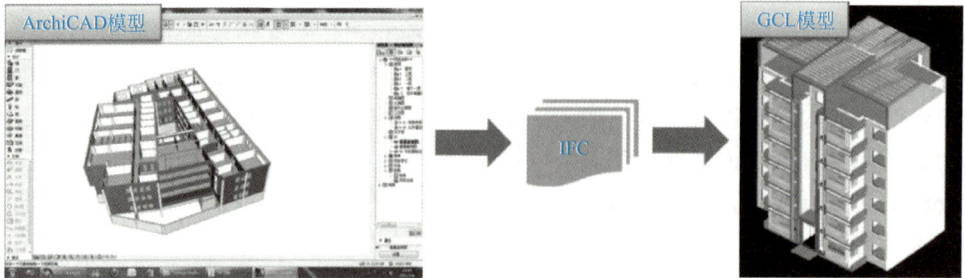

图 3-3-5　利用 IFC 数据接口实现共享示意图

2. BIM 模型集成应用

在 BIM 集成应用方案中，主要以实现各专业 BIM 模型集成、专业间协同 BIM 应用，打通各专业软件之间的数据接口为目的。在实际施工应用过程中，除了两个软件之间模型协同互用之外，还需要模型集成的工作，不同专业的模型数据需要集成在统一的平台之上，并赋予相应的进度、成本等数据，形成 BIM5D 模型等。如图 3-3-6 所示，某项目中，由土建（广联达土建算量 GCL）、钢结构（Tekla）、机电（MagiCAD）、装修四个模型集成后的模型，并基于这样的综合性模型支持施工过程的精细化管理工作，例如碰撞检查、进度模拟、资源优化、成本动态控制等工作。

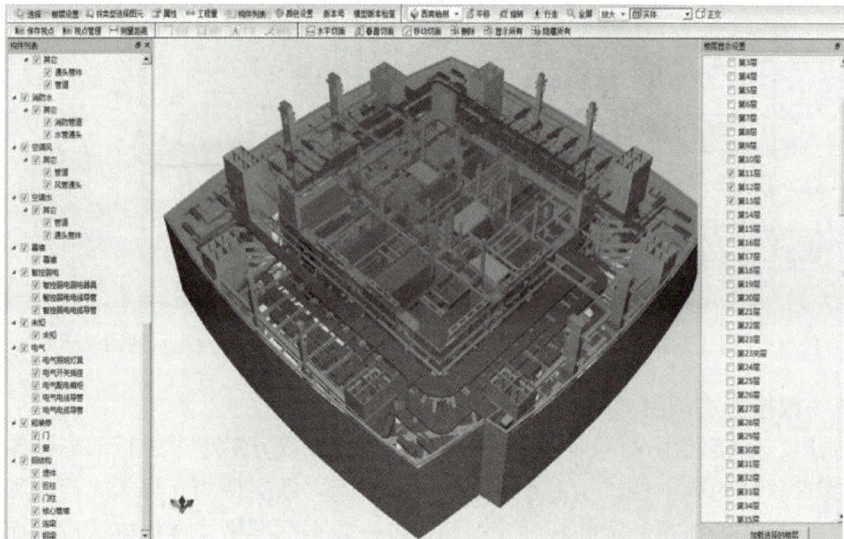

图 3-3-6　不同专业 BIM 模型集成

这种集成工作会带来巨大的复杂性，因为它不仅仅是考虑两个模型互用和转换，而是要考虑几个模型的转换和集成。虽然有 IFC、GFC 等接口标准，但是我们应该看到，这些标准虽然具有通用性，但是也会造成数据的丢失。因此，对于这样的集成工作，不仅需要模型在建立的时候就遵循一定的规范，还要建立 BIM 协同平台与各个专业的数据接口，实现与其他系统，如进度软件（微软 Project、P6）、Excel 等工具软件的数据接口，实现各级数据交换。

3. BIM 模型共享数据库应用

（1）在项目进展过程中，不同阶段、不同业务、不同角色都需要使用 BIM 模型来完成不同的工作，基于前一个业务产生的模型，增加或修改关于自身业务范围的数据内容，然后将修改后的模型进行更新，除模型信息外，还将产生海量的文档、图纸、变更、报表等业务信息，这个过程在整个项目过程中不断地进行。如何保证 BIM 模型这么大的数据信息在不同角色、不同软件、不同业务之间顺利流转和共享，这就需要有一个统一的模型平台去完成。

（2）只有构建基于 BIM 技术的统一的模型共享数据库，才能真正实现建筑过程中各部门、各专业人员对建筑信息模型的共享与转换，从而实现真正意义上的协同工作。这些协同平台可以通过 BIM 技术，对建筑信息模型进行共享与转换，从而将建筑设计、结构设计、工程概预算等工作集合在一起，实现建筑领域中的协同工作。BIM 模型数据库应用主要包含三个方面的工作：

1）基础信息库。基础信息库主要包含图纸库、模型库等，这是基础性的数据，特别是模型库是支撑 BIM 应用的根基。BIM 应用过程中产生的模型数据将被统一放在模型库中。同时，模型服务器为模型的查看、集成、存储提供了基础性的服务，各软件和用户可以通过模型服务器对模型进行统一的获取和更新，这里包括移动终端的获取和展示。如图 3-3-7 所示，通过 IPAD、网页等终端访问模型服务器进行模型的实时浏览和查看，可以支持很多的现场协同工作。

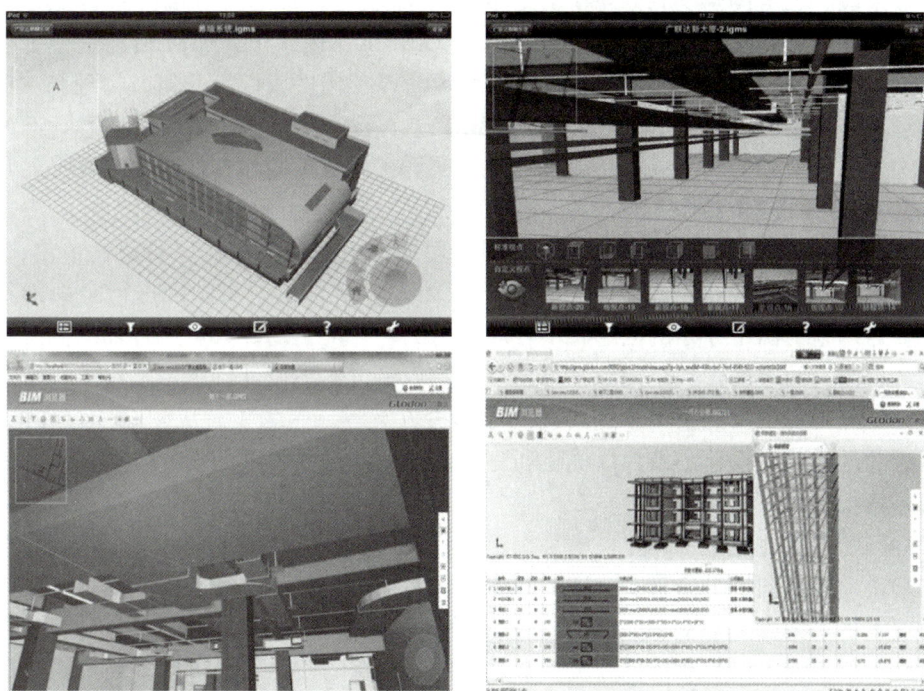

图 3-3-7　通过移动端、网页查看模型信息示意图

2）标准信息库。这里主要包括清单库、定额库、材价信息库、成本项目库等。这些信息库是属于信息标准化的范畴，在使用软件帮助完成各项具体业务的时候，需要这些标

准库的支撑。同时标准化也是信息系统数据能够顺利流转和共享的基础。例如，在对材料编码进行标准化之后形成的材料信息库的基础上，实现材料信息价格库，利用互联网的追踪更新，使得报价人员在不同阶段都能够获取市场的最新价格信息，大大提高了价格数据的准确性和及时性，避免了传统造价模式与市场脱节带来的二次调价等问题，提高造价工作的准确性和效率。

3）工程资料库。工程管理数据的积累是对工程建设过程中历史经验的总结，它是支持企业工程管理工作可持续发展和不断优化的一项基础性工作。基于 BIM 集成平台的数据挖掘与分析能力，在工程管理相关信息库的基础上，对各类工程建设管理、技术指标进行及时、准确的收集，形成可靠的经验资料，指导后续的工程管理。这些工程资料包括：工程施工规范、施工任务类型、成本核算规范、项目成本预算、清单的组价构成、质量验收标准、危险源识别库等。企业可以基于资料库，抽取指标库，不仅为了同类工程提供对比指标参考，也为以后工程项目在编制投标文件时提供依据，指导准确进行报价，避免企业专业人员素质的不同或者流动带来的重复劳动和人工费的增加。

3.3.3 基于 BIM 的工作协同

一般来讲，除了沟通方法与技巧之外，用于协同的内容也是决定协同水平和效率的关键因素，对于工程建设行业来说，在传统的工作方式下多以二维图纸、表格文字为主，如工程的效果图、二维图形文件、Word 文件、Excel 表等；参与各方的理解可能存在多种角度，这种差异性将会造成信息传递断链。在 BIM 工作模式下，BIM 模型是整合了建设项目的三维几何、空间关系、地理信息、材料数量以及构件属性等几何、物理和功能等的综合信息模型，不同参与方之间可以根据 BIM 这个形象、完整、关联的信息，准确地进行相互沟通、传递信息和决策，从而推动整个项目在计划工期和合理造价内高质量完成。

1. 基于 BIM 技术的图纸会审

（1）图纸会审是指承担施工阶段监理的监理单位组织施工单位以及建设单位、材料、设备供货等相关单位，在收到审查合格的施工图设计文件后，对图纸进行全面细致的熟悉，审查处理施工图中存在的问题及不合理的情况，并提交设计人员进行处理的一项重要活动。其目的有两方面，一是使施工单位和各参建单位熟悉设计图纸，了解工程特点和设计意图，找出需要解决的技术难题，并制定解决方案；二是为了解决图纸中存在的问题，减少图纸的差错，对设计图纸加以优化和完善，以完善设计图纸的设计质量，将图纸中的质量隐患消灭在萌芽之中。

（2）图纸会审在整个工程建设中是相当重要的环节，也是最关键的一个环节。对于施工单位来说，施工图纸是质量安全进度的前提，如果施工过程中经常出现变更，或是因为图纸问题较多，势必会影响整个项目的施工进展，会带来不必要的经济损失。通过 BIM 模型的支持，不仅可以有效地提高图纸本身的协同审查的质量，还可以提高审查过程及问题处理阶段各方沟通协同的工作效率。

1）专业图纸的协同审查

图纸会审主要是对图纸的"错漏碰缺"进行审核，包括专业图纸之间、平立剖图之间的矛盾、错误和遗漏等问题。传统图纸会审一般采用的是二维平面图纸和纸质的记录文件，施工图会审的核心就是以项目参与人员对设计图纸本身的全面、快速、准确理解为基础，而 2D 表达的图纸在沟通和理解上容易产生分歧。首先，传统设计图纸的表达方式是以多个 2D 视图来表达一个 3D 的实体构件，会产生很多的有冗余、冲突和错误。其次，2D 图纸以线条、圆弧、文字等形式存储，只能依靠人来解释，电脑无法自动给出错误或冲突的提示。

简单的建筑采用这种方式是没有问题，但是随着社会发展和市场需要，异形建筑、大型综合、超高层的项目越来越多，项目复杂度的增加使得图纸数量成倍增加。一个工程就涉及成百上千的图纸，图纸之间又是孤立和相互制约的。在审查一个图纸细节内容时，往往需要找到所有的相关的详图、立面图、剖面图、大样图等，包括一些设计说明文档、规范等，甚至相关的其他专业图纸也要一并查看。特别是当多个专业的图纸放在一起审查时，需要对不同专业元素的空间关系通过大脑进行抽象的想象，这样既不直观、准确性也不高，工作效率也很低。

利用 BIM 模型可视化、参数化、关联化等特性，可以在一个模型中集成不同专业的模型，并通过统一的 BIM 平台进行展示。首先，保证参与会审各方在同一个立体三维模型下进行审核，可以直观的、可视化的对图纸的每一个细节进行浏览和关联查看。其次，利用计算机自动计算功能对出现的错误、冲突进行自动检查，并统计出结果，各构件的尺寸、空间关系、标高、相互之间是否交叉、是否在使用上影响其他专业，都一目了然，省去了找问题的时间。最后，在施工完成后，通过碰撞检查记录对关键部位进行检查。

Autodesk 公司的 Navisworks Manage 软件可以将多种格式的三维模型数据——无论文件的大小，合并为一个完整、真实的建筑信息模型，以便查看与分析所有模型数据信息，并通过对三维模型中潜在冲突进行有效的辨别、检查与报告，替代错误频出的手动检查。市面上还有广联达等软件公司的审图软件也可辅助进行碰撞检查工作。

如图 3-3-8 所示，在某工程中通过各专业模型集成进行管线综合检查。图中是一个风管穿墙的图纸，左侧为二维 CAD 图纸，虽然比较简单，但是很难直接看出排风风管与结构墙体产生了碰撞；右侧是集成后的土建和机电 BIM 模型，二者的碰撞一目了然。如图 3-3-9 所示显示在施工完成后，针对设计时出现的碰撞检查部位，对照模型进行有针对性的质量检查和验收。

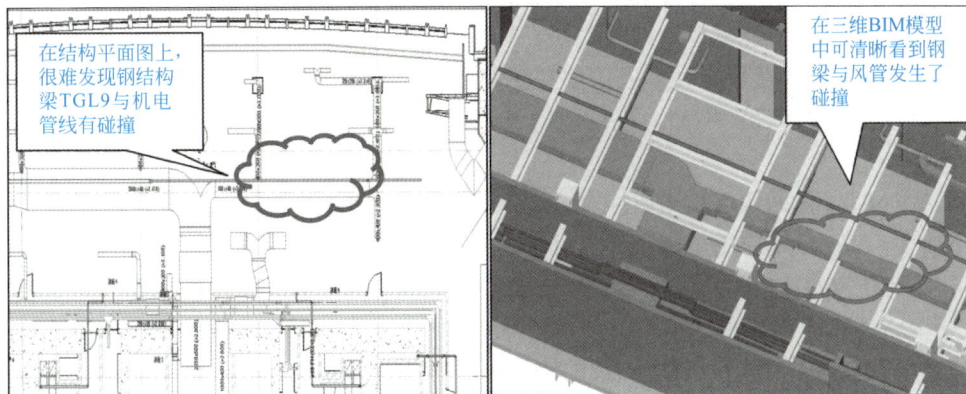

图 3-3-8　各专业模型集成进行管线综合检查示意图

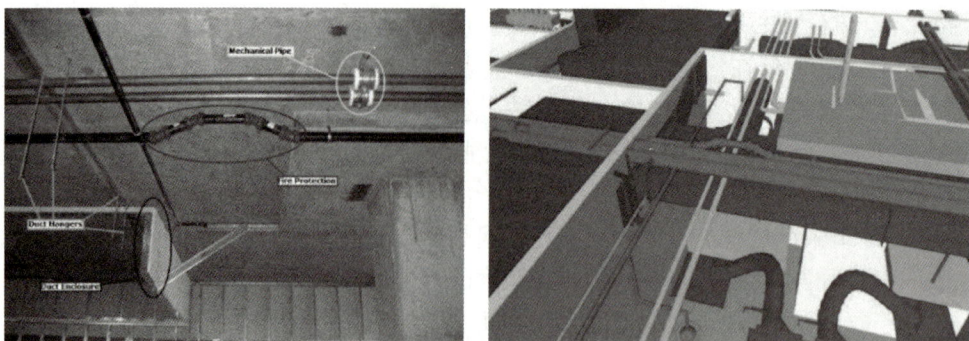

图 3-3-9　图纸协同审查及质量检查示意图

2）图纸会审过程的沟通协同

通过图纸审查找到问题之后，在图纸会审时需要施工单位、设计单位、建设单位等各方之间沟通。一般来讲，问题提出方对出现问题的图纸进行整理，为表述清晰，一般会整理很多张相关图纸，目的是让沟通双方能够理解专业构件之间的关系，这样才可以进行有成效的问题沟通和交流。这样沟通的效率、可理解性和有效性都十分有限，往往浪费很多时间。同时也容易造成图纸会审工作仅仅聚焦于一些有明显矛盾和错误集中的地方，而其他更多的错误，如多专业管道碰撞、不规则或异性的设计跟结构位置不协调、设计维修空间不足、机电设计与结构设计发生冲突等问题根本来不及审核，只能留到施工现场。从这种方式来看，2D图纸信息的孤立性、分离性为图纸的沟通增加了难度。

BIM技术可用于改进传统施工图会审的工作流程，通过各专业模型集成的统一BIM模型作为项目各参与方之间进行沟通和交流的媒介，实现远程或现场多方的图纸会审，有效提高会审中问题沟通和协同的效率。在会审期间，通过3D协同会议，项目团队各方可以更方便的查看、穿越模型，更好地理解图纸信息，促进项目各参与方之间的问题交流，更加聚焦于图纸的专业协调问题，大大降低了检查时间。

例如，Autodesk公司的Navisworks Freedom软件为设计、施工等人员之间基于模型提供了高效的沟通方式。软件直接可查看3D DWF格式的文件以及相关的工程图，更加形象地交流设计意图，协同审阅设计方案，共享所有分析结果。

如图3-3-10所示，这是施工现场多方参与的基于BIM模型的施工图会审的场景，通过BIM平台集成多专业模型，同时关联CAD图纸进行图纸现场审查，并可通过相关联的视频会议系统直接连接设计院，基于模型问题进行现场沟通。如图3-3-11采用大屏幕可移动显示设备直接展示设计模型，进行现场设计交底，使得施工班组更加形象地理解设计，正确施工。

2. 基于 BIM 技术的现场质量检查

（1）当BIM技术应用于施工现场时，其实就是用BIM模型的虚拟建筑与实际的施工现场进行验证和对比的过程。包括两个方面，一是施工的指导。让现场实施人员可以参照BIM模型所表达的建筑物真实样子去理解设计并施工，而不是依靠于抽象的图纸。二是现场的校验。在施工过程中，现场出现的错误不可避免，如果能够尽早在错误刚刚发生的时候发现并改正，对施工现场也具有非常大的意义和价值。通过BIM模型与现场实施结果进行验证，可以有效地及时地避免错误的发生，这在现场工程质量检查和管理中尤为明显。

图 3-3-10 基于 BIM 技术的图纸审查示意图

图 3-3-11 基于 BIM 技术的图纸交底示意图

（2）施工现场的质量检查一般包括开工前检查、工序交接检查、隐蔽工程检查、分部分项工程检查等。施工方是工程的直接建设者，需要记录的质量信息主要包括施工基本记录信息、工程原材料信息、设备信息等，同时部分信息需传递给监理单位进行处理和审查，通过后方能进行下道工序。传统的现场质量检查，质量人员一般需要目测、实测等方法进行，针对那些需要与设计数据校核的内容，经常要去查找相关的图纸或文档数据等，为现场工作带来很多的不便。同时，质量检查记录一般是以表格或文字的方式存在，也为后续的审核、归档、查找等管理过程带来很大的不便。

（3）BIM 技术的出现丰富了项目质量检查和管理的控制方法，使质量信息的流转更为有效。与纯粹的文档叙述相比，将质量信息加载在 BIM 模型之上，通过模型的浏览，摆脱文字的抽象，让质量问题能在各个层面上高效地流转辐射，从而使质量问题的协调工作更易展开。同时，将 BIM 技术与物联网等技术相结合，可以达到质量检查和控制手段的优化。基于 BIM 辅助现场质量检查，主要包括三个方面的内容：现场施工质量信息的采集与检查、现场材料设备的质量检查、BIM 辅助预制加工。

1）BIM 有助于提高施工现场质量检查的效率。在施工过程中，当完成某个分部分项时，总承包质量管理人员可以通过移动终端，直接调用相关联的 BIM 模型，通过三维模型与实际完工部位进行对比，可以直观发现问题。对于部分重点部位和复杂构件，利用模型丰富的信息，关联查询相关的专业图纸、大样图、设计说明、施工方案、质量控制方案等信息，对施工质量及时把握，极大提高了现场质量检查的效率。如图 3-3-12 所示，现场的管道质量检查时，可通过 IPAD 实时调用相关模型进行对比检查，及时发现施工出现的质量问题。如图 3-3-13 所示，在某工程中，为检查基坑开挖与设计符合度，同时也可以进行土方量的快速计算和复核，通过三维激光扫描仪对基坑进行扫描，形成三维模型，导入BIM 系统与设计模型进行对比分析，找出差距与问题，并自动计算实际土方量。

在进行质量检查后，及时记录质量信息，通过传统的文字叙述表达关于质量的具体情况，并将检查信息关联到相关构件，成为构件的属性信息，及时通过移动终端及时将质量检查信息上传至 BIM 数据库中。质量管理者通过 BIM 实施平台，及时并清晰了解工程中的质量问题和发生处理解决的状态，提升了对工程项目的整体掌控能力和管理效率。

2）BIM 技术有助于提高现场材料设备等产品质量检查的效率。提高施工质量管理的

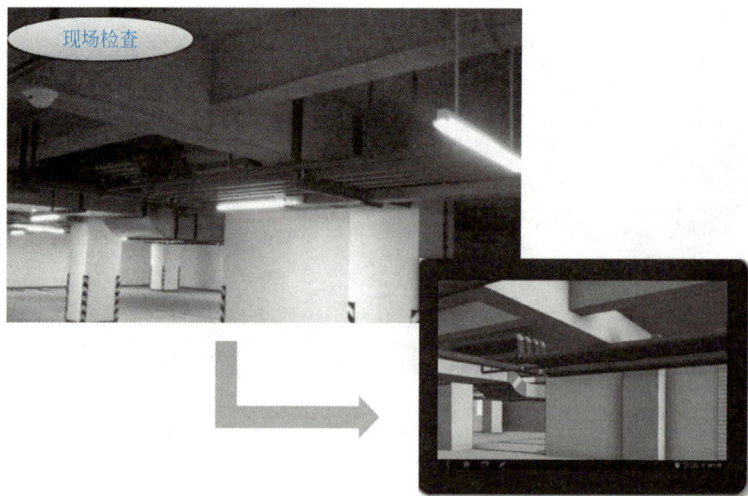

图 3-3-12　现场基于模型的质量检查示意图

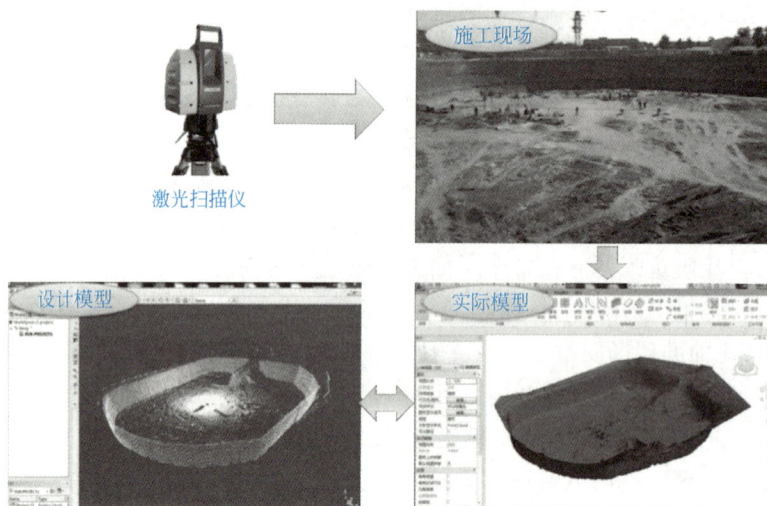

图 3-3-13　BIM 与三维激光扫描仪配合检查示意图

基础就是保证施工人员、物料、机械的合格，其中，材料及设备质量是工程质量的源头。由于材料设备的采购、现场施工、设计图纸等工作是穿插进行，各工种之间的协同和沟通存在问题。因此，施工现场对材料、设备与设计值的符合程度的检查非常繁琐，BIM 的应用可以大幅度降低工作的复杂度。

在基于 BIM 的质量管理中，施工单位将工程材料、设备、构配件质量信息录入建筑信息模型，并与构件部位进行关联。通过 BIM 软件平台，材料检验部门、现场质量员等均可以快速查找所需的材料及构配件信息，规格、材质、尺寸要求等一目了然。并可根据 BIM 设计模型，跟踪现场使用产品是否符合设计要求。特别是在施工现场，通过先进测量技术及工具的帮助，可对现场施工作业产品进行追踪、记录、分析，掌握现场施工的不确定因素，避免不良后果的出现，监控施工产品质量。如图 3-3-14 所示，通过 RFID 技术可以实现材料设备的进场验收、施工部位的使用等跟踪，根据 RFID 传递的信息，检查人员可通过 BIM 平台获取材料设备的设计信息要求，及时掌握现场材料使用是否正确，实现对施工进度、重点部位、隐蔽工程等部位的材料设备进行校核。

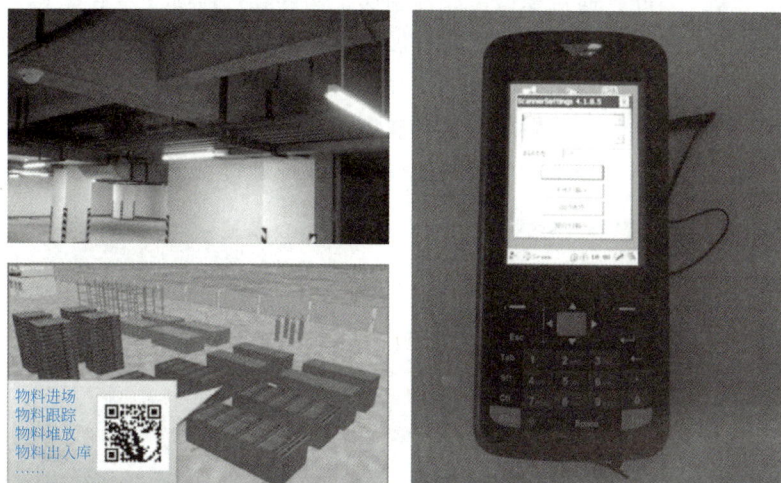

图 3-3-14　集成 RFID 的材料检查示意图

针对重要的机电设备等，在进行质量检查过程中，通过复核，及时记录正确的设备信息，并关联到相关的 BIM 模型上，对于运维阶段的管理具有很大的作用。运维阶段利用竣工建筑信息模型中的材料设备的信息进行运营维护，例如模型中的材料、机械设备材质、出厂日期、型号、规格、颜色等质量信息及质量检验报告，能够快速地对出现质量问题的部位进行维修。如图 3-3-15 所示，竣工模型中可以正确的查询设备的质量信息，辅助运维管理。

图 3-3-15　基于模型进行实际设备信息标注示意图

3）BIM 技术从根本上保证了图纸信息的准确及时，避免了信息的丢失和误解，有助于提高预制加工材料的质量。在传统二维图纸中，点和线不具备储存信息的功能，相应构件、管材、辅材的材质、型号及特殊要求必须在设计说明中或图纸中标注体现，但实际使用中，经常遇到部分未标注或有争议的地方，或者需要查询相应质量验收规范。采用 BIM 技术可以很好地解决这些问题。BIM 技术是基于参数化的三维模型，模型中不仅包含了构件的几何、空间和业务属性，还包含了构件的物理属性，例如构件的材质、型号、颜色、重量、安装方式等。因此，通过模型传递预制加工构件到预制加工单位，可以有效地防止二维图纸带来的信息传递和沟通错误，各项加工所需的参数信息能安全的得到保护，进而提高了预制加工材料最终的质量，有效减少了返工。如图 3-3-16 所示，基于 BIM 的钢筋算量模型进行钢筋翻样，优化下料，并通过模型指导钢筋的加工。图 3-3-17 显示三维 BIM 模型管道的预制加工，并指导现场吊装，最后通过模型进行现场管道安装的检查。

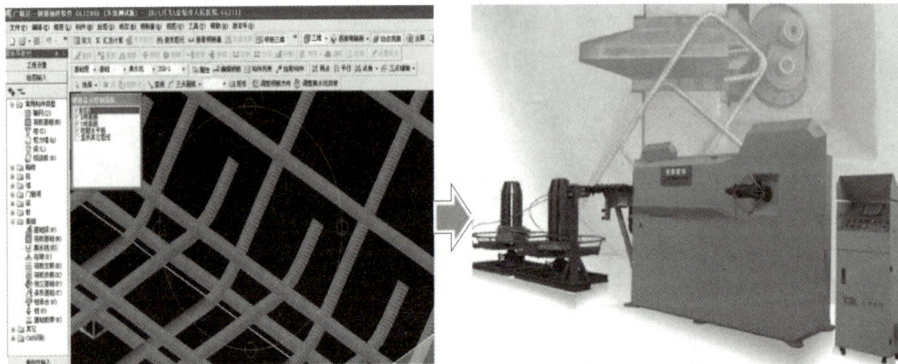

图 3-3-16　基于 BIM 技术的现场钢筋加工示意图

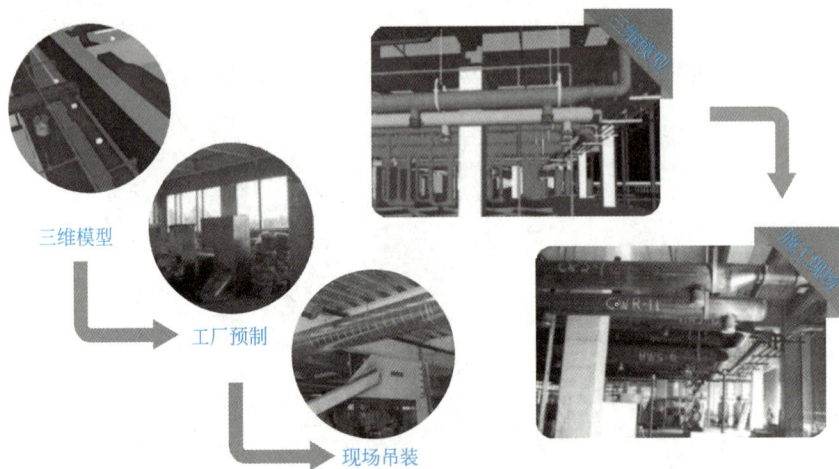

图 3-3-17　基于 BIM 技术的预制加工及安装指导示意图

3. 基于 BIM 的施工组织协调

在施工过程中，不同专业在同一区域、同一楼层交叉施工的情况是难以避免的，是否能够组织协调好各方的施工顺序以及施工区域，都会对工作效率和既定计划产生影响。

首先，建筑工程建设的施工效率的高低关键取决于各个参与者、专业和分包之间的协同合作是否顺利。如果它们之间的协调合作十分顺畅就会节约很多施工时间，并将其投入到下一个施工环节中；其次，建筑工程的施工质量也和专业之间的协同合作有着很大的关系。如果各专业间的协调和合作出现漏洞，比如各专业间的配合不当、人员管理不善等，都会产生施工质量问题；最后，建筑工程的施工进度也和各专业间的协同配合有关。如果各专业间的配合默契，每个施工环节都能够顺利地完成，就会加快工程建设的进度。

BIM 技术可以提高施工组织协调的有效性，BIM 是具有参数化的模型，具有除了三维设计模型之外的资源、进度、成本等信息，通过与模型的集成，在进行施工过程的模拟中，实现合理的分包工作面划分工作，并基于模型完成施工过程的分包管理，为各专业施工方建立良好的协调管理而提供支持和依据。

施工流水段的划分是建筑产品施工前必须要考虑的技术措施。合理地划分施工流水段，可有效地集中人力、物力和财力，迅速地、依次地、连续地完成各项施工任务，提高多专业施工效率，减少窝工，保证施工进度。

施工流水段的合理划分一般需要考虑建筑工艺及专业参数、空间参数和时间参数，传统的方式需要通过专业图纸、建筑图纸、进度计划、分包计划等综合考虑，实际工作中，这些资源都是分散的，需要基于总的进度计划，不断地对其他相关资源进行查找，以便能够是流水段划分更加合理。在过程管理中，也需要不断地进行调整，手工编制工作面进度报表，工作量巨大，常常造成流水段划分不合理，或者过程调整和管控不及时，使得分包队伍之间产生冲突，最终造成资源浪费或窝工。

基于 BIM 技术的流水段管理可以很好地解决上述的问题。在基于 BIM 技术的 4D 模型基础上，将流水段划分的信息与进度计划项关联，进而与 4D 模型关联，形成施工流水管理所需要的全部信息。在此基础上利用基于 4D 的施工管理软件对施工过程进行模拟，通过这种可视化的方式科学调整流水段划分，并使之达到最合理。在施工过程中，基于 BIM 模型可动态查询各流水施工任务的实时进展，资源使用状况、碰到异常情况及时提醒。同时，根据各施工流水的进度情况，对相关工作项进度状态进行查询，并进行任务分派、设置提醒、及时跟踪等。清华大学的 "4D-BIM 的施工资源动态管理" 和广联达 BIM5D 等应用软件可以实现这样的管理需求。

针对一些超高层复杂建筑项目，分包单位众多、专业间频繁交工作多。此时，不同专业、资源、分包之间的协同和合理工作搭接显得尤为重要。流水段管理可以结合工作面的概念，将整个工程按照施工工艺或工序要求，划分成可管理的工作面单元，在工作面之间合理安排施工顺序。在这些工作面内部，合理划分进度计划、资源供给、施工流水等，使得基于工作面内外工作协调一致。此时，BIM 应用软件可以基于工作面形式进行施工流水和进度计划的综合管理。如图 3-3-18 所示，这是广联达 BIM5D 软件在国内某超高层项目中关于施工流水的管理，图中显示了利用 BIM 模型进行工作面划分和设置的场景。

如图 3-3-19 和图 3-3-20 中。分别显示了在施工过程中，基于 BIM 技术进行工作面施工动态监控和工作面交接情况监控，避免了各分包之间的工作冲突，分包协调更加顺畅，进而有效地减少由于窝工、返工和等待造成的资源浪费。

3.3.4　基于 BIM 的管理协同（IPD 模式）

传统的项目管理模式中，设计和施工处于相对独立的运作状态，项目各个参与方之间

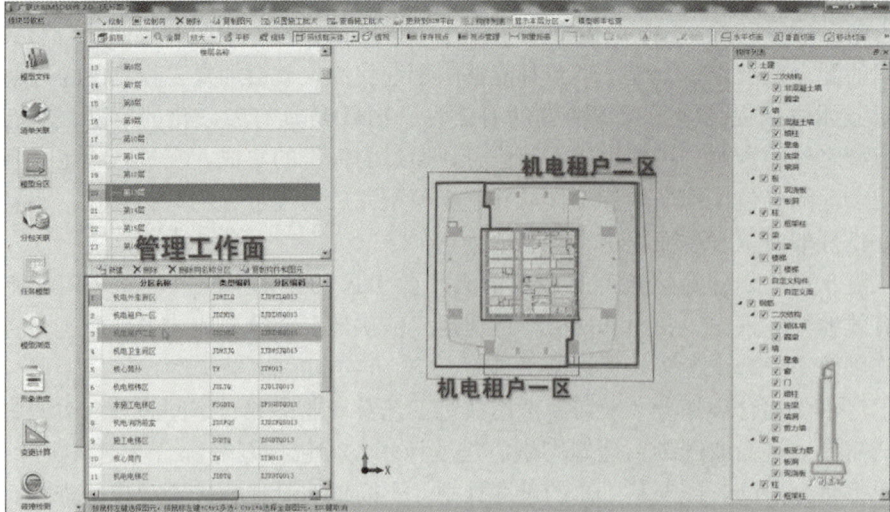

图 3-3-18　基于 BIM 技术的工作面划分和管理

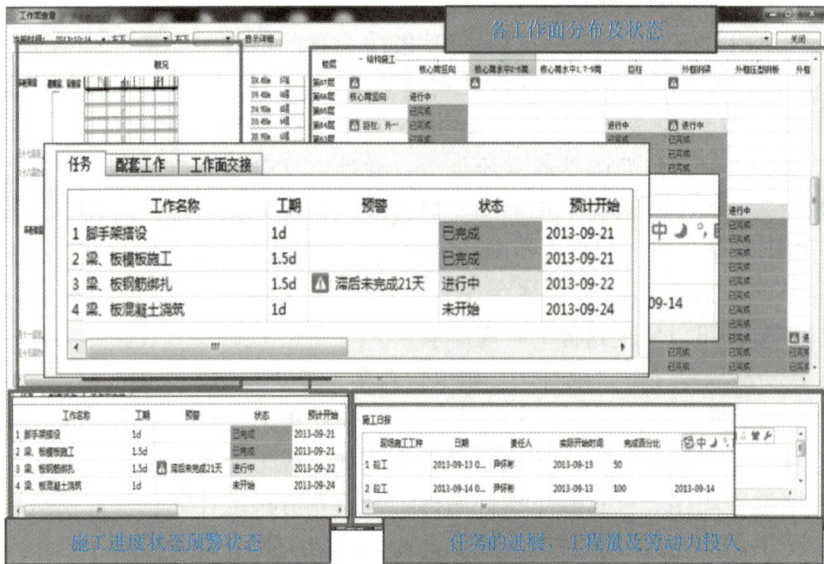

图 3-3-19　基于 BIM 技术的工作面施工动态监控

缺乏长期合作关系与意识。频繁的设计变更、错误误差、工期拖延、生产效率低、协调沟通缓慢、费用超支等问题困扰着工程项目的所有参与方（设计师、工程师、施工方和业主）。造成这一不良机制的主要原因是在一个项目中的各个参与单位间，存在着各种各样的利益冲突、文化差异和信息保护等问题，项目的各成员往往只关注个体自身的利益的最大化，缺乏一种能够使各参与方协同决策的机制，往往造成项目中的局部最优化，而不是整体最优化。

　　基于以上原因，工程建设行业的专家们也开始研究和实践解决上述问题的技术和方法，并衍生出很多项目实施方法，包括 EPC（Engineering，Procurement and Construc-

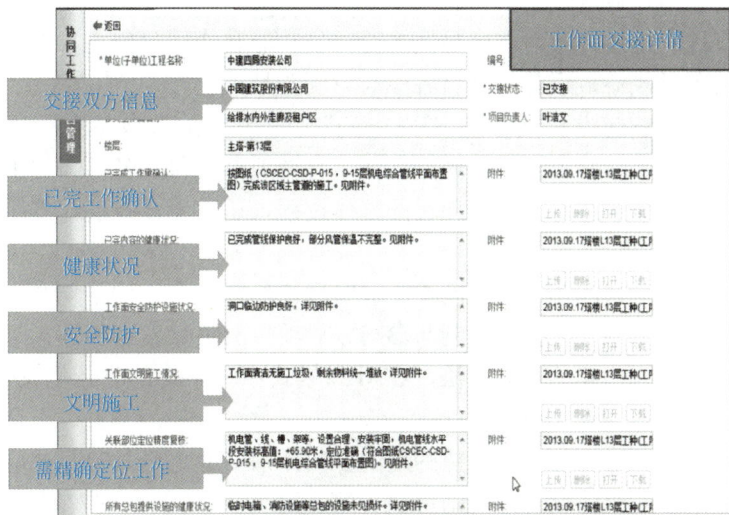

图 3-3-20　基于 BIM 技术的工作面交接情况监控

tion 工程总承包）、平行发包（Multi-Prime）、设计-投标-施工（Design-Bid-Build）、设计-施工或交钥匙（Design-Build）和承担风险的 CM（Construction Management at Risk）等模式，这些方法的主要目的是用来解决建造过程的分工过于明显带来的沟通协同效率低下的问题。但是，他们都有一个天生的缺陷，就是把参与方置于对立的地位，即参与方的目标与项目总体的目标不一致。例如经常出现，项目的目标没有完成（例如造价超出预算），但某个参与方的目标却圆满完成（例如施工方实现盈利）。

因此，我们可以看到，在上述项目管理和实施模式下，参与方以合同规定的自身的责权利作为努力目标，而不是将整个项目成功实施作为总目标。例如项目设计是设计方的工作，跟施工方无关，因此很多设计图纸中的问题直到施工现场才发现，从而导致影响项目工期、造价甚至质量的各类变更。在这样的模式下，各参与方之间的集成化程度差，存在严重的信息不对称和利益冲突，不免要造成反差，导致建筑业的效率低、超预算和逾期完工等问题。根据相关资料统计，在建筑业中，超过 70％ 的项目存在超预算和工期滞后现象。

目前，一种新的建设项目交付方法——集成项目交付方式（integrated Project Delivery，IPD）应运而生。IPD 是在理论研究和工程实践基础上总结出来的一种依托于一套完整的专属合同体系的项目管理实施模式。它最大限度地促使建设过程中各专业人员整合，实现信息共享及跨职能、跨专业、跨团队的高效协作。其核心是组建一支由主要利益相关方组成的协同、一体化、高效的项目团队，所有项目参与者利益与项目总目标一致，以此保证各团队之间相互协作。

美国建筑师学会（AIA）将 IPD 定义为"一种项目交付方法，即将建设工程项目中的人员、系统、业务结构和事件全部集成到一个流程中。在该流程中，所有参与者将充分发挥自己的智慧和才华，在设计、制造和施工等所有阶段优化项目成效、为业主增加价值、减少浪费并最大限度提高效率"。IPD 主要核心理念包括以下三点：

第一是：强调合作与信任。IPD 模式的核心理念是合作，要求在项目生命周期内，项目各参与方密切合作，通过公开的信息共享渠道、风险的共同分担和利益的合理分配，最终得到最优的设计、建造方案，在满足业主对项目功能和使用价值需求的基础上，共同完成项目目标并使项目收益最大化（项目各参与方利益最大化）。

第二是：强调各参与方早期介入。IPD 模式要求项目关键参与方尽早地参与到项目中，进行密切的协作，并对工程项目承担责任，直至项目交付。各参与方不能只站在自己的角度参与项目，而是要着眼于工程项目的整体过程，运用专业技能，依照工程项目的价值利益做出决策。

第三是：强调利益共同体。IPD 模式要求项目各参与方合作和早期介入，因此也形成了与之相适应的报酬机制。把报酬机制与参与方对项目的贡献紧密相连，是使单方的成功和工程项目的成功成为一体的有利方法。在 IPD 模式中，个人的收益依赖于项目的成功，参建各方共同关注项目的整体成功。

IPD 模式虽然已经建立起较为成熟的专属合同体系，但是当 IPD 模式应用于工程实践中时，发现很多技术问题还没有完美的解决方案。随着 BIM 技术的发展，将 BIM 与 IPD 模式集成应用成为一种趋势。BIM 是一种项目管理信息化技术，它在项目中的实施需要上下游之间协同；IPD 模式是一套项目管理实施模式，他在技术上需要一种载体使各参与方的信息沟通和传递更加顺畅和正确。从这意义上讲，二者的集成应用可以带来更大的价值。

首先，BIM 技术是 IPD 模式能够实现高度协同的重要基础支撑，是支持 IPD 模式成功高效实施的技术手段。IPD 模式需要从项目一开始就建立的由项目主要利益相关方参与的一体化项目团队，这个团队对项目的整体成功负责。这样的一个团队至少包括业主、设计总包和施工总包三方。与传统的项目管理模式比较起来，团队变大变复杂，因此，在任何时候都更需要一个合适的技术手段支持项目的表达、沟通、讨论、决策，这个手段就是BIM 技术。

BIM 技术集成了建筑物的几何、物理、性能、空间关系、专业规则等一系列信息，它可以协助项目参与方从项目概念阶段就在 BIM 模型支持下进行项目的各类造型、分析、模拟工作，提高决策的科学性。这会促成两个结果：一是这样的 BIM 模型必须在各个参与方共同工作的情况下才能建立起来。而传统的项目实施模式中设计、施工等参与方分工明确，它们是分阶段介入项目，很难实现这个目标。其结果就是，设计阶段的 BIM 模型仅仅包括了设计方的知识和经验，很多施工问题还需留到工地现场才能解决。二是各个参与方对 BIM 模型的使用广度和深度必须有一个统一的规则和标准，才能避免错误使用和重复劳动等问题。

其次，IPD 模式是以信息及知识整合为基础，是信息技术、协同技术与业务流程创新相互融合所产生的新的项目组织及管理模式，也是一种使 BIM 价值最大化的项目管理实施模式，BIM 的有效应用离不开 IPD 模式。IPD 模式作为一种新的项目交付方法论，通过改变项目参与者之间的合作关系，从协同的角度，加大参与者之间的合作与创新，对协同的过程不断优化及持续性改进。而 BIM 技术应用需要不同参与者在项目生命周期的不同阶段进行协作，持续的输入、提取、更新或修改 BIM 信息。IPD 模式的管理模式与 BIM 技术的应用模式天然相辅相成。

如图 3-3-21 所示，这是国内某项目采用 IPD 模式管理的例子。该项目在建设方的主导下，组建了核心团队，积极探索 IPD 模式在项目管理中的应用。以进度控制为例，由建设方组织总包、监理和分包在协同平台上共同编制季度、月度进度计划，同时，建设方参与总包组织的周进度计划和日进度计划的编制工作。建设方和总包、监理、分包在一个平台直接沟通交流，解决进度执行中的问题，共同承担进度风险。

图 3-3-21　基于 BIM 技术的项目 IPD 模式实施

为了实现项目施工阶段各专业之间基于三维模型的现场协调工作，该项目在现场搭建了 I-Room，其主要配置包括：宽屏幕交互式电子白板和超短焦投影机结合在一起的交互式电子白板系统和视频会议和远程沟通系统。在屏幕墙上可以综合 BIM 模型浏览、现场监控、视频会议、信息系统等多项内容。每周各参建方一起在 I-Room 内开会，对出现和问题进行及时调整和沟通。

总之，BIM 技术是支持 IPD 模式的有效技术手段，IPD 模式也为更好地应用 BIM 技术提供了管理环境。BIM 技术与 IPD 模式协同管理和集成应用可较好的解决目前传统交付方式存在的众多问题，给建筑业带来前所未有的创新。我们也应该看到，IPD 模式的优势是明显的，但是要真正实施起来，其挑战也是巨大的，这些挑战包括技术、行政、法律、文化等各个层面，前面有很长的路要走。但是 IPD 模式的思想、原则和方法完全可以在现有的项目实施模式上逐步应用，从而提升项目的整体管理管理水平和运行效率。

习　题

一、判断题

1.确定目标是实施 BIM 技术的第一步（　　　）

2.BIM 策划总图应包含的所有信息的交换信息，这些信息交换有时是针对某项 BIM 应用内部的特定过程（　　　）

3.BIM 交付物中的具体设计内容，是设计参数是否符合项目设计要求，是否符合国家和行业主管部门有关建筑设计的规范和条例（　　　）

4.利用 BIM 模型信息化、集成化、智能化等特性，可以在一个模型中集成不同专业的模型，并通过统一的 BIM 平台进行展示。（　　　）

5.完善的培训管理制度主要是需要保障在项目实施的推广普及阶段，各项目的 BIM 管理人员能及时到位展开工作。（　　　）

二、单项选择题

1.BIM 的应用价值不包括（　　　）

A. 提高专业设计公司的专业知识和服务能力

B. 通过应用各种严格的分析，实现最佳节能设计方案

C. 提高设计分析的质量，缩短设计分析的周期

D. 工程分析工具和软件。

2.以下哪个不是经济类 BIM 软件？

A. 工程量计算　　　　　B. 计价　　　　　C. BIM5D　　　　　D. 方案模拟

3.BIM 技术的可视化、参数化、数字化特性为建筑设计和施工阶段的（　　　）提供了保障

A. 进度　　　　　B. 质量　　　　　C. 安全　　　　　D. 成本

4.施工模型的更新检查频率为（　　　）

A. 每周　　　　　B. 每月　　　　　C. 每季　　　　　D. 每半年

5.IPD 模式的核心理念是（　　　）

A. 信息　　　　　B. 信任　　　　　C. 时间　　　　　D. 合作

三、多项选择题

1.项目团队协作的规程主要包括（　　　）模型管理规程

A. 命名规则　　　　　B. 模型结构　　　　　C. 坐标系统　　　　　D. 建模标准

2.（　　　）内容可以制定整个 BIM 实施团队的培训计划

A. BIM 知识　　　　　　　　　　B. BIM 实施流程

C. 各个环节的交付标准　　　　　D. BIM 模型

3.BIM 日常交底是针对（　　　）进行工序交接。

A. BIM 模型维护　　　　　　　　B. 信息录入

C. 阶段协调情况　　　　　　　　D. BIM 软件

4.BIM 应用软件可以基于工作面形式进行（　　　）的综合管理。

A. 施工流水　　　　　B. 进度计划　　　　　C. 质量安全　　　　　D. 信息

5.BIM 质量管理相关的制度包括（　　　）、数据维护制度等一系列保障措施。

A. 软硬件管理制度　　　　　　　B. 项目实施管理制度

C. BIM 培训管理制度　　　　　　D. 应用绩效管理制度

四、问答题

1.简述 BIM 实施模式及其内容。

2.BIM 模型检查规范中，应检查哪些方面？

3.简述 BIM 多专业协同管理工作概念。

4.简述项目 BIM 实施管理制度。

5.基于 BIM 技术的流水段管理可以很好地解决哪些问题？

习题答案

▶ 教学单元 4　BIM 在建筑设计阶段的应用

4.1　BIM 导论

4.1.1　BIM 设计应用价值

BIM 技术将建设项目的预期结果在数字环境下提前实现，从而使设计意图和理念能在建设项目全生命期中展示与应用，使建筑设计中的创意、规范标准、设计要求、时间及成本控制等都能在 BIM 技术指导下得到清晰、准确、迅速、直观的表达 CAD 时代众多专业各自工作，工作流程交错复杂，重复工作量大，错漏碰缺，设计变更难以避免。BIM 时代提供协同工作平台，工作流程有序简洁，综合信息共享，唯一模型实体与设计效果一致。建筑设计领域主要应用在：

（1）参数化设计：包括了参数化图元和参数化修改引擎，支持对建筑形式的创新。作为建筑信息的主要来源，它也是建筑生命周期信息技术应用的重要基础，如建筑性能分析、建筑构件加工生产等。

（2）基于 BIM 的协同设计：指在设计企业内不同设计部门、不同专业方向或者同一项目的不同设计企业之间，基于 BIM 软件平台的协调和配合。协同设计可以提高设计质量，减少设计冲突与错误，缩短建筑设计周期。设计阶段 BIM 应用的主要价值体现之一就是 BIM 协同设计与协同工作。协同设计需要具备的功能有工作共享、内容复用、动态反馈。

（3）基于 BIM 的建筑模型检查：对 BIM 模型进行自动检查，在设计阶段发现问题，提高设计质量，减少返工。利用 BIM 模型还可以对一些建筑设计规范的执行情况进行检查。

（4）基于 BIM 模型的各种性能分析：基于 BIM 技术的发展为准确、高效的建筑物性能分析提供了可行性技术依据，包括利用 BIM 模型进行能耗分析、舒适度分析，以及日照、采光、通风、声音、视线等建筑环境分析、安全性分析等。

随着 BIM 应用的普及和深化，会有更多的 BIM 价值得到体现，这些价值最终都会体现在社会总成本的降低和行业总效率的提升中，形成 BIM 整体价值体系。

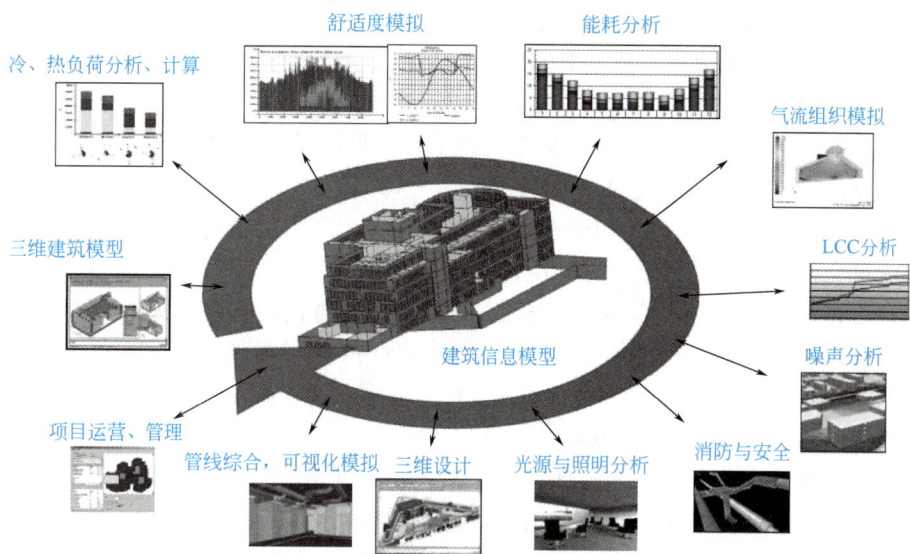

图 4-1-1 基于 BIM 模型的各种性能分析

4.1.2 设计阶段实施标准

BIM 标准一般来讲，在一定的数据存储空间内，信息量越大，则信息的质量就越高，即信息内容消除人们认识的不确定程度越大，信息质量就越高。

BIM 的作用是使建筑醒目各方面的信息，在从规划、设计、建造到物业管理和运营，在到资产重组或处理的整个过程中无损传递。因此，要在建筑物几十到上百年的使用周期中可以很方便地获取模型和内嵌在模型中的各类信息，要面对这个全生命周期中信息 技术的不断发展、变化，一个开放的、可扩展的 BIM 标准就成为 BIM 推广应用的前提。

项目运用 BIM 技术和企业建立 BIM 标准，能有效地解决建筑工程在项目管理中面临的信息化管理问题。基于 BIM 技术的工程项目信息管理模式的构件，更使工程项目信息管理"如虎添翼"，保证项目工程的成本控制和科学开展，为企业经济效益的提升夯实基础。

（1）建立 BIM 标准的意义

与其他行业相比，建筑物的生产是基于项目协作的，通常由多个平行的利益相关方在较长的生命周期中协作完成。因此，建筑业的信息化尤其依赖在不同阶段、不同专业之间的信息传递标准，即需建立一个全行业的标准语义和信息交换标准，为建筑全生命周期中的各阶段，各工种的信息资源共享和业务协作提供有效保证。BIM 作为贯穿于建筑产品全生命周期的信息模型，是业务活动的集成载体，因此 BIM 标准研究与制定将直接影响到 BIM 的应用于实施。

（2）国外 BIM 标准研究现状

目前，国际上一些发达的国家对 BIM 标准的相关研究和制定已经开始。1997 年 IAI 组织发布了 IFC 数据交换标准的第一个完整版本。经过几十年的发展，IFC 的覆盖范围、应用领域、模型框架都有很大的改进，并已被 ISO 组织采纳为国际标准（编号 ISO16739）。IFC 是一套与 BIM 软件平台无关的开放数据格式，整个体系使用 EXPRESS 语音来描述。IFC 使用类概念来描述建筑对象、对象的属性及对象间的相互关系，并用 STEP 标准在数据文件中进行记录（通常扩展名是 IFC）。

早在 2003 年，美国斯坦福大学集成设施中心就推出了基于 IFC 的 PM4D 系统以实现 4D 可视化施工过程模拟，而且此系统还具有全生命周期成本分析和进度报告方面的功能。美国基于 IFC 标准开始制定的美国国家 BIM 标准。NBIMS 技术标准体系由三个核心部分组成：信息交换的载体（数据储存标准），信息交换的数据库（信息语义标准）。

信息传递规程和定义（信息传递标准）。信息交换的载体主要是采纳 IFC 标准，信息交换的数据库主要采用的是北美地区的标准，信息传递规程和定义则是 NBIMS 研究的核心。

（3）中国 BIM 标准研究应用现状

随着信息化程度的不断深入，现有基于二维的建筑表达方式已不能满足行业进一步发展要求，实施 BIM 技术的已成为建筑业信息化的现实需求。建筑行业中两大行业协会中国勘探设计协会和中国建筑学会已经在普及、推广 BIM 的工作中走在了前列。2017 年 11 月中国勘探设计协会主办了"全国勘探设计行业信息化发展技术交流论坛"，首次在全国性的行业会议讨论了 BIM 在建筑设计中的革新及运用。

4.2 资源配置

4.2.1 建模软件

在 BIM 实施中会涉及许多相关软件，其中最基础、最核心的是 BIM 建模软件。建模软件是 BIM 实施中最重要的资源和应用条件，无论是项目 BIM 应用或是企业 BIM 实施都是至关重要的工作。BIM 软件就是 BIM 的应用工具，其核心特征包括支持面向对象的操作，以三维建模为基础、支持参数化技术、支持开放式数据标准、提供更强大的功能。通常 BIM 应用软件分类：从软件在应用中的作用分基础软件、工具软件、平台软件上；从软件支持 BIM 技术的程度分 BIM 应用软件、准 BIM 应用软件。

（1）BIM 设计软件

BIM 概念设计软件中设计初期，是在充分理解业主的设计任务书和分析业主的具体要求及方案意图 的基础上，将业主设计任务书里面基于数字的项目要求转化成基于几何形体的建筑方案。此方案用于业主和设计师之间的沟通和方案研究论证。论证后的成可以装换到 BIM 核心建模 软件里面进行设计深化，并继续验证设计方案是否满足业主要求。

（2）BIM 建模软件

BIM 建模软件是 BIM 应用的基础也是在 BIM 的应用过程中碰到的第一类 BIM 软件，简称"BIM 建模软件"。BIM 建模软件在市场上主要的有四家主流软件，分别是 Revit、

Bentley、ArchiCAD、Tekla。BIM 核心建模软件比较见表 4-2-1。

BIM 核心建模软件比较　　　　　　　　　　　　　　　　　表 4-2-1

软件\功能	Revit	Bentley	ArchiCAD
优势	1. 易于上手，用户界面友好、直观 2. 作为一个设计软件功能强大，出图方便，能满足用户在方案设计阶段对模型创建的各种要求 3. 支持大量的 BIM 软件，可以连接到多个其他的 BIM 工具 4. 支持项目中的各个参与方协同工作	1. Bentley 的 B 样条曲线可以用于创建负责曲面 2. 建模工具几乎涵盖了工程建设的各个行业的 3. Bentley 有多种模块，支持自定义参数化对象，也可以创建复杂的参数组件 4. Bentley 支持多平台功能，有良好的扩展性	1. 易于学习使用，用户界面的良好 2. 支持服务器功能，可以有效地促进参与方直接协同工作 3. 有丰富对象库，可用于项目的各个阶段
劣势	1. Revit 的参数化规则对于角度变化引起的全局更新有局限性 2. 不支持复杂设计，如曲面设计	1. 软件具有大量不同的用户操作界面，不易上手 2. 各分析软件间需要配合工作，其各式各样的功能模型包含了不同特征，很难短时间学习掌握 3. 相比 Revit 软件，其对象库的数量有限 4. 其互相性差的缺点使其各不同功能的系统只能单独的被应用	1. 参数模型对全局更新参数规则有局限性 2. 软件采用的是内存记忆系统，对于大型项目的处理会晕倒缩放问题，需要将其分割成小型的组件才能进行设计管理

（3）应用硬件和网络

设计企业 BIM 硬件环境包括：客户端（个人计算机）、服务器、网络及存储设备等。BIM 应用硬件和网路在企业 BIM 应用初期的资金投入相对集中，对后期的整体应用效果影响比较大。

随着信息技术快速的发展，硬件资源的生命周期比较短，在 BIM 硬件的环境建设中，既要考虑 BIM 对硬件资源的要求，也要将企业的未来发展与现实需要结合考虑，即不能盲目要求过高，也不能太过于保守，以避免企业资金投入过大带来的浪费或因资金的投入不够带来的内部资源应用不平衡等问题。

设计企业应当根据整体信息化发展规划及 BIM 对硬件资源的要求进行整体考虑。在确定所选用的 BIM 软件系统以后，重新检查现有硬件资源的合理配置及组织架构，整体规划并建立适应的 BIM 性需要的硬件资源，实现对企业硬件资源的合理配置。

1）基本配置

当采用个人计算机终端运算，服务器集中存储的硬件基础架构较为成熟，其总体思路是：在个人计算机终端中直接运行 BIM 软件，完成 BIM 的建模、分析及计算等工作；通过网络，将 BIM 模型集中储存在企业数据服务器中，实现基于 BIM 模型的数据共享与协调工作。

该架构方式技术相对成熟、可控性较强，在企业现有的硬件资源组织及管理方式基础上部署，实现方式相对比较简单，可迅速进入 BIM 实施过程，是目前设计企业 BIM 应用过程中的主流硬件基础架构。但盖家沟对硬件资源的分配相对固定，不能充分利用企业硬件资源，存在资源浪费的问题。

2）个人计算机要求

BIM 对于计算机运行性能要求较高，主要包括：数据运算能力的、图形显示能力、信息处理数量等几个方面。设计企业可针对选定的 BIM 软件，结合设计人员的工作分工，配备不同的硬件资源，已达到 IT 技术基础架构投资的合理性（表 4-2-2）。

个人计算机硬件配置
表 4-2-2

	基本配置	标准配置	高级配置
BIM 应用	局部设计建模 模型构件建模 专业内冲突检查	多专业协调 专业间冲突检查 常规建筑性能分析 精细渲染	高端建筑性能分析 超大规模集中渲染
使用范围	适用于企业大多数设计人员使用	适用各专业设计骨干人员、分析人员、可视化建模人员使用	使用企业少数高端 BIM 应用使用
Autodesk 配置需求 （以 Revit 为核心）	操作系统：Microsoft Windows 10 32 位	操作系统：Microsoft Windows 10 64 位	操作系统：Microsoft Windows 10 64 位
	CPU：单核或多核 Intel Pentium、Xeom 或 I-Series 处理器或性能相当的 AMD SSE2 处理器	CPU：双核 Intel Xeom 或 i-Series 处理器或性能相当的 AMD SSE2 处理器	CPU：双核 Intel Xeom 或 i-Series 处理器或性能相当的 AMD SSE2 处理器
	内存：8GB RAM	内存：16GB RAM	内存：32GB RAM
	显示器：1280 * 1024 真彩	显示器：1680 * 1050 真彩	显示器：1920 * 1200 真彩或更高
	基本显卡：支持 24 位彩色 高级显卡：支持 DirectX10 及 Shader M odel3 显卡	显卡：支持 DirectX 10 及 Shader M odel3 显卡	显卡：支持 DirectX 10 及 Shader M odel3 显卡

3）集中数据服务器及配套设施的部署

集中数据服务内容用于实现设计企业 BIM 资源的集中存储与共享。集中数据服务器及配套设施一般由服务器、存储设备等主要设备及安全保障、无故障保障运行等辅助设备组成。

企业选择集中数据服务器及配套设施时，应根据需求进行综合规划，包括数据存储容量要求并发用户数量要求、实际业务中人员的使用频率、数据吞吐能力、系统安全性、运行稳定性等。在明确了规划后，可据此（或借助系统集成商的服务能力）提出具体设备类型、参数指标及实施方案（图 4-2-1）。

4.2.2 BIM 设计协同平台

基于 BIM 的设计协同平台是 BIM 技术应用的重要条件，也是 BIM 设计协同的重要基

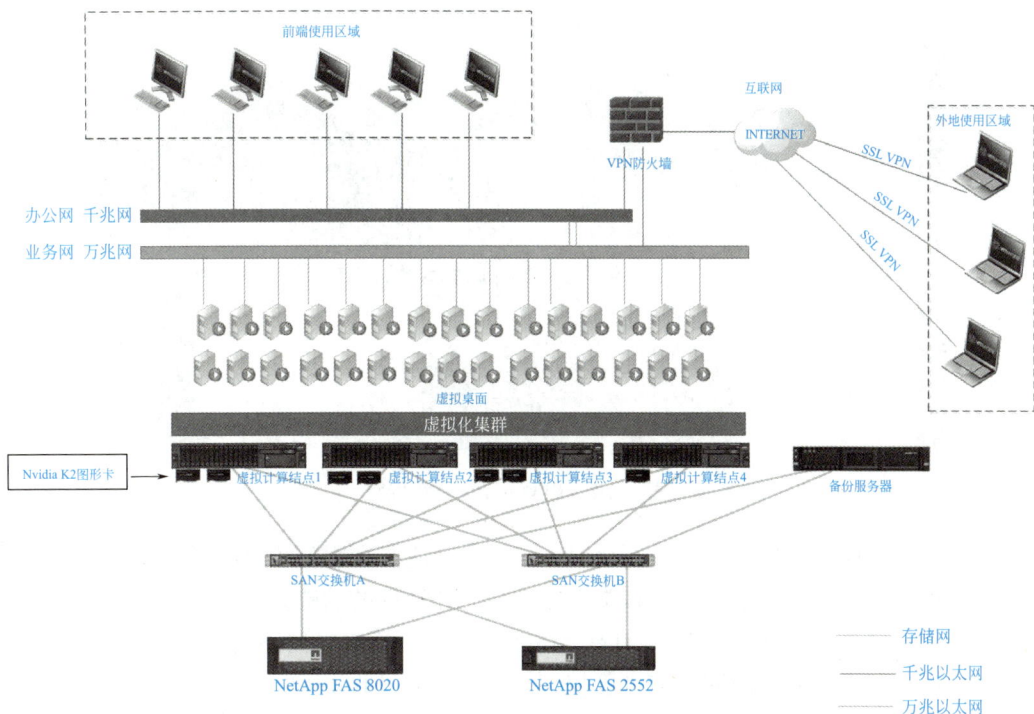

图 4-2-1　集中数据服务器及配套设施的部署

础。搭建 BIM 用于项目或企业的协同平台要关注设计过程多专业、多领域、多 环节、多角色的工作流程和管理流程，以及数据和信息的传递和交换。搭建 BIM 设计协同平台，根据本单位 BIM 规划和信息化技术条件，以及各专业 BIM 协同的实际要求。

根据不同的协同需求：设计企业的人员规模、专业、项目大小、信息化水平高低等情况是搭建协同平台的基本依据。

依据企业 BIM 发展规划：多数以 BIM 作为整体发展的路线的设计单位，都制定了以企业战略为主导的 BIM 发展规划，协同平台搭建要以此为依据充分考虑近期、远期的发展目标和 BIM 实施的节奏和步调。

依据技术条件和人员能力：设计企业信息化水平存在较大差距，建设 BIM 设计协同平台还应考虑计算软、硬件及网络情况、设计人员 BIM 技术能力，信息化人员技术支持能力等（图 4-2-2）。

通过 BIM 协同平台实现设计、生产、施工信息对接。包含模型成果管理与修改，碰撞检查与 4D 动态模拟等功能。

1. BIM 设计协同平台的功能

（1）统一协同的工作环境。所有专业都可以在一个网络环境上工作，即 BIM 设计协同平台提供统一的协同工作环境，项目进度、质量管理等也可以基于此平台完成。

（2）规范协同。在 BIM 设计标准的基础上，扩展定制企业或项目的具体协同规范，并在协同平台中贯彻落实。协同一般分为专业内协同和的专业间协同两种类型，因此，协同规范也应以此为依据来制定。

（3）权限控制。权限控制是 BIM 设计协同平台的重要功能，也是顺利完成 BIM 设计、

图 4-2-2　BIM 设计协同平台

实施责任分工、保证数据安全的重要手段。协同平台应具备根据设计的管理要求、项目特地点、人员组织来划分权限并进行日常有效的控制和管理的功能。

（4）项目的进度管理。BIM 设计协同平台应包含 BIM 模型浏览、进行管理等功能。通过模型浏览和进度显示协助完成进度控制。如与 P6、Projectdeng 进行进度管理软件对接，实现进度的策划、调整和执行等。

（5）项目的质量管理。BIM 设计协同平台通过内嵌质量控制文档、资料表格模板等手段，可以协助项目的质量控制。依据企业或项目设计管理流程，可以实现电子移交、审核批准、远程协作、版本管理、图形和模型网上发布等实用的协同重要工作任务。通过内置流程和表单，可以实现协同任务的流程控制，有效地提高基于协同的质量管理。

（6）分布式异地协同。通过多专业配合的与协同工作功能，可以快速地建立专业间、专业内协同工作末班。运营底层分布式与远程增量传输的技术，可以使异地协同近本地协同工作的效率，解决远程协同的问题。

（7）BIM 设计过程的版本管理。BIM 设计协同平台应支持历史版本的存储和管理，并确保用较少的存储空间存储 BIM 与其他的文档过程版本，为工程文档的全生命周期管理奠定基础。BIM 设计协同平台软件内置的文档中心可以细化到各个阶段，可以实现工程全生命期各阶段的管理，可以完成为工程项目的文档管理中心，为设计成果的集中管理创造条件。

2. BIM 设计协同平台的形式

BIM 设计协同的平台一般可以分为：

基于服务器的 BIM 设计协同平台。对于企业信息化水平不高或规模较小的设计单位，可以采用基于的服务器的 BIM 设计协同方式。对于原有企业网络的平台进行适当改造就可以实现。这种形式具有实施快，成本低。

它显著的特点的是：对原来的设计方式改变很小，尽在服务器上设置一个共享文件夹，每个项目的具有不同的子文件夹，设立专门的协同运维人员。在日常生活中由协同运维人员创建项目协同模板，并对该文件夹的详细内容和人员权限进行维护，并在协同平台上完成。虽然相对简单，但只要应用得当，就可以很好地进行 BIM 协同设计管理。

实践证明，很多设计单位通过共享服务进行的协同设计，可以取得很好的协同设计效果，这类形式具有推广门槛低、对软硬件要求低、成本低、设计师工作习惯改变小的特点。

基于协同软件的 BIM 协同平台。对于信息化水平较高、规模较大的设计单位，可以采用基于协同软件的 BIM 协同设计平台。

协同软件具有规则内置、管理自动化、流程化等特点，可以实现更高效的 BIM 协同设计与管理。

在基于协同软件的 BIM 协同设计平台推广时可能会晕倒一定的难度，由于协同设计平台技术在国内属于较新的技术领域，目前的应用中多数只用到了以文件共享为主的功能。考虑到的 BIM 的特点，BIM 协同设计平台具有非常的广阔的应用空间。

3. BIM 设计协同平台的兼容性

鉴于国内外的 BIM 模型种类比较多，建立 BIM 协同平台时应考虑良好的数据扩展性，宜与常用的 BIM 软件兼容。因此，BIM 协同平台支持的数据格式应满足设计单位中长期发展的需要，尽量有限支持主流的 BIM 数据格式。

应当强调的是，由于 BIM 数据格式开放程度具有较大的差异，在数据的储存和交换中，可以考虑转化为相对统一的数据格式。考虑到 BIM 协同平台的多专业、多参与方、协同性的特性，宜选择具有良好数据扩充能力的数据格式，以满足各专业及个参与方数据扩展的需要（图 4-2-3）。

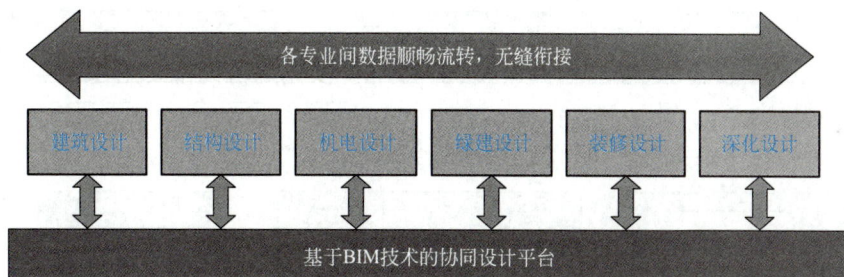

图 4-2-3　BIM 设计协同平台的兼容性

4.2.3　构件资源库

建筑构件库是模块化设计的基础资源。将已有建筑模型及其构件作为一种资源收集累积并依照一定的逻辑组织起来，就形成了构件资源库。

由于构件资源中构件的正确性已经验证，它的重用不仅可以提高设计效率，同事也可避免重新建模时可能产生的错误，对提高设计质量也有帮助。对构件资源的有效开发利用将大大降低设计单位整体或者记项目的 BIM 生产成本。促进资源共享和数据重用，是企业规模化生产的前提条件，也是 BIM 技术的优势之一。在企业实施 BIM 生产的过程中，BIM 构件资源一般以库的形式体现，它是企业知识资产的重要组成部分。

构件资源的标准化，是构建资源库建设的前提，它涉及构件的生产、获取、处理、存储、传输和使用等多个环节，贯穿于涉及单位生产、经营和管理的全过程。构件资源标准化的核心工作包括构件资源的信息分类及编码、BIM 构件资源管理两方面。

4.2.4　BIM 资源管理

BIM 资源一般是指企业在 BIM 应用过程中开发，积累并经过加工处理，形成可重复利用的 BIM 模型及其构件的总称，对 BIM 资源的有效开发和利用，将大大降低施工企业 BIM 应用的成本，促进资源共享和数据重用。

在设计应用 BIM 过程中，BIM 资源一般以库的形式体现，如 BIM 模型库、BIM 构件库、BIM 户型库等，这里将其统称为 BIM 资源库，随着 BIM 的普及，BIM 资源库将成为企业信息资源的核心组成部分。

BIM 设计的资源库的利用涉及模型及模型构件生产、获取、处理、传输和使用等多个环节。随着 BIM 的普及应用，BIM 资源库规模的增长将极为迅速。因此，BIM 资源库将成为企业信息资源的核心组成部分。

1. BIM 资源分类及编码

由于 BIM 设计应用涵盖了建筑领域圈过程、全方位的信息，信息规模 庞大、信息内部复杂，因此，单纯的线分法已经不能满足 BIM 模型信息的组织要求。企业的 BIM 资源分类编码整体规划、分步实施，应当遵循信息分类编码的一些基本原则。在分类方法和分类项的设置上，应尽量向有关的国家级、行业级分类标准。

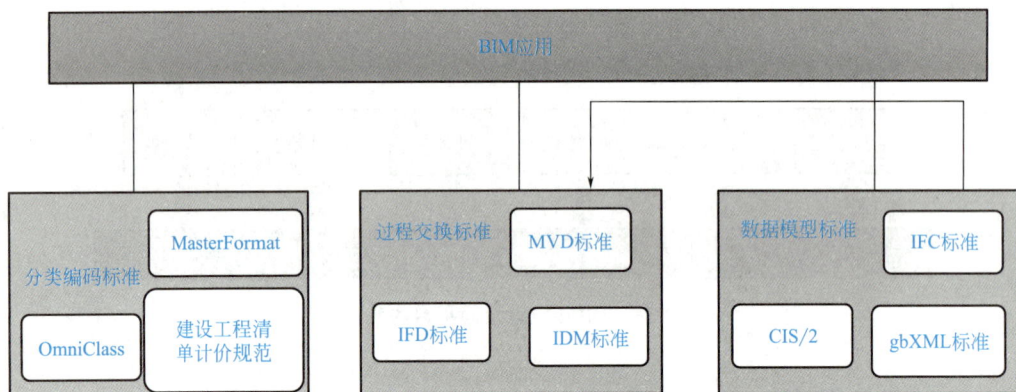

图 4-2-4　BIM 应用标准

2. BIM 资源管理

为了保证设计企业 BIM 技术资源的完整性与准确性，应采取以下措施：

（1）规范 BIM 资源的检查标准

主要是检查 BIM 模型及构件是否符合交付内容及细度要求，BIM 模型中包含的内容完整，关键几何尺寸及信息是否准确等方面内容。

（2）规范 BIM 资源入库及更新

对于任何 BIM 模型及构件库的入库操作，都应该经过仔细的审核方可。工程人员不能的直接将 BIM 模型及构件导入到 BIM 资源库中。一般应对需要入库的模型及构件先在本专业内部进行审核，在提交 BIM 资源库管理员进行审查及规范化处理后，有 BIM 资源库管理人员完成入库操作（图 4-2-5）。

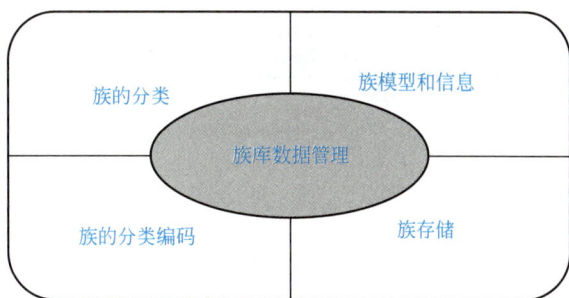

图 4-2-5　族库数据管理

从 BIM 资源的重要性角度，应对 BIM 资源的进行通用化、系列化、模块化整合。通过对 BIM 资源的系列化整理，对同一类的构件规律性进行分析和研究，根据模型主要参数的驱动，自动生成该类构件各类型尺寸的模型，并将其类型名称、编码、主要尺寸参数、关键信息等从模型中剥离。主要整理方法有：

1）确定 BIM 资源标准构件的基本参数。标准构件的基本参数是其基本性能或基本技术特征的标志，是选择或确定标准构件功能范围、规格、尺寸的基本依据。标准构件基本参数系列化是标准构件化的首先环节，是进行系列设计的基础。对于一类 BIM 标准构件，一般可选择一个或几个基本参数，并确定其上下限。

2）建立 BIM 资源标准构件参数系列表。先基于 BIM 标准构件的基本参数，形成该类构件的参数系列，之后增加其他所需的信息（如类型名称、编码等）。

3）完成 BIM 资源标准构件的参数化建模。应基于基本参数，并充分考虑到尺寸系列变化可能对模型产生的影响，通过公式的方式描述其他几何参数，完成构件模型的建模。之后应对参数系列中的各项逐渐一生成模型，检查模型造型是否正确（图 4-2-6）。

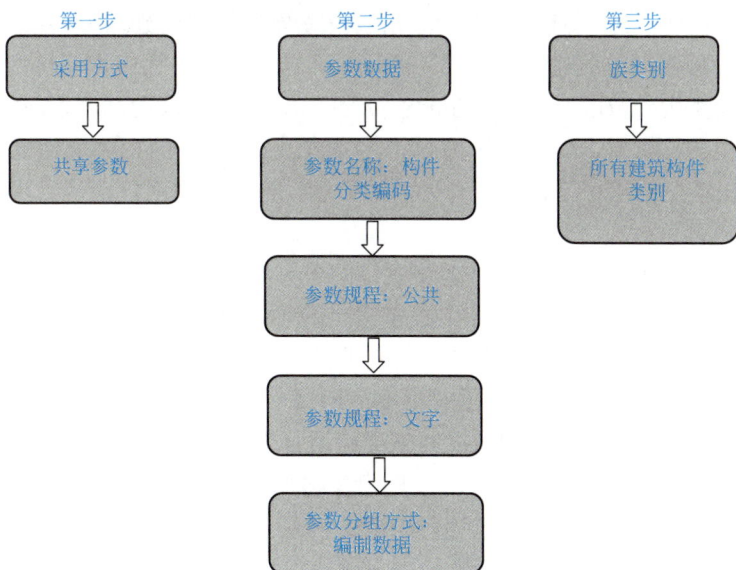

图 4-2-6　BIM 设计参数管理

4.3 BIM 模型与信息要求

4.3.1 模型深度

模型深度的概念（专业模型的划分）

根据不同的应用需求，设计中不同专业所创建的模型称之为专业模型，依据现有的设计专业分划，国际标准把模型分为建筑模型、结构模型和机电模型三大类，同时又强调在实际应用中根据设计要求，分为更细化的专业模型，如：机电模型细化为暖通、给水排水、强电等专业模型，结构模型可以细化为钢结构、幕墙等专业模型。在 BIM 实施中无论是项目应用还是企业普及都要明确模型的分类划分，在模型较多的应用中，宜编制模型分类表并依深度划分等级，以利于模型分类管理。

模型的精细程度，我们称之为模型深度，也叫模型粒度。BIM 实施中模型创建精细程度是根据设计需求确定的，如规划设计和施工图的设计有很大的区别，其模型的深度也是得由粗到细，有很大的不同。

住房和城乡建设部于 2008 年颁布了《建筑工程设计文件编制深度规定》，该规定按照方案设计、初步设计和施工图设计三个阶段，详细描述了建筑、结构、电气、给水排水、暖通等专业的交付内容及深度规范，这也是目前企业制定本企业设计深度规范的基本依据。

本教材依据 BIM 应用特点，结合的国内外 BIM 应用的成功经验，并参照《建筑工程设计文件编制深度的规定》，以及工程深化社设计、施工管理、竣工验收、运维管理等的需求。提出适合设计、施工和运维阶段应用的 BIM 模型深度规范。

BIM 模型细度规规范应遵循"适度"的原则，包括三个方面内容：模型表达细度、模型信息含量、模型构件范围。同时，在能够满足 BIM 应用需求的基础上应尽量简化模型。适度的创建模型非常重要，模型过于简单，将不能支持 BIM 的相关应用需求，模型创建过于精细，超出应用需求，不仅能带来无效的劳动，还会出现因模型规模庞大而造成的软件运行效率下降等问题。

定义模型细度等级是为了使工程建设项目的各参与方在描述 BIM 模型应当包含内容及模型的详细度时，能够使共同的语音的和相同的等级划分规范。主要用于确定 BIM 模型阶段成果、表达用户需求以及在合同中规定业主的具体交付要求。

从建筑项目全生命周期 BIM 应用的角度，BIM 模型从项目策划、概念设计、方案设计、初步设计到施工图设计，在到后续的施工和运营维护，应是一个模型逐渐细化，信息不断丰富的发展过程（图 4-3-1）。将 BIM 的全生命周期应用的模型细度划分为 4 个等级，分别是：方案设计模型细度、初步设计模型细度、施工图设计模型细度、施工深化设计模型细度，方案模型、初设模型、施工图模型、深化设计模型。参照我国《建筑工程设计文件编制深度规定》（图 4-3-2）。

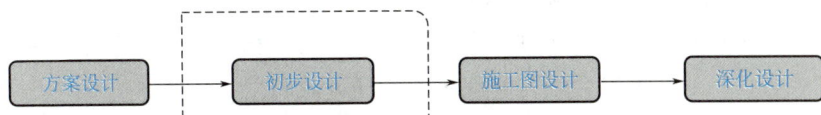

图 4-3-1　设计流程图（一）

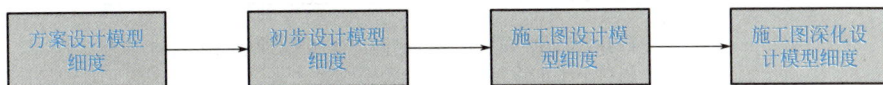

图 4-3-2　设计流程图（二）

（1）方案设计模型细度

模型构件仅需表现对应建筑实体的基本形状及总体尺寸，无须标新细节特征及内部组成，构件所包含的信息应包括面积、高度、体积等基本信息，并可加入必要的语义信息。

（2）初步设计模型细度

模型构件表现对应的建筑实体的基本形状及总体尺寸，无须表现细节特征及内容组成，构件所包含的信息应包模型构件的几何信息和非几何信息。

（3）施工图设计模型细度

模型构件应表现对应的建筑实体的详细几何特征及管件尺寸，无须表现细节特征、内部构件组成等，构件所包含的信息应包括构件主要尺寸、安装尺寸、类型、规格及其他管件参数和信息等。

（4）施工图深化设计模型细度

模型构件的应表现对应的建筑实体的详细几何特征及精确的尺寸，应表现必要的细度特征及内部组成。

4.3.2　项目应用

（1）BIM 项目设计计划（表 4-3-1）

1）明确 BIM 应用为项目带来的价值目标，以及应用 BIM 技术的应用点。

2）以 BIM 应用过程图的形式，设计 BIM 应用流程。

3）定义 BIM 应用过程中的信息交换需求。

4）明确 BIM 应用的基础条件，包括：合同条款、沟通途径以及技术和质量保障等。

项目 BIM 计划的制定和执行不是一个孤立的过程，要与工程设计的整体计划相结合。BIM 计划的制定也不是由某个人或某个组织独立制定的，而是项目设计各专业合作的结果。

BIM 技术的制定是一个协作的、技术性很强的过程。在设计初期，讨论项目的总体目标时，需要各专业的通力协作，而定义文件结构或详细的信息交换时，可以借助 BIM 技术人员或者 BIM 专家的参与和指导。

成功制定 BIM 计划的关键是：重视协调，以及事前充分准备。项目设计团队可以参考这个流程，通过一个规范的过程，制定出详细的、一致的 BIM 计划。

BIM 计划的制定过程可以通过一系列的协作会议完成，一般每一流程步骤对应一个会议，需要召开一个启动会和多个计划制定和协调会。设计相关负责人可以根据需求，合并或分阶段完成会议组织，并在会议之间注重工作任务及时落实。

项目计划表   表 4-3-1

步骤	工作目标	工作内容	备注
1	BIM 应用目标会议，定义 BIM 应用目标	(1)对已有的 BIM 应用的经验进行摸底（即包括个人的,也包括整个团队的 BIM 应用经验） (2)确定 BIM 应用的期望达到目标 (3)明确技术实施的 BIM 应用 (4)明确负责制定 BIM 应用的总体流程的负责人 (5)确定负责各项 BIM 应用流程的负责人 (6)确定下一步制定的 BIM 应用流程的工作进度安排	
2	BIM 应用流程设计会议，设计 BIM 应用流程	(1)对最初确定的 BIM 目标重新讨论,并确认 (2)讨论 BIM 应用总体流程 (3)详细讨论不同设计阶段的 BIM 应用流程,特别是不同 BIM 应用任务之间重叠和空缺的部分 (4)审查 BIM 应用过程中的主要信息交换内容 (5)确认 BIM 应用过程中的主要信息交换内容 (6)确认协调信息交换的责任方,即谁负责创建信息等 (7)为详细定义信息交换需求制定协调计划 (8)最后对上述讨论内容,确认责任人	
3	BIM 信息交换会议，定义信息交换内容和格式，以及基础条件	(1)对 BIM 应用目标重新确认,确保项目计划的仍然与目标保持一致 (2)确认 BIM 应用流程设计会议上定义的主要信息交换需求 (3)定义信息交换的内容和格式,明确每次信息交换的细度和范围 (4)确认支持 BIM 应用流程的和信息交换所需的基础条件 (5)明确下一步工作计划及责任方	
4	BIM 计划确认会议形成最终 BIM 计划	(1)研讨 BIM 计划草稿 (2)确定 BIM 计划跟踪、监督方法和过程 (3)确保计划的正确执行 (4)明确 BIM 计划启动后,各专业 BIM 应用的负责人	

（2）BIM 项目计划内容

1）BIM 计划概述

阐述 BIM 计划制定的总体情况，以及 BIM 的应用效益目标。

2）项目信息

阐述项目的关键信息，如：项目位置、项目描述、关键的时间节点。

3）关键人员信息

作为 BIM 计划制定的参考信息，应包含关键的工程人员信息。

4）BIM 应用流程设计

以流程图的形式清晰展示 BIM 整个应用过程，具体制定步骤和要点。

5）BIM 信息交换

以信息交换需求的形式，详细描述支持 BIM 应用细信息交换过程，模型信息的需要达到的细度。

6）协作规程

详细的描述项目的团队协作的规程，主要包括：模型管理规程（例如：命名规则、模型结构、坐标系统、建模标准以及文件结构和操作权限等）以及关键协作会议日程和议程。

7）模型质量控制规程

详细描述为确保 BIM 应用需要达到的质量要求，以及对项目参与者的监控要求。

8）模型质量控制规程

详细描述为确保 BIM 应用需要达到质量要求，以及对项目参与者的监控要求。

9）基础技术条件需求

描述保证 BIM 计划实施所需硬件、软件、网络等基础条件。

（3）BIM 项目应用目标

BIM 技术实施的第一步，也是重要的步骤，就是确定 BIM 应用的总体目标，以此明确 BIM 应用为项目带来的潜在价值。这些目标一般的为提升项目设计效益，例如：缩短设计周期、提升设计质量、减少设计变更等。BIM 应用目标也可以提升项目团队技能，例如：通过示范项目提升设计专业之间，以及与施工方之间信息交换的能力。一旦项目团队确定了可评价的目标，从公司和项目的角度，BIM 应用效益就可以评估了。

确定 BIM 应用目标后，要筛选将要应用的 BIM，例如：设计建模、能耗分析、结构分析、可持续分析等。在项目的早期明确将要应用的 BIM，具有一定的难度。项目的团队要综合考虑项目特点、需求、团队能力、技术应用风险。BIM 技术应用是一个独立的任务或流程，通过将它集成进项目，而为项目带来收益。BIM 应用的范围和深度还在不断扩展，未来会有新的 BIM 应用出现。设计团队应该选择适合项目实际情况，并对项目设计效益提升有帮助的 BIM。

项目团队可以用优先级（高、中、低）的形式标示每个 BIM 应用的价值，可以参考模板，完成 BIM 筛选。这个模板表中包括一个工筛选的 BIM 列表，以及对应的应用价值评估、责任方、对责任方的价值、所需能力和资源，最后进行判定（表 4-3-2）。

BIM 应用价值表 表 4-3-2

BIM	应用价值	负责单位	价值	需要的条件(高、中、低)			备注
建筑	中	建筑师	中	中	低	低	
结构	高	结构工程师	高	高	中	中	在施工阶段对业主价值很大
机电	高	暖通工程师	高	高	高	高	
		给水排水工程师	高	低	高	高	
		电气工程师	中	中	高	高	

续表

BIM	应用价值	负责单位	价值	需要的条件(高、中、低)			备注
专业协调	高	建筑师	高	中	中	中	
		结构工程师	高	中	中	低	
		MEP 工程师	中	中	中	低	

在确定将要应用的 BIM 应用点时，要强调模型信息的全生命周期应用，也就是 BIM 技术从开始就要为信息模型的潜在用户表示出 BIM 的应用方法，模型在设计阶段就应该首先考虑到什么信息对项目的后期设计（包括施工）时有价值的，然后逆向（运维、施工、设计）。

（4）BIM 应用流程

1）基于 BIM 的建筑设计方案流程

方案设计阶段的工作内容主要的依据设计条件，建立设计目标与设计环境有关系，提出空间架构设想、创意表达形式及结构方式的初步解决方法等，目的是为了建筑设计后续若干阶段工作提供依据及指导性的文件。基于 BIM 的建筑设计流程（图 4-3-3）。

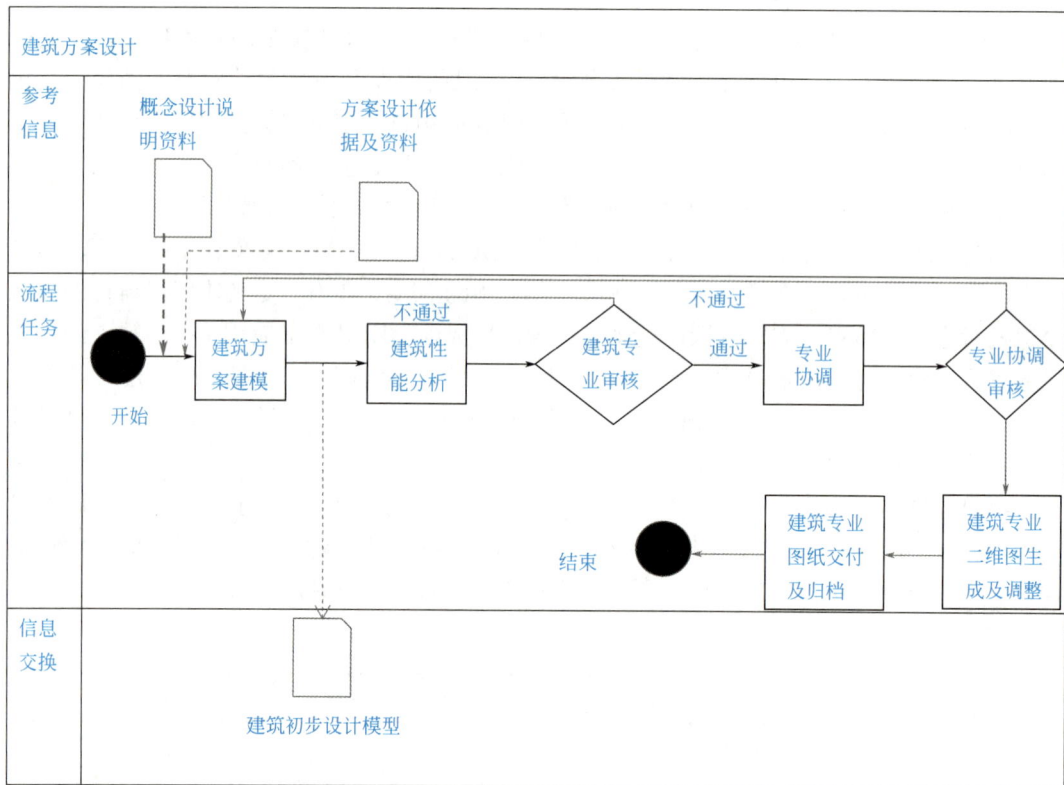

图 4-3-3　建筑方案设计流程图

2）基于 BIM 的建筑初步设计流程

在基于 BIM 技术设计模式下，施工图设计阶段的大量工作前移到初步设计阶段。在工作流程和数据流转方面会有明显的改变，设计效率和设计质量明显提升。

3）基于 BIM 建筑施工图设计流程

施工图设计师建筑设计的最后阶段。该阶段要解决施工中的技术措施、工艺做法、用料等，要为施工安装、工程预算、设备及配件的安装制作等提供完整的图纸依据（包括图纸目录、设计总说明、建筑施工图等）。从工作流程角度来看，由于工作内容主要是对于初步设计成果的深化，因此流程基本与初步设计流程类似（图 4-3-4）。

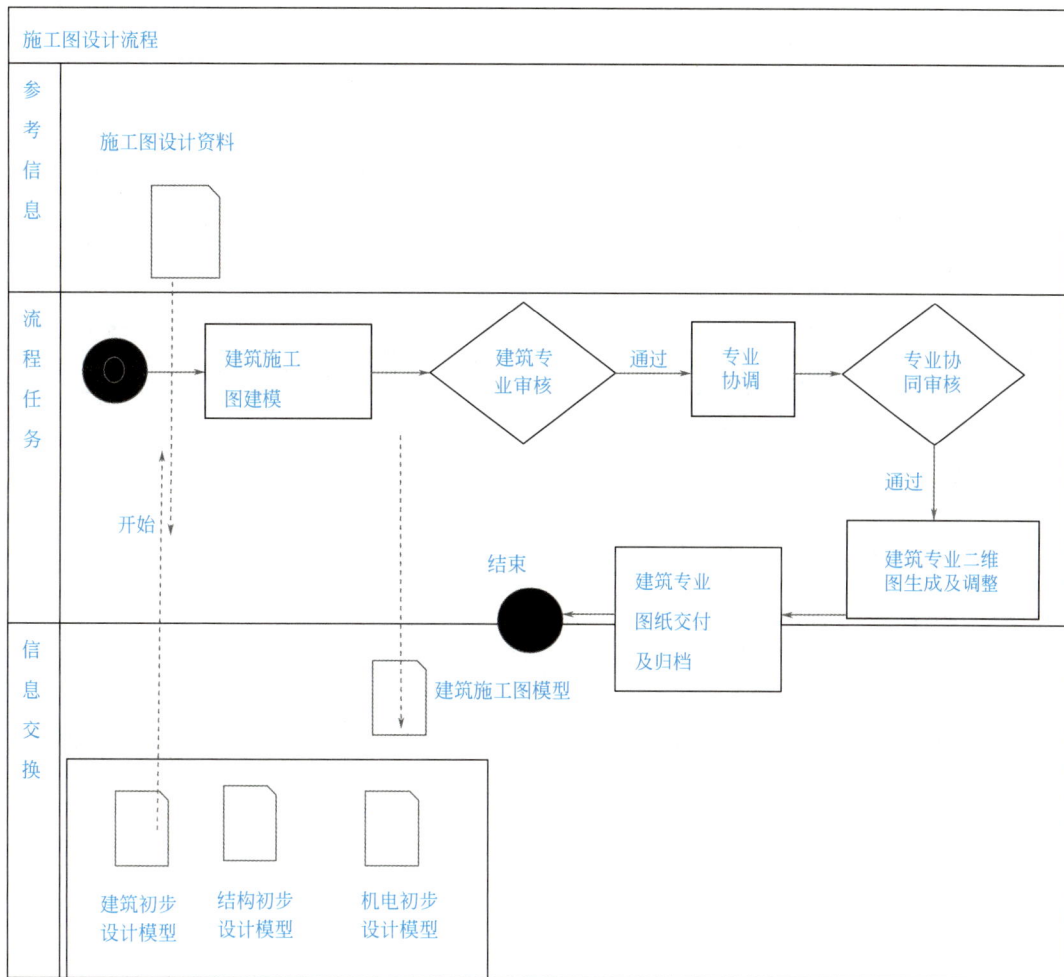

图 4-3-4　施工图设计流程图

4.3.3　模型创建

（1）建模一般规定

建筑模型的内容规定模型细度的一般原则。将模型细度划分为 7 个渐进的模型细度等级、与建筑设计相关的三个模型细度等级是：方案设计模型细度、初步设计模型细度、施工图设计模型细度。

1）建筑方案设计模型内容

建筑方案设计模型内容见表4-3-3。

模型创建一般规定 表4-3-3

模型内容	模型信息	备注
场地：场地便捷的（用地红线、地形表面、建筑地坪、场地道路等） 建筑主体外观形状：例如体量形状大小、位置等 建筑层数、高度、基本功能分隔构件、基本面积 建筑标高 建筑空间 主要技术经济指标的基础数据（面积、高度、距离、定位等）	场地：地理区分、基本信息； 主要技术经济指标（建筑总面积、占地面积、建筑层数、建筑等级、容积率、建筑覆盖率等统计数据） 建筑类别与等级（防火等级、防火类别、防水防潮等级基础数据） 建筑房间与空间功能，使用人数，各种参数要求	

2）建筑初步设计模型要求

建筑初步设计模型方法内容见表4-3-4。

建筑初步设计模型规定 表4-3-4

模型内容	模型信息	备注
（1）主体建筑构件的几何尺寸、定位信息：楼地面、柱、外墙、外幕墙、屋顶、内墙、门窗、楼梯、坡道、电梯、管井、吊顶等 （2）主要建筑设施深化几何尺寸、定位信息；卫浴、厨房设施等 （3）主要建筑装饰深化：材料位置、分割形式、铺装与划分 （4）主要深化节点 （5）细化建筑经济技术指标的基础数据	设计参数、材质、防火等级、工艺要求等信息	

（2）建模一般方法

在项目的不同阶段，针对不同的应用要求和建模软件，BIM建模的方法会有一定的区别。对于建筑专业，一般建模的方法如下：

1）定义项目模板；

2）项目信息；

3）标高；

4）轴网；

5）常见基本模型（墙、幕墙、柱子、门窗、楼板、楼梯、其他构件等）生成平面、立面、剖面、详图；

6）标注及统计；

7）布图及打印处理。

建筑专业的BIM建模软件目前主要的有Autodesk Revit、Graphisoft ArchiCAD、Catia等几款产品。鉴于Bentley主要应用于工厂设计和基础设施领域，Catia由于综合使用成本过高导致可行的使用范围较窄（主要用于高端项目上），具体的说明BIM建模方法。

（3）Autodek Revit

Autodek Revit包括建筑、结构、机电三个专业的设计工具模块。针对建筑专业，Revit 提供体量和参数化的设计工具，设计师可以在三维设计模式下，推敲设计方案、表达设计意图、创建三维 BIM 模型、并以 BIM 模型为基础，自动生成所需的建筑施工图档。在 Revit 模型中，所有的图纸、二维视图和三维视图以及明细表都是的同一个基本建筑图纸、明细表、剖面和平面中进行的修改。

主要得建模方法：

1）体量

体量功能主要用于方案设计阶段，通过形状工具来创建几何形体。形状分为实心、空心两种，实心形状创建实心体量，从体量表面生成墙体、楼板、屋顶和幕墙系统，将概念形体转换成建筑设计构件。也可以提取重要的建筑信息，包括每个楼层的总面积。

2）族（图 4-3-5）

在 Revit 中，参数化构件成为族，族作为 Revit 模型的基本元素，可以选择族模板创建各种类型文件，并进行编辑、添加参数、还能利用族，对设计意图的细节进行调整和表达，使用族可以设计是最基础得建筑构件，例如墙、楼梯，也可以设计精细的建筑配件，例如门窗、家具等。

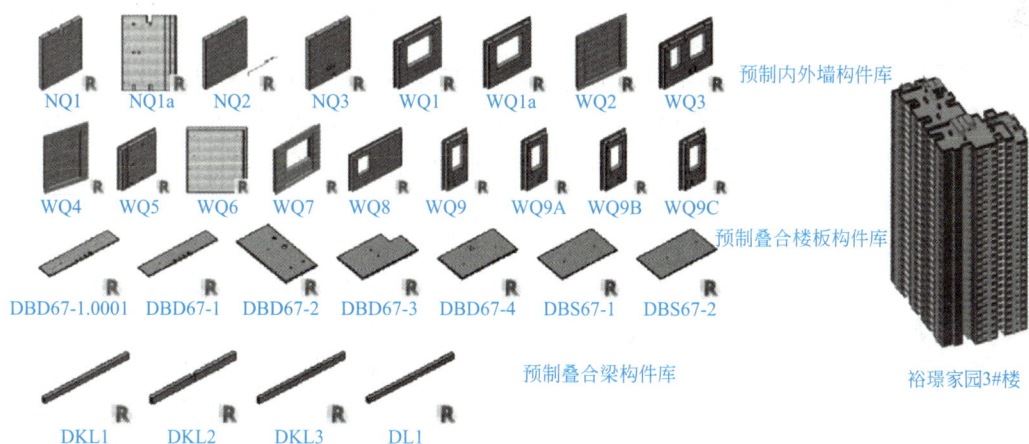

图 4-3-5　族

3）视图

在 Revit 中，各种二维平面都是以视图的方式存在，包括平面、里面、剖面、明细表等。视图都由模型产生，并与模型实时关联。Revit 提供图纸集的功能，把视图拖放到图纸中，即可完成图纸文件的创建，Revit 会自动处理一些关联得视图索引和编号。

4）注释

施工图是符号化的表达方式，BIM 模型是真实的表达方式，两者存在一定的差异的。为了协调 BIM 模型与施工图表达上差异，在创建族的同时也可以考虑族在施工图的符号化的表达方式，在创建族本身模型外，还需额外创建为施工图表达的符号化的图形代替真实模型的显示的。Revit 还提供多种二维注释工具，可在视图上绘制尺寸标注、详图索引等二维图。

5）数据交换能力

Revit 可以链接或导入 DWG、DXF、DCGI、SAT、SKP 格式的文件，也可以将点云文件链接到 Revit 文件中，BMP、JPG、JPEG、PNG、TIF 格式的图像可以导入到 Revit 文件的视图或图纸中，作为插图或背景。在 gbXML 格式的文件导入分析数据，Revit 会将根据分析计算得到的参数自动添加到的项目的"空间"和"分区"属性中。

4.3.4　文件数据管理

项目在不同的阶段的 BIM 应用中会使用不同的软件，复杂项目在同一工作阶段中也会使用多种软件，因此事先做好文件格式规定，是保证数据共享和流转的重要步骤。创建标准模板、图框、构件和项目手册等同样数据，保存在中央服务器中，并实施严格访问权限管理。建立公共数据环境是项目团队的所有成员之间共享信息的方法和原则。

① 设计专业内协同：专业内部在专业负责人的协调下，共同创建和使用设计的信息和数据，如：建筑专业、结构专业、机电专业团队内。

② 专业间信息共享协同：经过专业负责人的核对、校审、批准，其模型、信息和数据等可以在专业间共享区域共享，形成专业间的协同。

③ 设计成果的发布，经过项目负责人的批准，发布 BIM 设计成果，包括模型、视图和文档。

④ 设计成果归档：BIM 设计的相关文档，根据要求归档保管和交付使用。

文件夹结构在一些特定建模软件的工作环境下，根据工作进程、共享、发布和存档的原则，设置项目文件夹的结构，并在规定的文件中保存相关的数据。

（1）数据共享

专业间的数据共享放在项目的中心区域或供各方访问，也可以复制到各方的项目文件的共享区域中。共享之前，我们应对数进行分析、审核、确认，使其"适于协作"。应定期共享模型数据信息，便于其他专业得到最新的、校审过的信息。如有可能，将模型文件和经过校审的二维设计文件一起发布，在最大限度地降低沟通中的错误信息。由第三方外部机构正式提供的数据（如顾客提供的设计依据及合作方提供的设计内容等）应当保存在共享区域中，以便在整个项目中共享。共享数据产生变更的同时，应几时通过工程图发布、变更记录或者其他适当的通知方式（如电子邮件、短信）共享信息的传递。

（2）数据信息的发布

在整个项目实施的过程中，我们要充分利用信息化的工具进行信息的发布例如发布相关的图纸，应当保存在文件夹结构的区域内。应当把所有的信息发布保存一份记录，实时更新相关数据。发布的 BIM 信息尽量地做到全产业链的信息传递。在当前的 BIM 应用水平下，工程模型验收规范一般会以图纸交付为基础。在 BIM 设计成果发布时，对于任务的划分和权限的划分应给予说明。

（3）数据信息归档

所有的 BIM 传输信息包括（图纸和模型）我们都应保存项目文件夹的目录下（数据树的形式）在设计流程的每个关键阶段，都应当把 BIM 模型的完整版和相关图纸交付材料复制到一个归档位置中进行保存。归档的数据应当保存在合理、明确的文件夹中（图 4-3-6）。

（4）数据保存的方式

所有 BIM 项目数据应存放在网络服务器上，服务器应按网络安全要求考虑进行相关内容的备份。项目人员应该按照项目人员的权限进行分配，访问调用网络服务器的 BIM 项目数据时，并保证数据备份的可靠性。如果一个项目包含多个独立设计单元，如：多个单体建筑的区域，应在子文件夹中分别保存各个独立 设计单元的 BIM 模型数和相关数据。所有项目模型和相关数据，均采用统一的项目文件夹结构。

（5）Revit 常用的输出格式

Revit 常用的输出格式包括 DWG、DXF、DGN、SAT、DWF、FBX、IFC 等，Revit 模型数据还可以保存到 ODBC 数据库中，Revit 漫游还可以保存成 AVI 视频输出，Revit 中的视图、窗口、图纸都可以导出为 BMP、JPG、PNG 等的图像文件，明细表、房间面积等报告得文本可以导出 TXT 文件。

目录结构：

```
├─BIM模型成果
│   ├─BIM 模型检查表
│   ├─BIM 模型移交记录单
│   ├─FUZOR 模型（CHE）
│   ├─IFC 模型
│   ├─PDF 模型
│   ├─Revit 模型
│   └─问题报告
```

图 4-3-6　文档结构图

Revit 常用的输出格式　　　　表 4-3-5

图形	Web 图形格式	建筑表现	视频输出
DWG	DWF	JPG	AVI
DXF	DEFX	PNG	
DCN		TIFF	
SAT		TCA	
体量模型	性能分析	数据库	报告文本

4.4　BIM 设计应用

4.4.1　BIM 正向设计与逆向设计

BIM 设计是一个设施（建设项目）物理和功能特性的数字表达；BIM 是一个共享的知识资源，是一个分享有关这个设施的信息，为该设施从概念到拆除的全生命周期中的所有决策提供可靠依据的过程；在项目的不同阶段、不同利益相关方通过 BIM 的插入、提取、更新和修改信息，以支持和反映其各自职责的协同作业。

正向设计：以系统工程理论、方法和过程模型为指导，面向复杂产品和系统的改进改型、技术研发和原创设计等为场景，旨在提升企业自主创新能力和设计制造一体化能力。正向设计体系建设由低端向高端的能力成熟度提升过程，以系统工程为框架，以设计制造一体化为指引，从没按系统工程过程的低水平"正向"设计，到系统工程过程、模型、方法指导的产品正向设计，再到系统工程过程、模型、方法指导的工艺正向设计和材料正向设计，最后到基于系统工程框架的、实现了设计制造一体化的、整个产品系统全生命期的正向设计。与之相反，逆向设计过程是指设计师对产品实物样件表面进行数字化处理（数据采集、数据处理），并利用可实现逆向三维造型设计的软件来重新构造实物的三维 CAD 模型（曲面模型重构），并进一步用 CAD/CAE/CAM 系统实现分析、再设计、数控编程、数控加工的过程。逆向设计通常是应用于产品外观表面的设计。正向设计与逆向设计的对比详如图 4-4-1 所示。

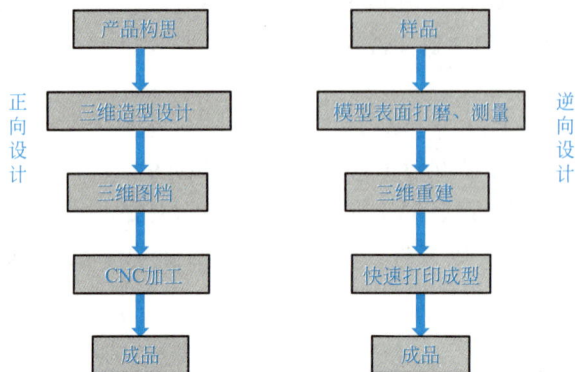

图 4-4-1　正向设计与逆向设计

BIM 正向设计如果通俗地说来，就是在开始建模之前，没有图纸。所有的设计从草图纸板开始，过程中也不会做导出 CAD 文件这种事情，最后能从 Revit 中交付整套建筑设计成果。从 CAD 正向设计到 BIM 正向设计是一个渐进的过程。BIM 的初衷就是直接在三维环境下进行设计，利用三维模型和其中的信息，自动生成所需要的图档，这个过程就是我们所提到的 BIM 正向设计。

（1）BIM 正向设计的过程

BIM 正向设计的过程和 CAD 的正向设计的过程是相同的，只是两者通过不同的维度和展现手段来表达建筑的设计。

BIM 正向设计主要包括规划方案阶段、初步设计阶段、扩初阶段、施工图阶段以及分包设计单位的深化设计阶段（例如装配式建筑的深化设计阶段），各个阶段对 BIM 正向设计要求也各不相同。

BIM 的初衷，是更高形式的表现设计意图、描述建筑的手段。埃及建立金字塔的时候，设计者就开始蚀刻二维平面图，然后建造者根据二维图来尽可能建造符合设计意图的建筑。现在，虽然用了 CAD 电子版，但是通常还是要打印到二维图纸上，从而一下子又回到"古埃及时代"。BIM 为我们提供了另外一种表达设计意图的手段，即刚开始就创造一个三维模型，并添加相应的信息，应用于整个建设过程。当集成的三维链接了信息之后，设计公司就会有个更快、更高质、更充分的设计过程，风险得以减小、设计意图得以维持、质量控制得以改进、交流更加明确化，高级分析工具也更有效的利用。再看看，国内现在 BIM 的报道，都太注重 BIM 的外在表现形式，而忘记了 BIM 的初衷。甚至，国内 BIM 的主流是先完成施工图，然后根据施工图再建立三维模型，也就是我们现在说的翻模，完全违背了 BIM 的初衷。BIM 初衷就是，直接在三维环境下进行设计，利用三维模型和其中的信息，自动生成所需要的图档，这个过程，也是我们现在提到的 BIM 正向设计。

（2）BIM 在设计院正向设计的实现途径

其一，是自身完成设计的效率，人员工作分配如何。

设计就是设计，无关表达方式。推广时很喜欢强调，前期多花时间，后期少花时间，其实甚少人关心。究竟哪个后期才能节约时间？施工图？土建？安装？验收资料整理？大家都说省不了时间，最后推给了运维。这里面要强调的一方面就是：如果设计模型信息能够流转给施工或者运维；施工和运维支付设计部分费用，那么设计院应用 BIM 正向设计的动力也就被激发出来了。因为目前大多数设计院做 BIM 没有额外的费用，而且还占用人力。这样一种现状，大家持观望姿态还是能理解的。

其二，是沟通效率，不同专业参与方式，沟通方式。

设计的核心，是一个不断沟通的过程。团队除建筑结构设备，外包出去还有幕墙、灯光、智能化、景观、市政、装修、酒店、机器人停车、电影院深化……图纸是沟通、表达的工具。如何来往？邮件？模型截图？立剖截图？视频会议？准确性如何？

其三，是重用的效率，标准化方法，方法垄断与推广。

完成了这个，以后再来项目怎么用？能不能越来越简单？员工辞职，新员工上手快不快？方法能否打包销售？

（3）BIM 正向设计的难点

在 BIM 正向设计的实施过程中，遇到了很多问题及不利因素，导致 BIM 正向设计的推进一直非常缓慢，基本上有以下几点：

第一，设计师本身的设计任务比较繁重，没有太多时间来学习 BIM 软件，学习周期太长，学习的热情也被磨灭了。工具用不好，何谈 BIM 设计？

第二，设计周期太紧张，CAD 平台有了完善的二次开发工具，可以帮助大家进行高效的设计，而现在设计院基本都在原生的国外平台进行 BIM 设计，完全跟不上国内的设计节奏。

第三，现在国外 BIM 软件自动生成的图档，不符合国内的出图要求，设计师终于到了出图这一步，发现修改这些图档的难度，不亚于自己在 CAD 上重新画一遍。

（4）BIM 正向设计的意义

1）完美呈现建筑师的设计意图；

2）提高建筑的设计质量及效果；

3）缩短建筑设计的周期，降低施工阶段设计变更的数量；

4）降低甲方的投资成本，降低风险；

5）提高施工方的施工质量及施工进度。

4.4.2　BIM 设计协同

协同设计是当下设计行业技术更新的一个重要方向，也是设计技术发展的必然趋势，其中有两个技术分支，一是主要适合于大型公建，复杂结构的三维 BIM 协同；二是主要适合普通建筑及住宅的二维 CAD 协同。通过协同设计建立统一的设计标准，包括图层、颜色、线型、打印样式等，在此基础上，所有设计专业及人员在一个统一的平台上进行设计，从而减少现行各专业之间（以及专业内部）由于沟通不畅或沟通不及时导致的错、漏、碰、缺，真正实现所有图纸信息元的单一性，实现一处修改其他自动修改，提升设计效率和设计质量。同时，协同设计也对设计项目的规范化管理起到重要作用，包括进度管理、设计文件统一管理、人员负荷管理、审批流程管理、自动批量打印、分类归档等。

BIM 设计协同是项目成员在一个三维环境下，用一套标准来完成一个设计项目。设计过程中，各专业并行设计，沟通及时准确。

传统设计到 BIM 设计的转变过程如图 4-4-2 所示。传统的建筑设计解决专业问题时采用的方法是 2D 平面设计，各专业间以定期、节点性提资的方式进行"配合"，即实线框里的工作模式。这个工作模式已经非常成熟，有诸多好处，无数高楼大厦都是这么被设计出来。然而新时代有新要求，虽然传统设计方法在未来很长一段时间内不会被取代，但由于这种方法明显存在着数据交换不充分、理解不完整的问题，所以很难满足许多新项目要求。于是，基于三维全信息模型的 BIM 技术在当今备受关注。一些设计单位已经完成了图 4-4-2 中"①"的转变过程，设计成果不止有传统的二维图纸，还有三维模型。但是协作方式还是传统的"配合"，即虚线框里的工作模式。这个阶段实际上是最难受的，因为三维设计处理的信息更大，表达方式更复杂，工作量上去了，如果没有更专业功能更强大的协同工作平台做支撑，工作效率会低得令人难以接受。而以后理想的 BIM 设计模式不只包含 BIM 全信息模型的建立与应用，另一个重要的部分就是协同化设计。只有完成图 4-4-2"②"的转变，才能达到 BIM 设计的要求，即虚线框里的工作模式。

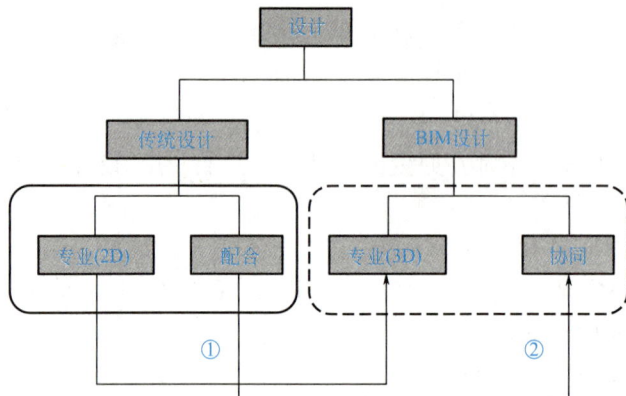

图 4-4-2　传统设计与 BIM 协同设计

（1）如何实现 BIM 设计协同

第一步：企业级 BIM 协同设计手册

用 BIM 做项目之前需要编制企业级的 BIM 协同设计手册基本上已经成为共识。不以规矩，不能成方圆。新的工作要求有新的工作制度，新的工作制度在实施之前要落实到纸面上让大家有据可依。BIM 的国家和地方标准正在热闹的编制过程中，一旦标准体系比较成熟，企业可参照这些规范和标准结合自身情况编制自己的企业 BIM 导则，指导生产实际。而且很多企业为了项目实际需要或练兵预热，已经编制了企业内部的 BIM 协同设计手册。其主要内容包括 BIM 项目执行计划模版、BIM 项目协同工作标准、数据互用性标准、数据划分标准、建模方法标准、文件夹结构及命名规则、显示样式标准等内容。

第二步：BIM 项目执行计划

企业接到了一个 BIM 项目之后，第一件事应该是制定此 BIM 项目的执行计划。执行计划的模板是企业级 BIM 协同设计手册中一项重要内容（比如金土木的协同设计手册就把执行计划模板放在了除总则外最靠前的一章）。用 BIM 做项目的工作要求比较高，需要的资源也较多，所以必须充分考虑自身情况，预见到很多项目实施过程中的难点，严格规定协同工作的具体内容，才能保证项目的顺利完成。BIM 项目执行计划模板中主要包括的内容见表 4-4-1。

BIM 项目执行计划模板内容　　　　　　　　　　　　表 4-4-1

项目信息	项目目标	协同工作	资源需求
项目描述	项目 BIM 目标	BIM 规范	专家
项目阶段	阶段性目标	软件平台	共享数据的环境
项目的特殊性	项目会审日期	模型标准	硬件需求
项目的主要负责人	项目报价	通讯和会议	软件需求
项目参与人		数据交互协议	项目特殊需求
		模型/数据生效协议	
		模型/数据细分标准	

第三步：组建工作团队

BIM 项目团队中最重要的角色是 BIM 经理。责任重大，要求很高。负责和甲方沟通，充分了解甲方的意图的同时，还要很了解现阶段 BIM 技术的能力范围——能解决什么问题，不能解决什么问题，能多大程度满足甲方的要求。还负责制定项目的具体 BIM 目标、工作流程和标准，管理项目团队，监督执行计划的实施等。这些责任就要求 BIM 经理必须要有一定的工程经验，了解建筑项目从设计到施工各个环节的运转方式，知道甲方的需求，熟悉 BIM 技术，还要懂管理。BIM 团队和许多组织一样，都是千军易得一将难求。

除了 BIM 经理，项目团队还要配齐在各专业上分别能独当一面的设计师和工程师，并且要求他们熟练掌握 BIM 相关软件，或者至少要给他们每个人配备一个能熟练掌握 BIM 软件的帮手（真正能把这事做好的人目前不是很多）。有相当一部分人觉得做 BIM 只需要设计师再外加打下手的建模员即可，就像当年手绘时代的设计师加描图员似的。平心而论，目前来讲设计院的一线设计师和工程师大多比较忙，所以配上专门掌握 BIM 软件的人一起完成项目确实是合理可行的。但笔者认为日后的趋势必然是一线设计人员自己直接操作 BIM 软件，直接控制设计工具来展示自己的设计思路和成果。也是为什么金土木技术部配备的人员都是建筑相关专业出身。

此外，BIM 协调员是介于 BIM 经理和 BIM 设计师之间的衔接角色。负责协同平台的搭建，在平台上把 BIM 经理的管理意图具体实施，以及软件、规范等培训，模型审查，冲突协调等工作（人手不足时也顶设计师用）。

一个 BIM 项目团队由上述三大类角色组成，目前能胜任这些角色的人才并不多，所以组建一个真正能做 BIM 项目的团队还是十分有难度。

第四步：工作分解

这个阶段比较好理解，就是预估具体设计工作的工作量，然后分配给不同成员。建筑、结构专业按楼层划分，MEP 专业有的按楼层，有的按系统划分。划分好具体工作，作为项目进度计划以及后期产值分配的重要依据。

第五步：建立协同工作平台

为了保证各专业内和专业之间信息模型的无缝衔接和及时沟通，BIM 项目需要在一个统一的平台上完成。这个平台可以是专门的平台软件，也可以利用 Windows 操作系统实现。关键是有一套具体可行的合作规则并且在技术上可行。笔者认为协同平台应具备的最基本功能是信息管理和人员管理。

信息管理最重要的一个方面是信息的共享。所有项目相关信息应统一放在一个平台上管理使用。设计规范、任务书、图纸、文字说明等文件应当能够被有权限的项目参与人很方便地用到。在协同化设计的工作模式下，设计成果的传递不应该再用 U 盘拷贝、快递发图纸这种低效滞后的方式，至少也得利用起 Windows 共享、FTP 服务器这种级别的共享功能。BIM 设计传输的数据量比传统设计大得多，一个模型好几百兆字节，千兆字节也很正常，如果没有一个统一的平台承载信息供大家使用，设计的效率会低得让人难以忍受。信息管理的另一方面是信息安全。项目中很多信息是不易公开的，比如 ABD 的工作环境 Workspace 等需要专人花很大精力才能完善的东西，不能让人随便复制出去给其他公司使用。这就要求一部分信息不能被一部分人看到，一部分信息可以被看，但不可以被复制。既要信息共享，又要信息安全，大概是协同平台最艰巨的任务了。

然后是人员管理功能。每个项目的参与人登录协同平台时需要进行身份认证，这个身份与权限、操作记录等挂钩。管理者可以方便地控制协同平台上每个人能做什么，不能做什么，监视每个人正在做什么和做过什么。

第六步：执行项目

前述各种工作基本都是在为项目的执行做准备，准备工作多是 BIM 项目的特点之一。做 BIM 采用的软件、建模型有什么要求已经在企业级 BIM 协同设计手册中规定；项目的具体执行计划已经在 BIM 项目执行计划中制定好；项目参与人员的工作职责和工作内容已经在组建团队和工作内容划分时事先规定好；团队协同工作的平台已经建立完毕。那么下面要做的就是各司其职、建模、沟通、协调、修改——把 BIM 模型完成。这个过程几乎就是虚拟地把建筑造出来。BIM 模型的建立过程应根据其的细化程度分阶段完成。北京地方标准（2013）就把 BIM 模型深度划分为"几何信息"和"非几何信息"两个信息维度，每个信息维度划分出五个等级区间。不同等级的 BIM 模型用于在不同的设计阶段输出成果。

（2）BIM 协同设计的意义

BIM 协同有哪些优点？在以往 BIM 还未发展前，建筑工程在工作协同上，多以人力的方式做信息间的传递，而信息的呈现方式也多是以纸本数据作为主要的内容呈现。在这种情形下，很容易因为人为的疏忽而导致数据的遗漏或信息传递错误，而导致工作上的协同发生问题，使得工作上可能因此而需要变更设计或返工，而造成工程的延宕与资源浪费，因而影响到整体的工程进度与质量，甚至还可能使工程因严重的错误而导致工程取消。

随着 BIM 的发展，其功能也越来越强大，从设计，施工到营运使用与管理，面面俱到，环环监控，其确实能够达到相较以往工程模式的整合与管理能力，减少不必要的时间与资源的浪费并提高整体工程项目的效益。

BIM 协同的优点：

1）利用碰撞冲突检测与排序冲突检测功能的操作，利于工程作业协同与沟通，提高事前规划与设计的等级，可减少返工与变更的浪费；

2）利用排程功能的操作，可以有效地监控整体工程的流程与清楚地掌握工程进度，提高工程质量。

BIM 的应用确实能够提高工作协同的密合度，而在其他阶段的应用，BIM 皆能提高效益，可以说是百利而无一害。国内目前对于 BIM 的应用，在建筑业界，只有少数的业者开始着手使用 BIM 作为项目整体设计规划、作业协同上的工具；在学术界，近两年来，不管事实务性文章或者理论性无章，开始陆续有多篇 BIM 的相关的学术研究的产生。相较于传统工程管理模式的作业 BIM 协同其优势为：

1）可以降低施工后建筑变更的疑虑以及成本超支的风险与时间的浪费。

2）相较于传统工程管理模式可以更有效的达到工程质量的控管。

3）完整掌握项目的施工进度，降低遗漏与舞弊。

4）大大提升整体工程项目的效益。

但由于 BIM 需要由一个专业的团队来运作，在软件应用操作训练以及人才培育上，需要花相当多的时间与资源，才能达到一个好的 BIM 团队。

由此可见，导入 BIM 于建筑信息模型建立工程项目作业协同的模式，在工程项目管理的作业协同上，可以达到具体的成效。BIM 是未来的一个趋势，期望相关部门能够建构一完善的作业协同模式，以求改善现今建筑项目工程管理信息不同步、协同不一致的窘境。

4.4.3　设计阶段 BIM 应用

设计阶段是工程项目建设过程中非常重要的一个阶段，在这个阶段中将决策整个项目的实施方案，确定整个项目信息的组成，对工程招标、设备采购、施工管理、运维等后续阶段具有决定性的影响，此阶段一般分为方案设计、初步设计、施工图设计三个阶段。

随着 BIM 技术在我国建筑领域的逐步发展和深入应用，设计阶段将率先普及 BIM 技术应用，给予 BIM 技术的设计阶段的项目管理也将是大势所趋。掌握 BIM 技术，更好地从设计阶段进行精益化管理。降低项目成本，提高设计质量和整个项目的完成效能，将具有十分积极的意义。

（1）BIM 在方案设计阶段的应用

方案设计主要是指从建筑项目的需求出发，根据建筑项目的设计条件，研究分析满足建筑功能和性能的总体方案，提出空间架构设想、创意表达形式及结构方式的初步解决方法等，为项目设计后续若干阶段的工作提供依据及指导性文件，并对建筑的总体方案进行初步的评价、优化和确定。

方案设计阶段的 BIM 应用主要是利用 BIM 技术对项目的可行性进行验证，对下一步深化工作进行推导和方案细化。利用 BIM 技术对建筑项目所处的场地环境进行必要的分析，如坡度、方向、高程、纵横剖面、填挖方、等高线、流域等，作为方案设计的依据。进一步利用 BIM 软件建立建筑模型，输入场地的环境相应信息，进而对建筑物的物理环境（如气候、风速、地表热辐射、采光、通风等），出入口、人车流动、结构、节能排放等方面进行模拟分析，选择最优的工程设计方案。

此外，方案设计阶段 BIM 主要应用还包括利用 BIM 技术进行概念设计、场地规划和方案比选。

（2）BIM 在初步设计阶段的应用

初步设计阶段是介于方案设计阶段和施工图设计阶段之间的过程，是对方案设计进行的细化阶段。在本阶段，推敲完善建筑模型，并配合结构建模进行核查设计。应用 BIM 软件构件建筑模型，对平面、立面、剖面进行一致性检查，将修正后的模型进行剖切，生成平面、立面、剖面及节点大样图，形成初步设计阶段的建筑、结构模型和初步设计二维图。

初步设计阶段 BIM 的应用主要包括结构分析、性能分析和工程量的统计。

（3）BIM 在施工图设计阶段的应用

施工图设计是建筑项目设计的重要阶段，是项目设计与施工的桥梁。本阶段主要通过施工图纸，表达建筑项目的设计意图和设计结果，并作为项目现场施工制作的依据。

施工图阶段 BIM 应用是各专业模型构建并进行优化设计的复杂过程。各专业信息模型包括建筑、结构、给水排水、暖通、电气等专业。在此基础上，根据专业设计、施工等知识框架体系，进行冲突检测，三维管线综合等基本应用，完成施工图设计的多次优化。针对某些会影响净高要求的重点部位，进行具体分析，优化机电系统空间走向排布和管道尺寸。

施工阶段的 BIM 应用主要包括各种协同设计与碰撞检查、结构分析、工程量的计算、施工图的出具、三维效果图的出具（图 4-4-3）。

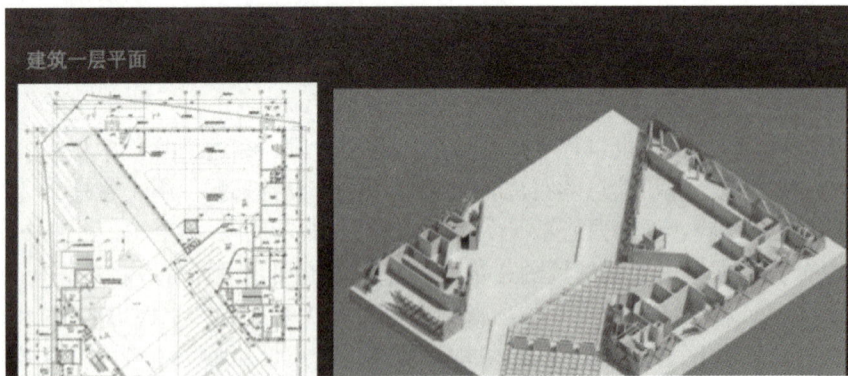

图 4-4-3　施工阶段 BIM 深化设计

（4）BIM 在绿色建筑中的应用

绿色建筑是指在建筑的全生命周期内，最大限度地节约资源，节能、节地、节水、节材、保护环境和减少污染，提供健康适用、高效适用，与自然和谐共生的建筑。在绿色建筑的不断发展的过程中，我们越来越需要运用到信息技术。建筑信息模型技术（BIM），就是绿色建筑在技术上的变革和创新。

绿色建筑需要借助 BIM 技术来有效实现，采用 BIM 技术可以更好地实现绿色设计，BIM 技术为绿色建筑的快速发展提供有效保障。在未来，如果利用 BIM 理念，适用 BIM 云技术，互联网等先进技术和方法，建筑从开始设计是就可以更加绿色。再设计阶段，进行土地规划设计是应用 BIM 技术，可以从设计的源头就可以有效地进行节地，应用 BIM 协同管理，BIM 云技术等可以实现办公场所的节地；进行给排水设计时，应用 BIM 技术合理排布给排水管道，采用节水设备。可从设计的源头就开始有效地进行节水等；通过 BIM 技术，可以有效地减少设计中的错漏碰缺等，避免在施工阶段发生不必要的变更，从而进一步的节省材料，保护环境。

除此之外，BIM 模型还可以利用其他软件的接口，进行建筑的各项数据的模拟，从而获得建筑真实的性能数据，为设计者提供参考，并帮助设计者验证设计的合理性。例如，建筑风环境模拟，如图 4-4-4 所示。

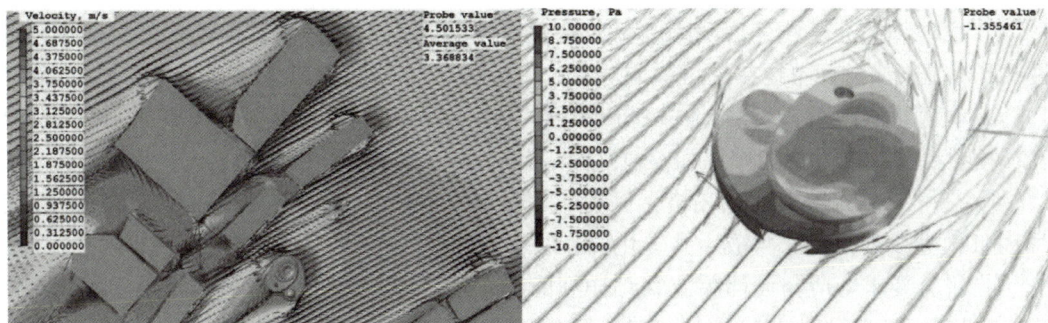

图 4-4-4　夏季、冬季工况 1.5m 高处的风速云图和建筑风压图

（5）BIM 在工业化中的应用

"建筑工业化"的基本内容是：以先进、适用的技术、工艺和设备，科学合理的组织施工，发展施工专业化，提高机械化水平，减少繁重、复杂 手工劳动和湿作业。工业化可以带来高效率、高精度、低成本、高质量、节约资源、不受自然条件影响等效益，是建筑业的发展趋势。

现在施工的设计与工业化建造设计还是有区别的，传统的 CAD 设计工具和施工图设计方法的精度和详细程度很难满足要求，再加上设计、制造、物流、安装之间信息和实物流转的需要，出错的概率就更大了。

BIM 的应用不仅为建筑工业化解决了信息创建、管理、与传递的问题，而且 BIM 模型，三维图纸、装配模拟，加工制造、运输、存放、安装的全程跟踪等手段为工业化建造方法的普及奠定了坚实的基础，如图所示 4-4-5 为建筑部件的 BIM 模型。

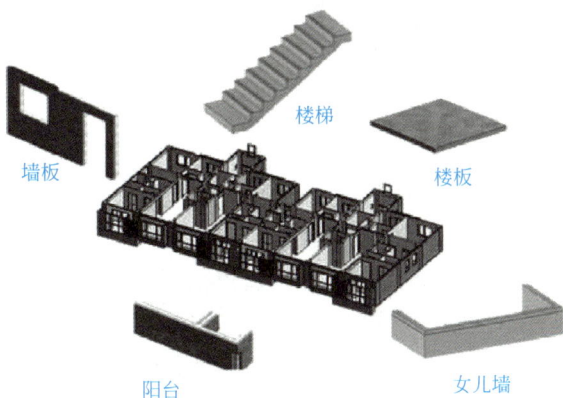

图 4-4-5　模型构件图

4.5 BIM 交付要求

4.5.1 交付要求

基于 BIM 技术进行的建筑设计成果交付主要的是指设计单位的设计标的完成和对外提交，BIM 实施中的成果交付标准包括交付物和交付过程两方面的内容。当前，在设计阶段的 BIM 应用中，由于 BIM 实施的发起方的不同，因此目的也不同，责任主体也不同，进而进行交付的内容和形式也有所不同。

① 交付物的准确性是指设计模型和模型构件的形式和尺寸以及模型构件之间的位置关系准确无误。设计单位在交付前应对设计阶段的 BIM 交付物进行检查。

② 交付物的图纸、表格、文档和动画等应尽可能利用 BIM 模型直接生成，充分发挥 BIM 模型在交付过程中的作用和价值（图 4-5-1、图 4-5-2）。

③ 交付物中的各类信息表格，例如工程量统计表、材料统计表、物料清单等，应根据 BIM 模型中的信息来生成，并转化成为通用的文件格式以便后期使用。

④ 甲方要求，应与设计单位签订详细的技术协议，对模型和信息的知识归属权等问题亦应根据国家有关知识产权的法律法规在合同中明确的规定。

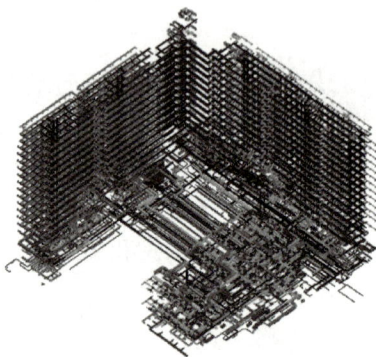

图 4-5-1　机电模型

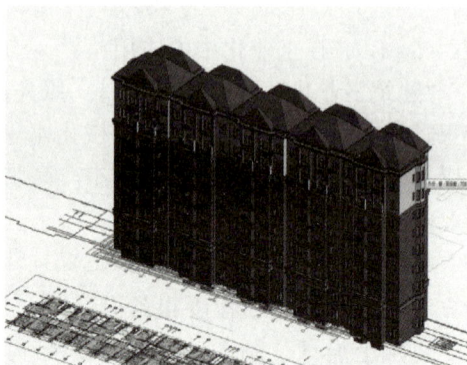

图 4-5-2　建筑模型

1. 各种分析报告

在 BIM 设计的过程中完成的各种建筑性能分析的、能耗分析等分析报告。这些分析报告及图片信息也是 BIM 设计优化及交付的重要内容（图 4-5-3、图 4-5-4）。

2. 碰撞检测报告

基于 BIM 设计模型、BIM 浏览器进行全专业或多专业的碰撞检测、管线综合报告以及相关的设计变更、问题解决方案等报告文件、是 BIM 应用的重要交付内容。

当碰撞检测报告作为交付物时，应包含下列内容：

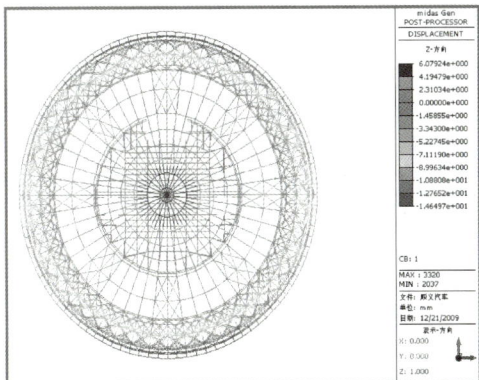

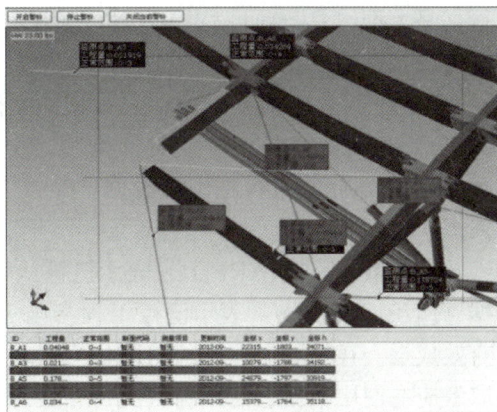

图 4-5-3　绿色建筑分析

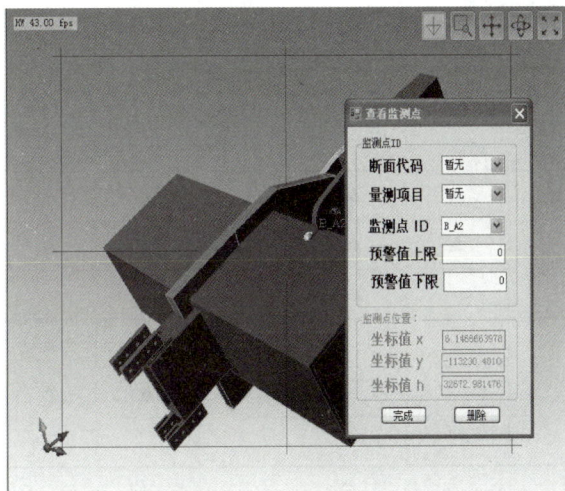

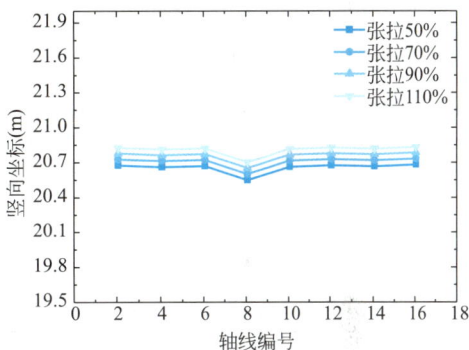

图 4-5-4　模型承载力分析图

① 项目工程阶段；

② 被检测模型的细度；

③ 碰撞检测人、使用的软件及其版本、检测板和检测日期；

④ 碰撞检测范围；

⑤ 碰撞检测规则和容错程度；

⑥ 交付物碰撞检测的结果，对于未解决的碰撞发生点，交付对方应说明未解决的理由。

（1）项目级 BIM 实施标准

对于大规模、复杂性高的项目，甲方需要从合计、施工，甚至运维等全局考虑，事先制定项目的BIM 规范性文件《项目 BIM 实施标准》用以约束、规范各相关方的 BIM 实施，保证工程项目的顺利进

图 4-5-5　碰撞检查

行，是大型、复杂项目 BIM 实施的基础。

（2）BIM 数据库

信息的输入者宜对建筑信息模型的文件或者信息条目添加数据状态标识，以表明交付的有效性。数据状态分为四种类型，分别是：工作数据（Work In Progress，简写为WIP）：表示正在进行工作的数据，存在变更的可能。此数据可作为参考，不应作为决策依据。

共享数据（SHARED）：表示已被认可的有效数据，此数据可作为决策依据。出版数据（PUBLISHED）：表示已被工程参与方整体认可的有效整体交付数据，可作为阶段性有效成果。存档数据（ARCHIVED）：表示数据符合工程实际情况，已被存档。信息的读取者应在使用数据之前，确认交付有效性。信息条目或文件不应同时具备两种或两种以上的交付有效。

4.5.2 建筑工程信息交付物包括六类（表 4-5-1）

建筑工程信息交付表　　　　　　　　　　　　　　　　表 4-5-1

交付物	A类	B类	C类	D类	E类	F类	G类
建筑工程信息模型	—	▲	▲	▲	▲	▲	▲
模型工程视图表格	▲	—	▲	▲	▲	▲	▲
碰撞检测报告	—	—	—	▲	▲	▲	▲
BIM 策划书	—	—	—	—	▲	▲	▲
工程量清单	—	—	—	—	—	▲	▲
验收及检查汇报视频	—	—	—	—	—	—	▲

4.6 应用实例

4.6.1 项目概况

裕璟幸福家园项目位于深圳市坪山新区深圳监狱北侧，总用地面积 11164.76m²，共 3 栋塔楼，建筑高度分别为 92.8m（1 号楼、2 号楼）、95.9m（3 号楼），总建筑面积 64050m²，项目总造价 1.97 亿。由中建科技有限公司 EPC 工程总承包，中建三局一分公司，中建四局三分公司，中建三局南方分公司参建，计划工期 900 天。

本工程是深圳市装配整体式剪力墙结构预制率、装配率最高的项目，预制率达到 49.3%，装配率达到 71.5%，也是华南地区装配整体式剪力墙结构建筑高度最高的项目，1 号、2 号建筑高度 92.8m、3 号楼建筑高度 95.9m。

4.6.2　项目 BIM 应用及取得的成效

1. BIM 策划管理

（1）项目 BIM 应用组织架构

本项目成立 BIM 工作组，由陈新江主任担任组长，联合项目监理，项目经理，对 BIM 进行管理，企业通过 BIM 协同服务器进行项目 BIM 协同工作（图 4-6-1）。

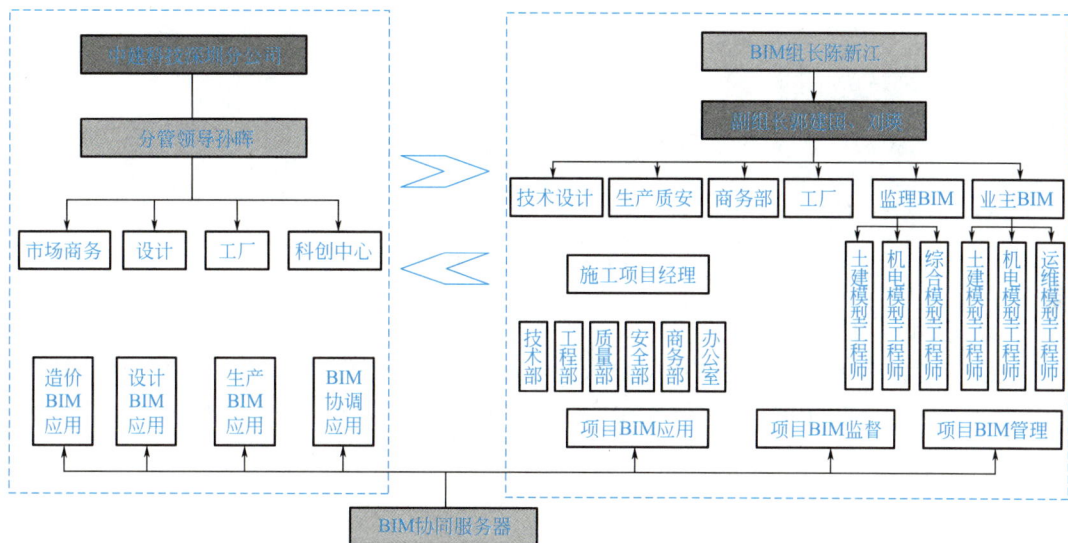

图 4-6-1　项目 BIM 应用组织架构图

（2）BIM 应用阶段划分

本项目运用 BIM 信息化技术对设计、生产、施工及运维进行统筹管理，最终实现全专业、全过程的 BIM 应用。通过在设计、生产、施工各阶段进行模型的综合应用，实现智能建造，智慧管理（图 4-6-2）。

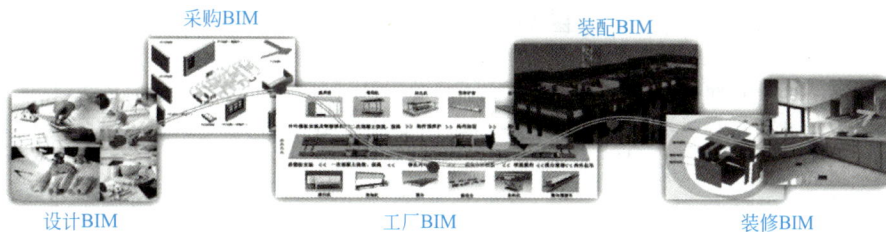

图 4-6-2　全生命期管理

（3）BIM 应用阶段划分

首先建立了本项目 BIM 全过程协同的 BIM 管理体系，通过 BIM 信息化技术对各 EPC 参与单位的工作内容进行辅助协调。BIM 应用分为设计、生产、施工三个阶段，设计部门负责设计阶段的 BIM 应用，将生产和施工的信息需求和要求进行前置设计。生产、施工

121

部门负责生产、施工阶段的 BIM 技术应用，落实设计阶段的 BIM 模型深化要求，施工项目完成后建立竣工模型后传递到运维方，并配合运维阶段实现 BIM 模型的交付应用（图4-6-3）。

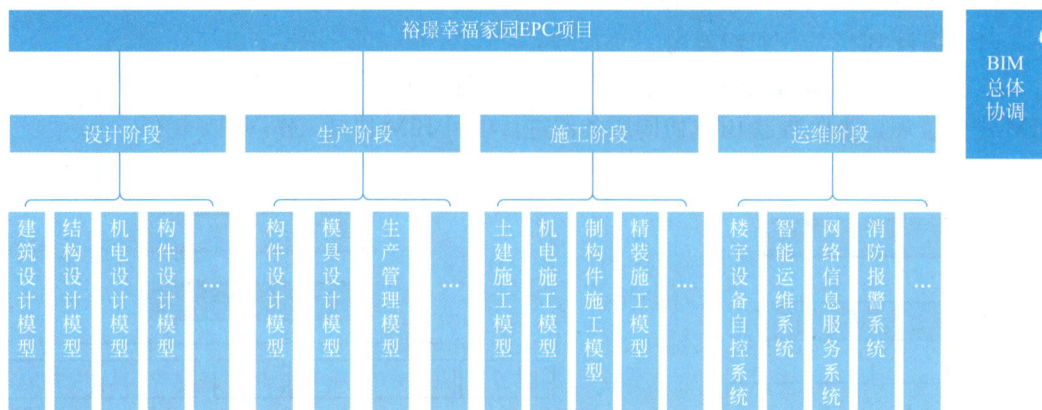

图 4-6-3　BIM 应用划分

（4）BIM 应用导则（标准）

通过策划实施方案及制定共同的建模行为准则，确保 BIM 模型从设计阶段到施工阶段能重复利用并不断深化，提高建筑生产过程中的信息传递效率和精确度，避免了重复工作（图 4-6-4）。

图 4-6-4　BIM 标准策划

（5）BIM 一体化协同平台

通过 BIM 协同平台实现设计、生产、施工信息对接。包含模型成果管理与修改，碰撞检查与 4D 动态模拟等功能（图 4-6-5）。

2. 设计阶段 BIM 应用

（1）各专业协同建模

设计阶段建立了建筑、结构、水、暖、电、精装各个专业的 BIM 模型。基于同一标准实现各专业协同工作（图 4-6-6）。

（2）构件标准化拆分模型

PC 建筑设计是在常规建筑设计的基础上增加对 PC 技术的延伸设计，构件拆分指的是预制混凝土构件的深化设计，也是在建筑结构图纸上的二次设计。根据项目的特殊性，我

图 4-6-5　BIM 一体下协同平台

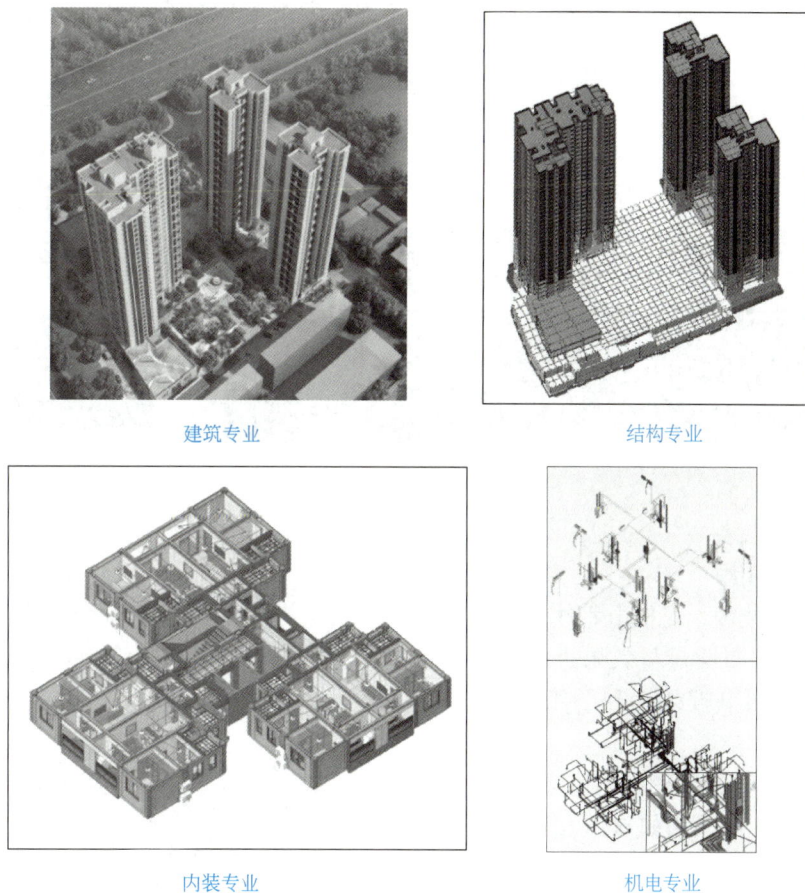

建筑专业

结构专业

内装专业

机电专业

图 4-6-6　各专业协同建模

们利用 BIM 技术对户型进行标准化的分类（分别为 $35m^2$、$50m^2$、$65m^2$）。装配式混凝土建筑比现浇混凝土建筑增加了三项设计：拆分设计、预制构件设计和连接节点设计。装配式建筑拆分是设计环节。拆分基于多方面因素：建筑功能性、结构合理性、制作运输安装环节的可行性和便利性。对项目的基本的构件柱、梁、楼板、外挂墙板、楼梯等构件拆分，根据从结构合理性考虑，拆分原则结构拆分应考虑结构的合理性（图4-6-7）。

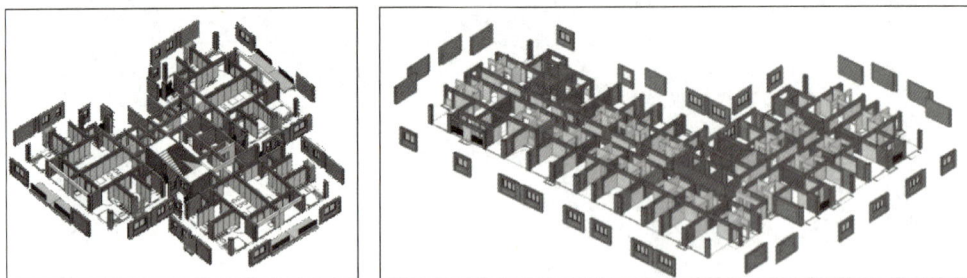

图4-6-7　构件拆分模型

（3）碰撞检查

运用BIM技术，对各专业模型进行碰撞检查，发现土建专业冲突853处，土建专业与机电专业冲突1227处，机电专业冲突364处（图4-6-8）。

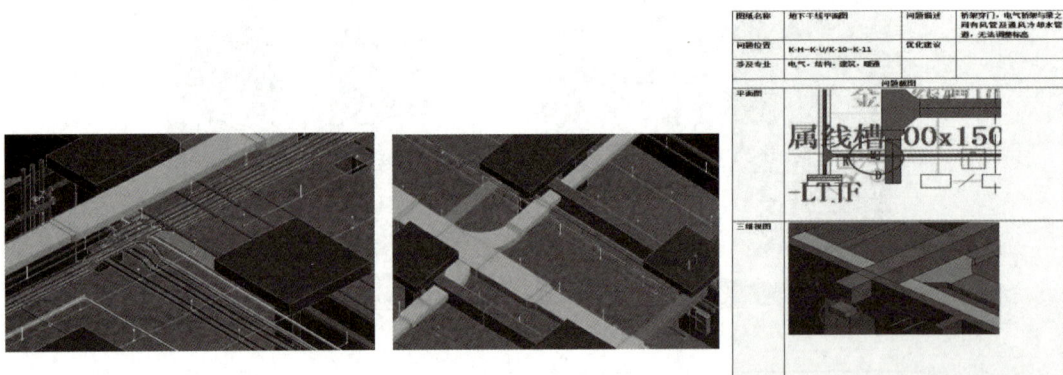

图4-6-8　碰撞检查

（4）设计优化

运用BIM技术，对机电管线进行协同建模，并对管线综合排布质量与效果进行可视化审查，提高管线综合图审查效率和图纸审批效率（图4-6-9）。

（5）基于BIM的深化设计

BIM技术主要采用如Revit等系列三维建模软件平台，由不同专业的设计人员为该项目创建建筑、结构、给水排水等3D信息化模型。在传统设计模式下，每一张图纸都是先从平面开

图4-6-9　BIM设计优化

始设计，然后绘制剖面、立面，再根据项目进度、业主要求更改所有的图纸装配式建筑结构不同于传统的建筑现浇结构，现浇混凝土结构浇筑完成后，还可以根据安装管道需要进

行洞口开槽，但预制装配式构件则不能在成型后任意开洞、开槽，所有预留洞口、管线必须在构件图中设计清楚，使 PC 工厂能够精准制作构件。工厂各专业技术人员根据建筑模型进行安装管线与 PC 构件预留洞口的校核工作，进行碰撞检查，找出问题，提交设计单位进行修改，形成精确的 PC 构件拆分图，把施工中可能出现的问题在 BIM 模型中解决（图 4-6-10）。

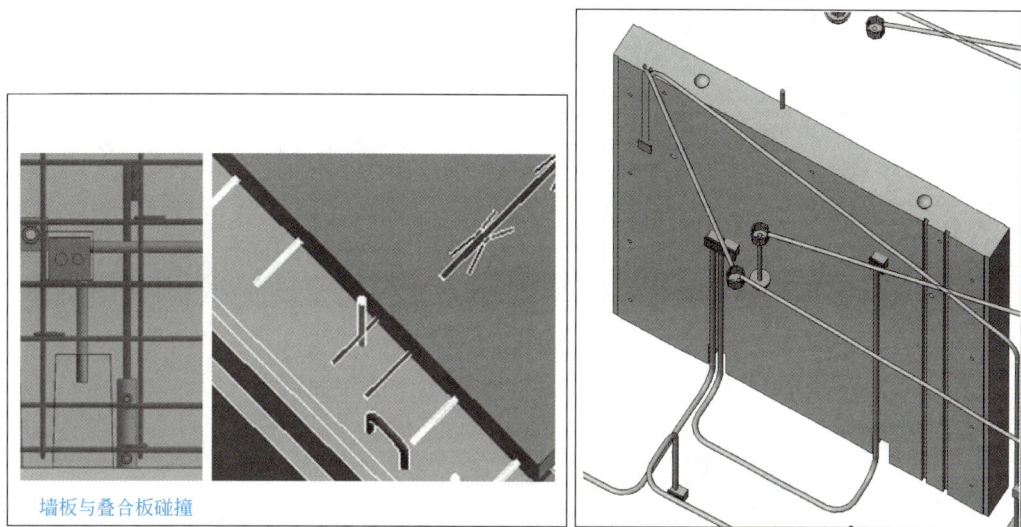

墙板与叠合板碰撞

图 4-6-10　BIM 构件深化设计

（6）基于 BIM 的精装设计

运用 BIM 技术进行精装修建模（图 4-6-11）。

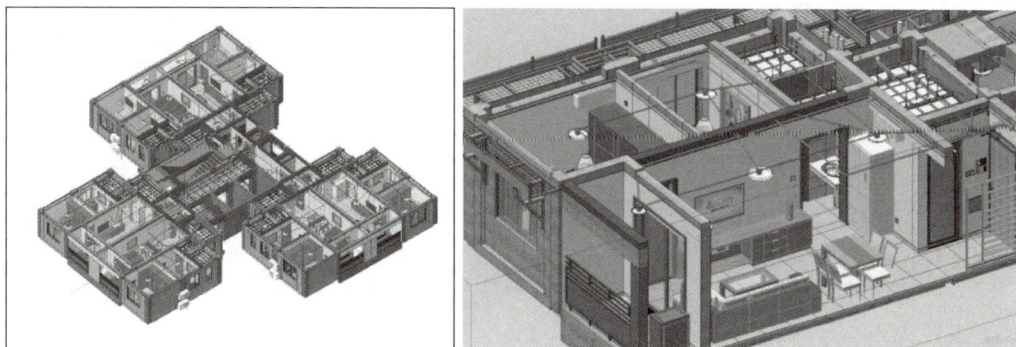

图 4-6-11　BIM 精装模型

（7）基于 BIM 模型的工程量统计

由 BIM 三维建模软件建立三维模型可自动计算的各构件工程量，快速、准确导出分部分项工程量清单（图 4-6-12）。

（8）基于 BIM 的三维出图

设计阶段基于 REVIT 实现了构件库的建立，并实现了二维构件图纸的出图（图 4-6-13）。

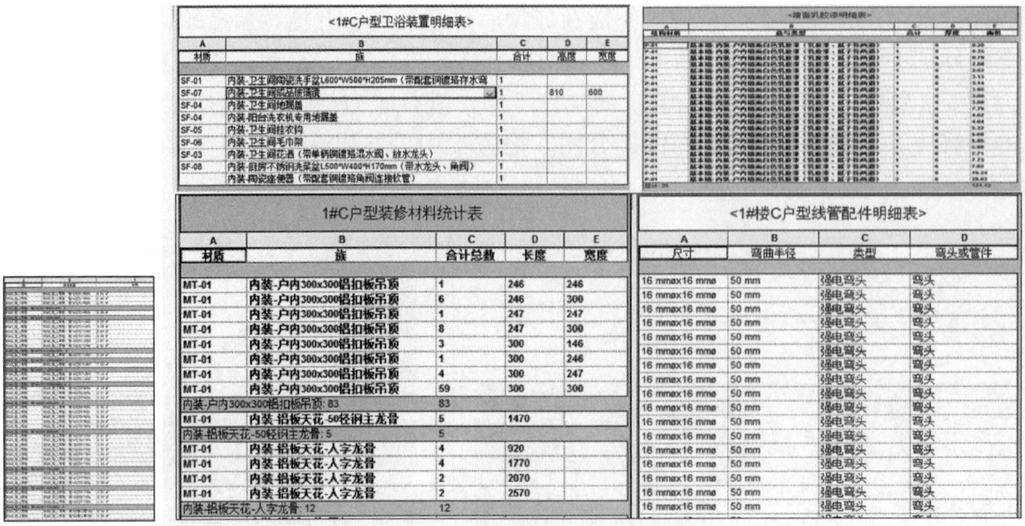

图 4-6-12　BIM 工程量统计

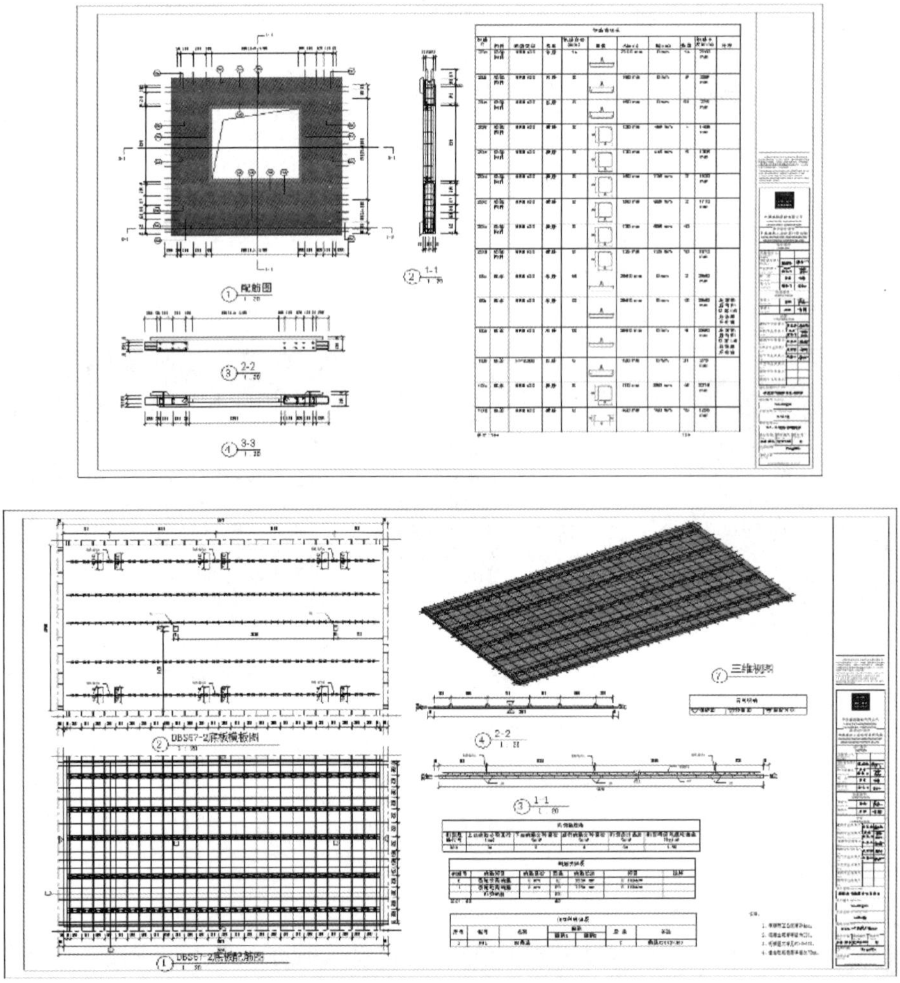

图 4-6-13　BIM 三维出图

（9）BIM 标准化族库的建立（图 4-6-14）

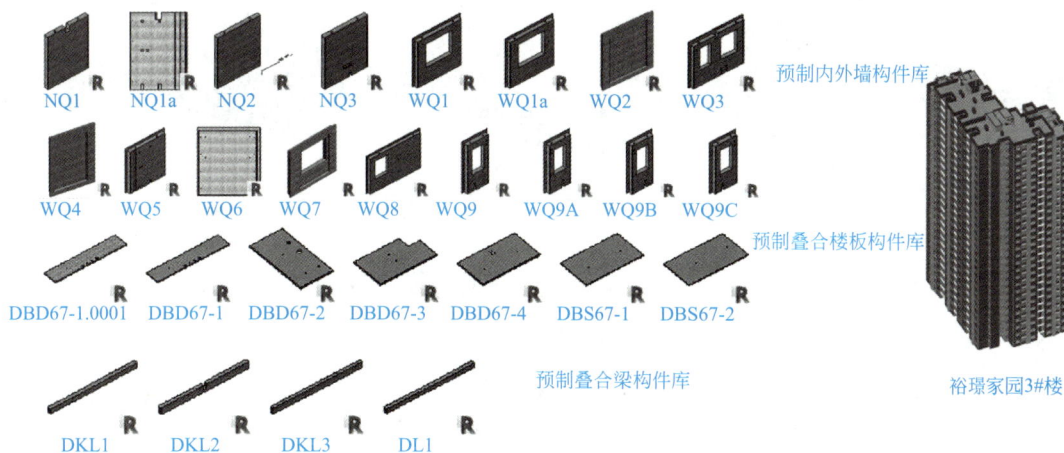

NQ1	NQ1a	NQ2	NQ3	WQ1	WQ1a	WQ2	WQ3

预制内外墙构件库

| WQ4 | WQ5 | WQ6 | WQ7 | WQ8 | WQ9 | WQ9A | WQ9B | WQ9C |

预制叠合楼板构件库

| DBD67-1.0001 | DBD67-1 | DBD67-2 | DBD67-3 | DBD67-4 | DBS67-1 | DBS67-2 |

预制叠合梁构件库

裕璟家园3#楼

| DKL1 | DKL2 | DKL3 | DL1 |

图 4-6-14　BIM 构件族库

3. 生产阶段 BIM 应用

（1）基于 BIM 的构件生产

通过 BIM 模型中的数据生成满足工厂需要的二维图纸与 BOM 表，指导工厂加工制作（图 4-6-15）。

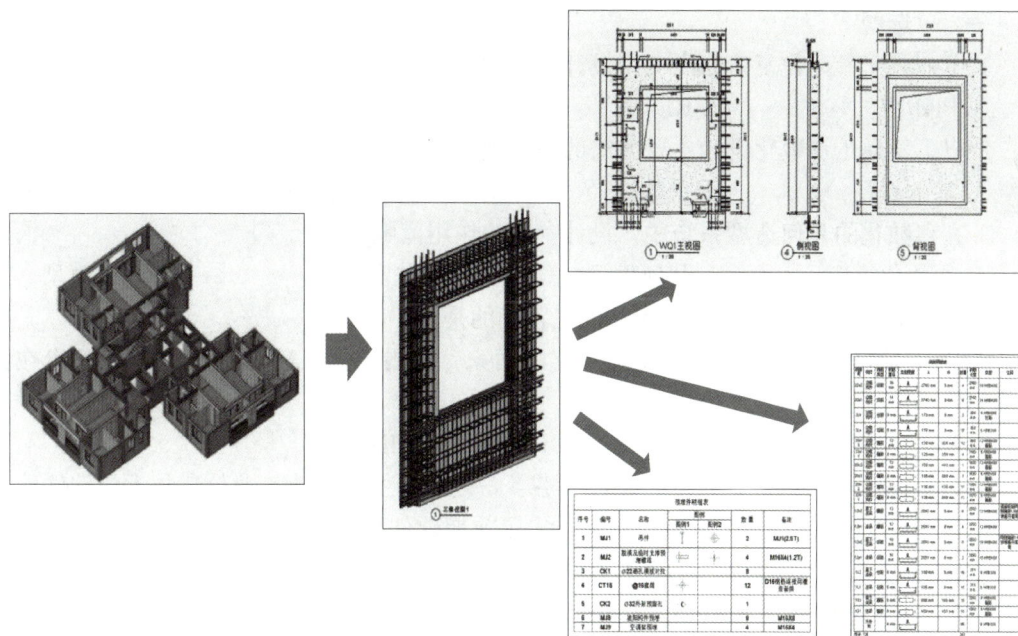

图 4-6-15　BIM 构件生产

（2）基于 BIM 的标准化模具设计

设计阶段通过建立 BIM 预制构件模型，在生产阶段通过 BIM 构件模型进行模具设计和生产（图 4-6-16）。

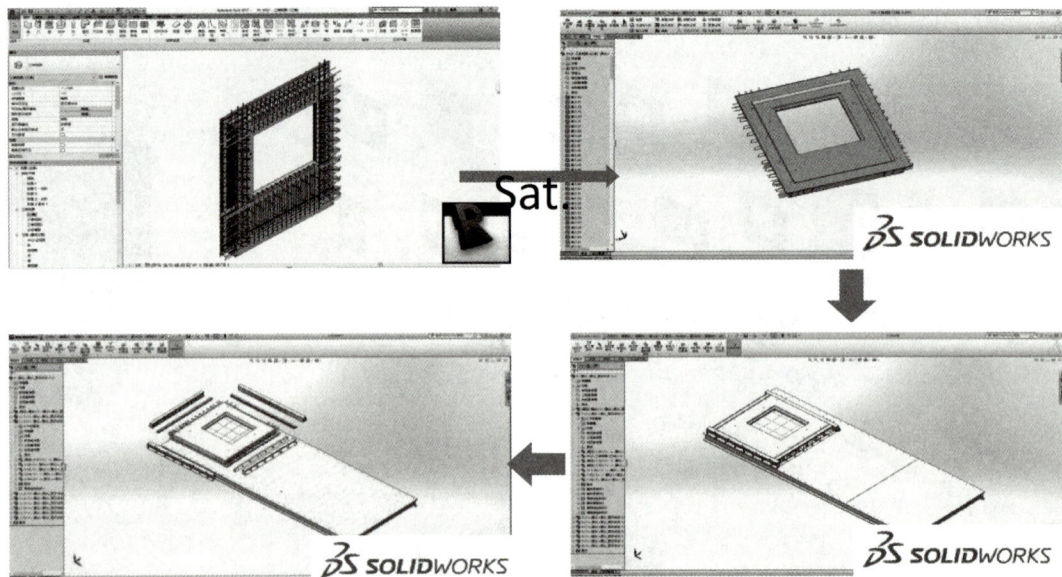

图 4-6-16　构件模具设计

习　题

一、单选题

1.下列属于参数化复杂曲面专用设计工具的是（　　）

A. PKPM　　　　　　B. REVIT　　　　　　C. Rhino　　　　　　D. ARCHICAD

2.以下不属于参数化设计主要方法的是哪项（　　）

A. 基本途径　　　　　B. 代数途径　　　　　C. 实体途径　　　　　D. 人工智能途径

3.在参数化的几何造型系统中，设计参数的作用范围是（　　）

A. 参数化模型　　　　B. 几何模型　　　　　C. 材质模型　　　　　D. 三维模型

4.下列关于国内外 BIM 发展状态说法正确的是（　　）

A. 美国是较早启动建筑业信息化研究的国家，发展至今，BIM 研究与应用都走在世界前列

B. 与大多数国家相比，新加坡政府要求强制使用 BIM

C. 北欧国家包括挪威、丹麦、瑞典和芬兰，是一些主要的建筑业信息技术的软件厂

D. BIM 在国内建筑业形成一股热潮，出了前期软件厂商的大声呼吁，政府相关单位、各行业协会与专家、设计单位、施工单位、科研院校等也开始重视并推广 BIM

5.（　　）是 BIM 信息模型的基础。

A. BIM 分析软件　　　　　　　　　　B. BIM 建模软件

C. BIM 计算软件　　　　　　　　　　D. BIM 演示软件

6.BIM 最大的意义在于（　　）

A. 模型应用　　　　　　　　　　　　B. 信息使用

C. 平台价值　　　　　　　　　　　　D. 全生命周期应用

7. 以下不属于 BIM 模型交付标准的是 （　　　）

A. IFC　　　　　　　　B. IDM　　　　　　　　C. IFD　　　　　　　　D. IPD

8. 以下文件格式中属于开放式标准格式的是 （　　　）

A. DWG　　　　　　　B. SKP　　　　　　　　C. RVT　　　　　　　　D. IFC

9. BIM 标准化研究工作的实施主体是 （　　　）

A. 企业级　　　　　　B. 项目级　　　　　　C. 施工管理级　　　　D. BIM 团队级

10. BIM 构件分类以 （　　　） 为基础结构建管理体系

A. 企业属性　　　　　B. 项目属性　　　　　C. 管理属性　　　　　D. 独立属性

11. 施工图阶段 BIM 应用是什么？（　　　）

A. 各专业模型构建并进行优化设计的复杂过程

B. 施工图阶段建筑 BIM 模型的搭建

C. 施工图阶段进行机电 BIM 模型的管线综合

D. 施工图阶段利用 BIM 模型优化设计

12. BIM 的初衷，是什么？（　　　）

A. 进行三维设计

B. 实现建筑设计的信息化

C. 提高建筑设计的质量

D. 更高形式的表现设计意图、描述建筑的手段

13. 下列哪一项不是建筑工业化的优势？（　　　）

A. 高效率、高精度　　　　　　　　　B. 低成本、高质量

C. 节约资源，不受自然条件影响　　　D. 机械化建造

14. BIM 设计协同是什么？（　　　）

A. 项目成员在一个三维环境下，用一套标准来完成一个设计项目

B. 项目成员之间的协调配合

C. 建筑各个专业之间的协调配合

D. 在三维环境下进行建筑设计及配合

15. 什么是建筑业的发展趋势。（　　　）

A. 数字化　　　　　　B. 工业化　　　　　　C. 机械化　　　　　　D. 信息化

二、多选题

1. BIM 模型在设计阶段的主要应用点是 （　　　）

A. 施工模拟　　　　　　　　　　　　B. 碰撞检查

C. 施工进度控制　　　　　　　　　　D. 设计分析与协调设计

E. 可视化交流

2. 下列对于参数化设计的描述正确的是 （　　　）

A. 建筑信息模型也是一种参数化设计

B. 修改个别参数，与之关联的构件会自动完成信息更新操作

C. 参数化图元和参数化修改引擎是参数化设计的两个部分

D. 参数化设计中变量越多越好

E. 参数化设计中变量不能重复

3. BIM 核心建模软件主要有（　　　）

A. Revit 系列　　　　　B. Bentley 系列　　　　C. ArchiCAD 系列　　　D. CATIA 系列

E. PKPM 系列

4. BIM 设计协同的平台形式一般可以分为（　　　）

A. 基于服务器的 BIM 设计协同平台　　　　　B. 基于协同软件的 BIM 协同平台

C. 协同平台的功能　　　　　　　　　　　　D. 协同环境的搭建

5. BIM 设计协同平台的功能包括（　　　）

A. 统一协同的工作环境　　　　　　　　　B. 规范协同

C. 权限控制　　　　　　　　　　　　　　D. 项目进度管理

6. 协同设计是当下设计行业技术更新的一个重要方向，也是设计技术发展的必然趋势，其中有二个技术分支是（　　　）。

A. 主要适合于大型公建，复杂结构的三维 BIM 协同

B. 主要适合普通建筑及住宅的二维 CAD 协同

C. 专业间的协同设计

D. 专业内的协同设计

7. 初步设计阶段 BIM 的应用主要包括（　　　）

A. 结构分析　　　　　B. 性能分析　　　　　C. 工程量统计　　　　D. 管线综合

8. 施工阶段的 BIM 应用主要包括（　　　）

A. 各种协同设计与碰撞检查　　　　　　　B. 结构分析

C. 工程量的计算　　　　　　　　　　　　D. 施工图的出具、三维效果图的出具

9. 掌握 BIM 技术，有哪些意义？（　　　）

A. 更好地从设计阶段进行精益化管理　　　B. 降低项目成本，提高设计质量

C. 提高整个项目的完成效能　　　　　　　D. 实现三维设计

10. 绿色建筑中"四节一环保"中的四节指的是（　　　）

A. 节能　　　　　　　B. 节地　　　　　　　C. 节水　　　　　　　D. 节材

三、判断题

1. 目前没有一个软件或一家公司的软件能够满足项目全生命周期过程中的所有需求。（　　　）

2. 国内在 BIM 核心建模软件方面具有非常完善的软件平台。（　　　）

3. NBIMS 技术标准体系由三个核心部分组成：信息交换的载体（数据储存标准），信息交换的数据库（信息语义标准）（　　　）

4. 在 BIM 实施中会涉及许多相关软件，其中最基础、最核心的是 BIM 建模软件。（　　　）

5. 2018 年 11 月中国勘探设计协会主办了"全国勘探设计行业信息化发展技术交流论坛"，首次在全国性的行业会议讨论了 BIM 在建筑设计中的革新及运用。（　　　）

6. Revit 常用的输出格式包括 DWG、DXF、DGN、SAT、DWF、FBX、IFC、TXT、DOC 等。（　　　）

7. BIM 设计是一个设施（建设项目）物理和功能特性的数字表达。（　　　）

8. 正向设计：以系统工程理论、方法和过程模型为指导，面向复杂产品和系统的改进改型、技术研发和原创设计等为场景，旨在提升企业自主创新能力和设计制造一体化能

力。（　　）

9.逆向设计过程是指设计师对产品实物样件表面进行数字化处理（数据采集、数据处理），并利用可实现逆向三维造型设计的软件来重新构造实物的三维 CAD 模型（曲面模型重构），并进一步用 CAD/CAE/CAM 系统实现分析、再设计、数控编程、数控加工的过程。（　　）

10.BIM 正向设计主要包括规划方案阶段、初步设计阶段、施工图阶段。（　　）

11.绿色建筑是指在建筑的设计、建造过程中，最大限度的节约资源，节能、节地、节水、节材、保护环境和减少污染。（　　）

四、问答题

1.什么是参数化建模？

2.根据自身对 BIM 技术的理解和认识，简述 BIM 技术对建筑行业带来的好处。

3.简述 BIM 协同设计的意义。

4.简述 BIM 正向设计的意义。

5.简述 BIM 标准的意义。

6.简述国内 BIM 标准研究现状。

7.简述 BIM 正向设计的意义。

8.建筑工业化的内容及其优势是什么？

9.BIM 协同的优点是什么？

10.BIM 正向设计的难点是什么？

11.如何实现 BIM 设计协同？

习题答案

教学单元 5 BIM 在施工阶段的应用

工程建设的施工阶段，是建设项目由规划设计变成现实的关键环节。传统的现场施工协同管理虽然比较成熟，但在面对协调管理工作量大、场地平面布置复杂、施工机械组织难度大、分包众多且交叉作业面复杂等情况时，仍会遇到场地平面布置考虑不周全、机械运输窝工、材料进出场失控、分包管理混乱等问题，造成项目成本浪费以及工期拖延。

作为贯穿项目建设全生命周期的新技术模式，BIM 技术将彻底改变传统的建筑施工协同管理模式。BIM 技术具有可视化、参数化、标准化、协同性的特点，具有信息共享、协同工作的核心价值。施工企业建立以 BIM 技术应用为载体的信息化管理体系，能够提升施工建设水平，确保施工质量，提高经济效益。

本教学单元将依托已有项目利用 BIM 技术提高项目精细化管理的示例，详细介绍在土建施工、机电施工过程中总平面协调管理、深化设计、施工组织模拟、造价管理等方面的应用，从而提升项目管理水平，达到精细化管理的目的。

5.1　土建施工 BIM 应用

在土建施工阶段，以 BIM 为核心技术的项目高效管理方法及其潜在效益正不断被认识和实现。本节从概述、应用流程、应用步骤、应用案例等方面重点介绍 BIM 技术在总平面协调管理、深化设计、施工组织模拟、造价管理中的应用。

5.1.1　总平面协调管理 BIM 应用

总平面协调管理主要包括对施工场地平面的协调管理、对施工机械的协调管理及对材料的协调管理，利用 BIM 进行辅助管理，充分发挥信息化优势进行施工现场协调管理，有效提高管理效率和工作质量。

1. 施工场地布置

（1）概述

应用 BIM 技术创建施工场地平面布置模型，辅助进行施工总平面布置管理，进行施工现场模拟，实现施工现场总平面的合理布置，并通过 BIM 技术高效安排各施工阶段现场平面的功能作用和使用时间，保证场地平面布置的高质量完成，从而降低成本、缩短工期。

（2）应用基本流程

基于施工场地平面布置管理 BIM 模型，建立施工总平面现场管理流程，对现场可利用场地进行合理规划。施工总平面现场管理流程如图 5-1-1 所示。

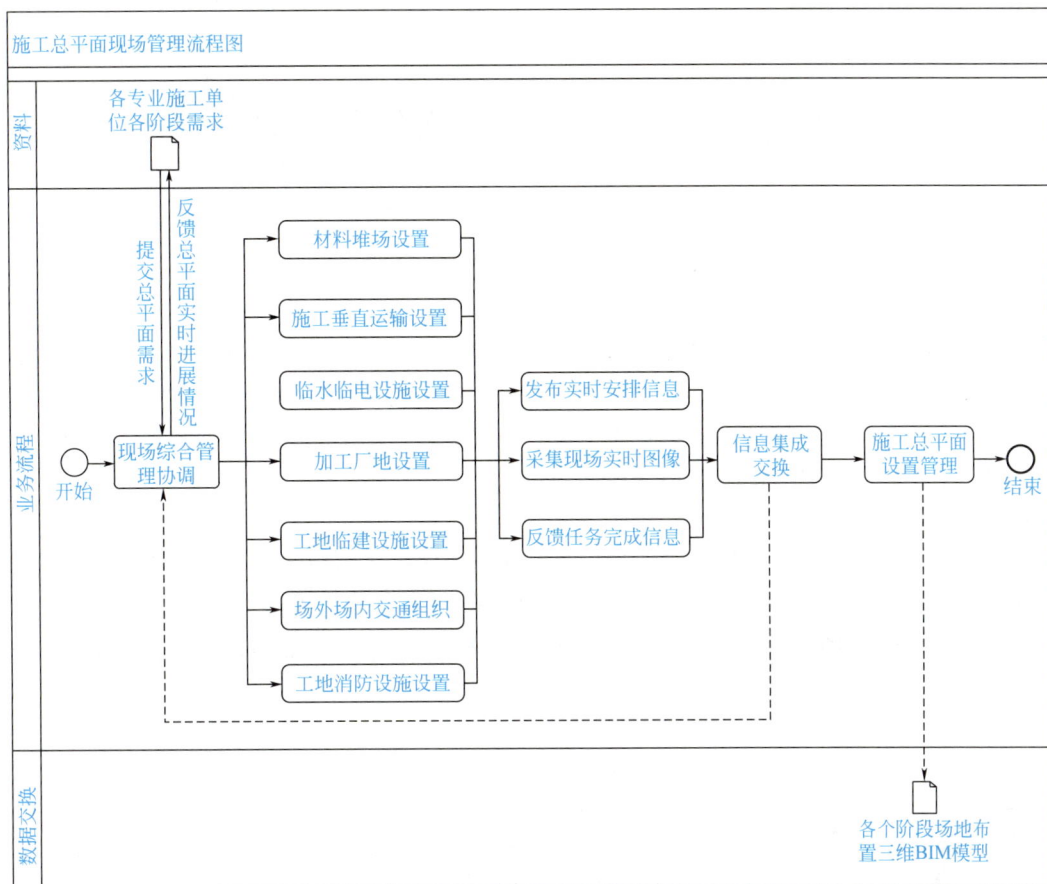

图 5-1-1　施工总平面现场管理流程图

（3）应用软件

施工场地布置软件应用，可根据项目需求自行选取，目前常用的应用软件见表 5-1-1。

施工场地布置软件方案　　　　　　　　　　　　　　　　表 5-1-1

应用软件	功能用途	备注
Revit	临建模型创建、效果图渲染	可以精细化建模，信息丰富但工作量大
广联达场布	临建模型快速创建	快速建模但感官效果不好
品茗 BIM 施工策划软件	生成二、三维总平面布置图	快速建模但感官效果不好
Lumion	漫游视频、效果图渲染	操作简单且效果逼真但渲染时间较长
SketchUp	漫游视频、效果图渲染	操作简单且效果逼真
3ds Max	漫游视频、效果图渲染	效果逼真但软件较难掌握

本节主要以 Revit 软件为例，完成施工场地布置模型的创建，施工前期可利用 Revit 软件创建各工序施工工作面布置的 BIM 模型；通过 Navisworks 对各施工阶段场地布置

进行施工模拟，对出现碰撞等不合理工作面进行优化调整；对设计优化后的施工工序，利用 Navisworks 生成模拟动画，对相关人员进行三维可视化场地平面布置交底，如图 5-1-2 所示。

图 5-1-2 基于 Navisworks 软件方案

（4）应用步骤及案例

1）应用步骤

A. 首先由各专业单位提交总平面需求，经各方协调一致，确定每个阶段平面布置图。

B. 各阶段平面布置图确定后，由专业 BIM 工程师完成各个阶段场地布置三维 BIM 模型，其中主要包括材料堆场、施工垂直运输、临水临电、加工场地、工地临建、场外场内交通组织、工地消防等关键平面信息模型的建立。

2）应用案例

以北京市霞光里项目为例，该项目位于三元桥紧邻机场高速，项目施工场地狭小，基础开挖线距场地红线最近处不足 1m，现场平面布置和交通运输组织难度大。项目应用 BIM 技术完成现场场地平面布置，解决由于现场场地狭小带来的交通运输和材料堆场困难的问题。

通过三维场地 BIM 模型的创建取得的成果见表 5-1-2。

项目场地 BIM 模型布置成果   表 5-1-2

类别	三维 BIM 场地布置模型	取得的成果
木方材料堆放位置的确定		通过三维 BIM 模型的建立，在有限的空间内合理地确定了木方材料堆放的位置，便于现场木方的使用以及材料的进场运输
钢筋加工厂位置的确定		通过三维 BIM 模型的建立，在有限的空间内合理地确定了钢筋加工厂的位置，便于材料的加工以及材料的运输

续表

类别	三维 BIM 场地布置模型	取得的成果
混凝土泵架立位置的确定		通过三维 BIM 模型的建立,合理地确定了混凝土泵架立的位置,最大限度地缩短了混凝土泵送的距离
基坑施工阶段现场布置		通过三维 BIM 模型的建立,在有限的空间内合理地规划了场地临建设施、运输道路以及塔式起重机的位置,解决了现场场地狭小的问题
地上主体结构施工阶段现场布置		
装修施工阶段现场布置		

2. 临建 CI 标准化

（1）概述

临建 CI 标准化是项目平面协调管理 BIM 应用的重要内容。项目办公区、生活区和施工区严格按照企业《施工现场标准化图册》的规定和要求布置临时设施及临建CI。主要包含：临建CI内容、应用流程、应用软件、应用步骤及案例。

（2）临建CI内容（表5-1-3）

临建CI内容　　　　　　　　　　　　　　　　表5-1-3

管理区域	临建CI分类	临建CI内容
施工区	基础设施	大门、围墙、门卫室、道路、车辆冲洗设施、施工图牌、导向牌等
	脚手架	落地式脚手架、悬挑式脚手架、附着式升降脚手架、卸料平台
	材料码放	钢筋堆放、其他材料码放、气瓶存放
	安全防护	安全通道防护、临边防护、水平洞口防护、电梯井（管道井）口防护、楼梯防护、马道防护
	施工机械	施工升降机、塔式起重机、机械防护棚等
	临时用电	配电室、配电箱、电缆敷设、现场照明
	消防设施	消防泵房、消火栓、消防器材、气瓶使用
	安全标志标识	安全标志、安全标语、平平安安标语、安全文明警示标志、楼层提示牌、楼层安全警示标志、机械设备标识牌、管理制度牌、安全操作规程牌、验收牌、安全讲评台、危险源公示牌
	楼面形象展示区	楼面形象、厂房市政等宽大项目品牌布、安全文明施工宣传长廊、企业文化宣传墙、活动式企业文化宣传板、绿色施工图牌、宣传栏等
	临时设施	木工加工棚、危险品库房、茶烟亭、移动式厕所、现场垃圾站
	样板展示、成品保护	钢筋加工样板、模板样板、墙砌筑抹灰样板、实体工程构件成品保护
	安全教育培训体验馆	体验馆大门、体验馆基本设施
办公区	办公楼	外部形象、侧面山墙、项目部铭牌、宣传图牌、门牌、飘扬旗、会议室、项目施工进度展板、管理人员办公室等
	功能性房间	项目部食堂、卫生间
生活区	场地	场地布置、宿舍大门、基本设施、安全要求
	宿舍楼	外部形象、侧面山墙、门牌、文明宿舍管理制度、生活区管理制度等
	功能性房间	宿舍区食堂、卫生间和浴室等

（3）应用流程

项目临建CI标准化应用流程如图5-1-3所示。

值得注意的是，在项目前期，临建方案变动多，经常反复修改调整，而在模型中建立临建CI模型多采用手动贴图或修改构件材质的方式，变动后修改工作量极大。同时临建CI标准化对临建布置的影响更多地体现在成型效果上，因此，建议在临建方案和图纸确定之后（指后续实施过程中不会再有重大变动），再在模型中有针对性地对临建CI进行细化布置。

（4）应用软件

临建CI标准化应用的软件方案见表5-1-4。

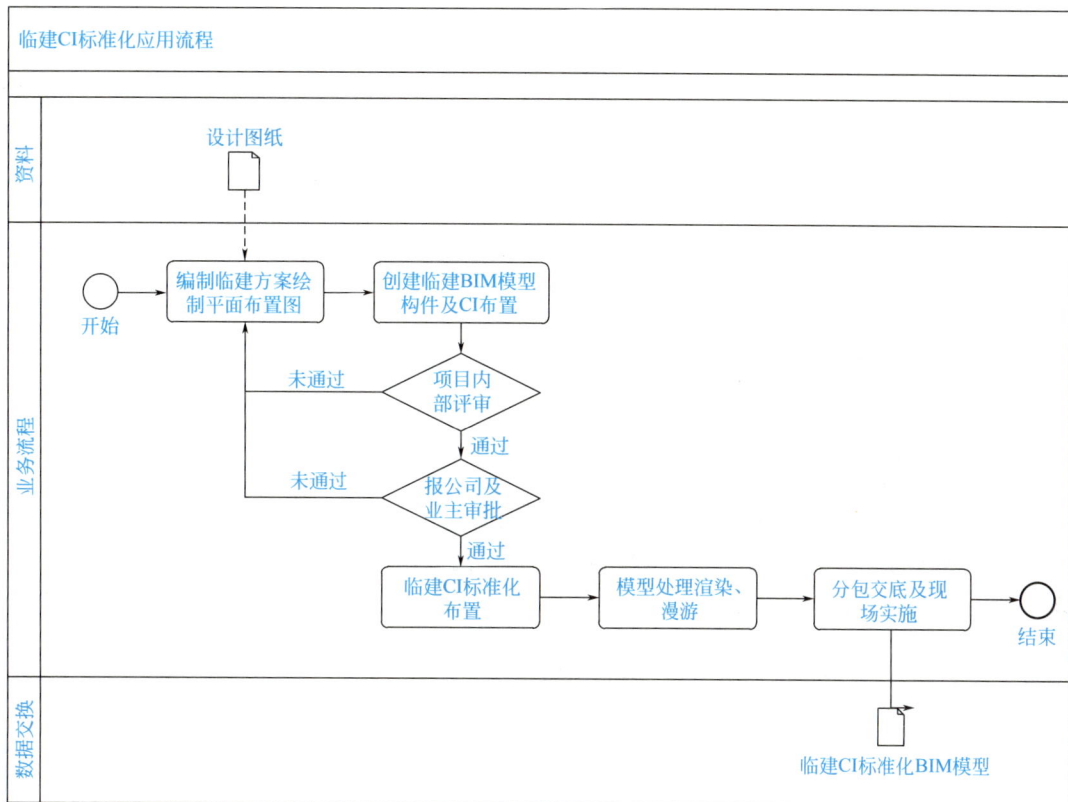

图 5-1-3　临建 CI 标准化应用流程

临建 CI 标准化软件方案　　　　　　　　　　表 5-1-4

应用软件	功能用途	备注
Revit	临建模型搭建、效果图渲染	可以精细化建模,信息丰富但工作量大
广联达场布	临建模型快速搭建	快速建模但感官效果不好
Lumion	漫游视频、效果图渲染	操作简单且效果逼真但渲染时间较长
3ds Max	漫游视频、效果图渲染	效果逼真但软件较难掌握

（5）应用步骤与案例

临建 CI 标准化依据应用流程确定应用步骤和对应步骤的成果。下面以重庆大渡口万达广场项目为例进行临建 CI 应用步骤及对应成果。

1）项目技术部编制初稿临建策划方案（含 CI 布置方案）及项目临建布置图（图 5-1-4）；

2）项目技术部向 BIM 人员移交临建策划方案及项目临建布置图，并签确移交单（表 5-1-5）；

3）项目 BIM 人员根据初稿临建策划方案及临建布置图搭建临建 BIM 模型（图 5-1-5）；

4）项目组织各部门依据临建策划方案和临建布置图以及临建 BIM 模型对临建策划方案进行评审，并在项目评审表中汇总记录优化意见；

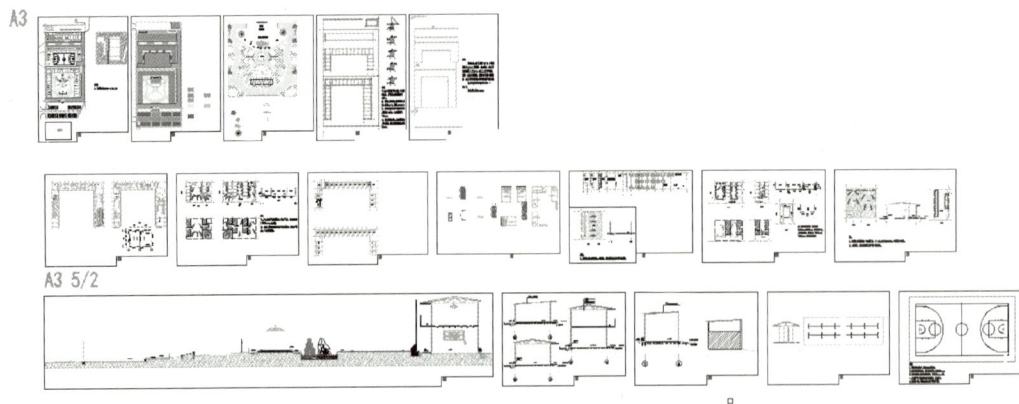

图 5-1-4　项目临建布置图

项目移交单　　　　　　　　　　　　　　　　　表 5-1-5

项目移交单		
序号	内容	备注
1	初稿临建策划方案	电子档
2	初稿临建布置图	电子档
3	初稿 CI 布置方案	电子档
4	……	……
5	……	……
移交部门	部室名称	责任人签字栏
接收部门	部室名称	责任人签字栏

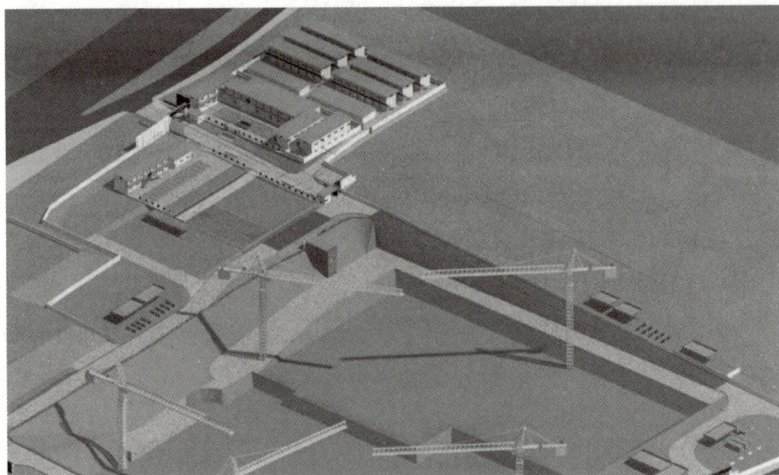

图 5-1-5　项目临建布置模型

5）根据优化意见，项目技术部优化临建策划方案和临建布置图，同时 BIM 人员优化临建 BIM 模型，并精细化布置临建 CI（图 5-1-6）；

图 5-1-6　项目临建 CI 布置图

6）优化完成之后，项目再次组织各部门依据 BIM 模型进行评审，根据会议提出的优化意见再次优化模型和临建策划方案之后报公司及业主（如合同有约定）审批；

7）项目根据审批意见进一步优化完善临建 BIM 模型和策划方案，审批流程完成之后，临建策划方案和 BIM 模型定稿；

8）项目依据定稿方案和图纸发送给施工劳务现场实施，并依据 BIM 模型进行针对性交底（图 5-1-7）。

图 5-1-7　项目临建布置示例图

3. 材料管理 BIM 应用

（1）概述

合理运用 BIM 技术进行现场材料的管控是总平面协调非常重要的一部分，尤其是针对现场临建用地面积小等情况，如何利用 BIM 技术将现场材料出入库的用量和进度计划相关联，包括对材料进场、出库、入库，材料的型号、规格、材质、数量等的管控，通过 BIM 技术创建模型、划分施工流水段，并和施工进度计划相关联，实现对材料的精细化管理，下面以广联达 BIM5D 平台为例详细介绍其在平面协调管理中对材料的管控。

（2）应用流程（图 5-1-8）

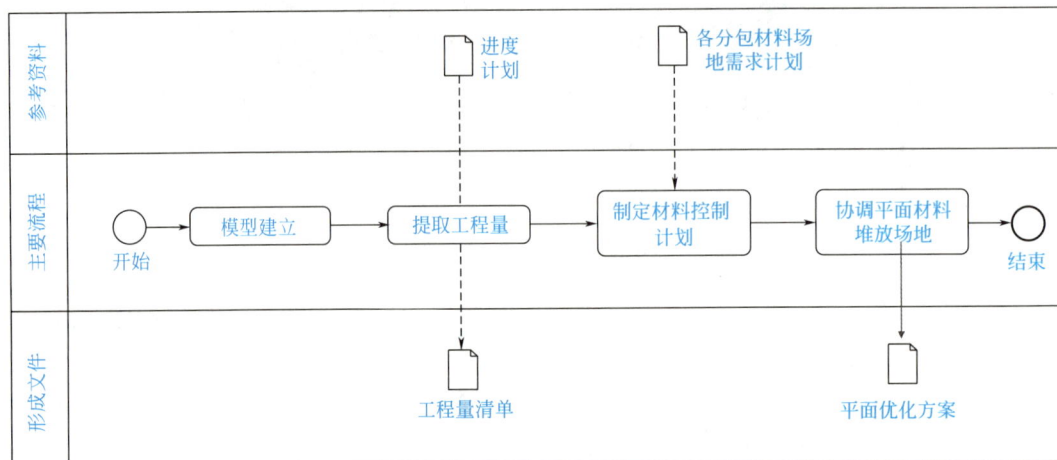

图 5-1-8　材料管理 BIM 应用流程

（3）应用软件（表 5-1-6）

材料管理 BIM 应用常用软件方案　　　　　　　　　　　　　表 5-1-6

序号	应用软件	功能用途
1	Revit、Magicad、Tekla、广联达算量软件等建模类软件	模型创建、生成工程量清单
2	广联达 BIMD 平台等	生成工程量，将现场实际用量录入平台，实现三算对比等

（4）应用步骤及案例

以北京某项目钢筋材料管理 BIM 应用为例进行详细介绍：

1）建模并导入广联达 BIM5D 平台

通过 Revit 建立三维可视化模型，在模型上附加材料设计属性（型号规格、材质、尺寸、工程量）等，导入广联达 BIM5D 平台（图 5-1-9）。

2）利用广联达 BIM-5D 平台划分流水段的功能将导入的钢筋模型进行流水段划分（图 5-1-10）。

3）根据现场需求提取与实际进度相匹配的钢筋使用量，按照流水段或构建提取工程量（图 5-1-11）。

4）根据提取的工程量及钢筋专业分包对现场材料、加工场地的需求进行协调管理，实现在平面协调中对材料的精细化管理，避免出现材料堆场、二次搬运所产生的费用。

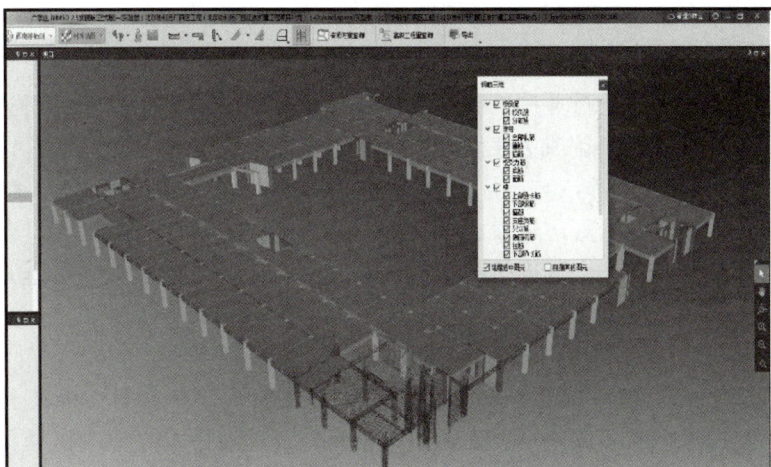

图 5-1-9　Revit 模型导入广联达 BIMD 中

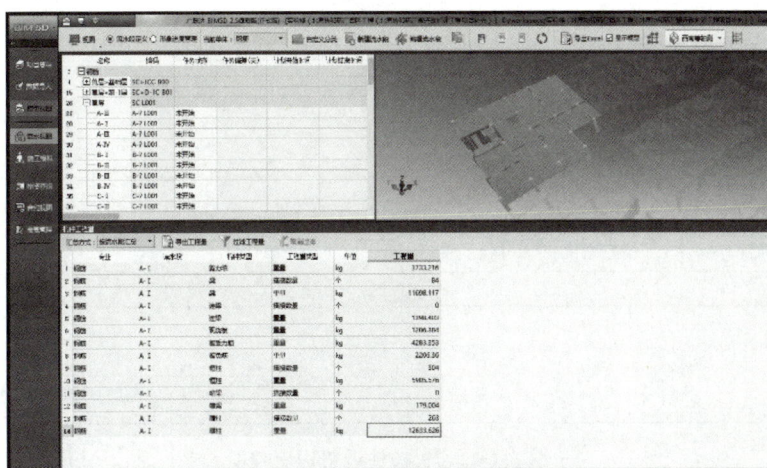

图 5-1-10　按流水段提取工程量

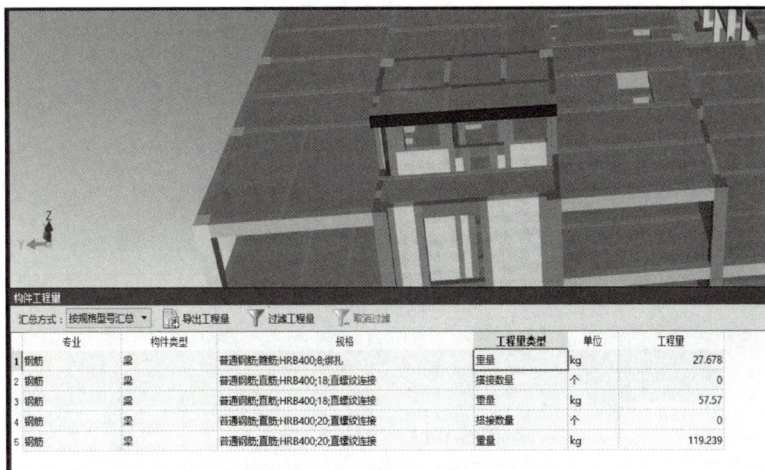

图 5-1-11　按照构件提取工程量

4. 机械协调管理 BIM 应用

（1）概述

机械化施工在我国建筑行业中的作用越来越重要，随着机械化施工的迅速发展，高效率、高质量、高速度已经日益成为工程机械化施工追求的目的。在工程项目施工过程中，总包单位通过使用 BIM 技术，对设计图纸及现场平面布置的分析，进行详细的吊次计算，合理选择施工机械，实现垂直运输设备全工况（各时间段）下的模拟漫游，合理布置塔吊及物料提升机等机械设备，合理安排吊次、运输时间，通过碰撞模拟保障垂直运输设备经济、合理、安全的安装使用。

（2）应用基本流程

创建垂直运输系统 BIM 模型，辅助进行垂直运输管理，综合各专业工程进度、材料需求计划、材料加工场地和场内场外交通组织信息，合理安排垂直运输机械运输时间及运输任务，避免材料二次运输。其 BIM 应用流程如图 5-1-12 所示。

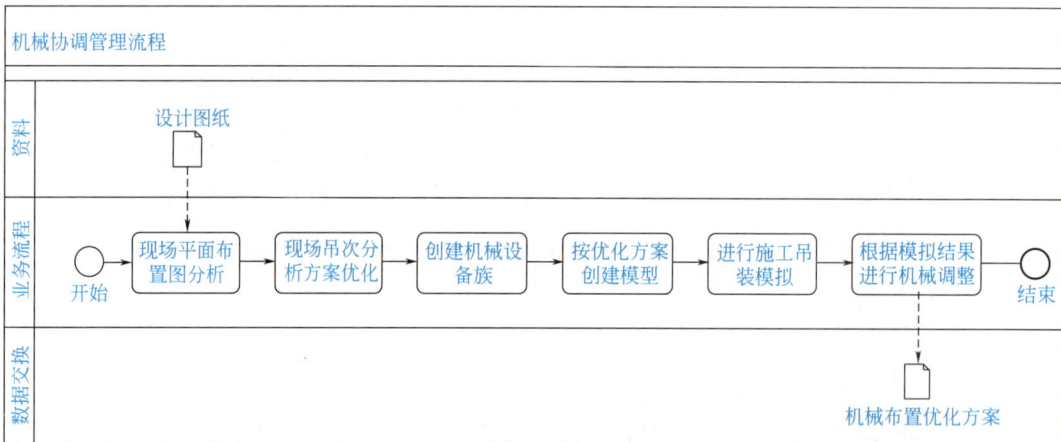

图 5-1-12　机械协调管理流程图

（3）应用软件

机械协调管理 BIM 应用，使用 Revit 项目工具创建土建、机电、钢结构模型，使用 Revit 族工具创建塔式起重机、物料提升机等运输机械族模型文件，并载入到已创建完成的项目中整合，整合完成的项目 BIM 模型文件，导入 Navisworks 进行运输吊装模拟，通过分析合理安排运输机械的布设及使用。具体软件方案如图 5-1-13 所示。

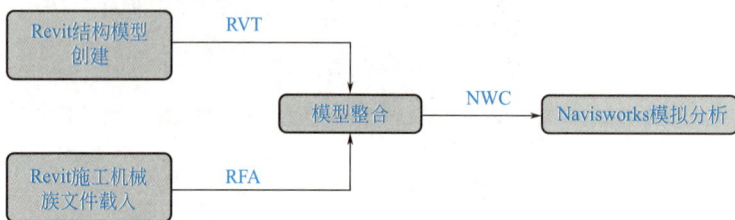

图 5-1-13　软件运用图

（4）应用步骤及案例

1）应用步骤

A. 创建机械设备族模型（图 5-1-14）

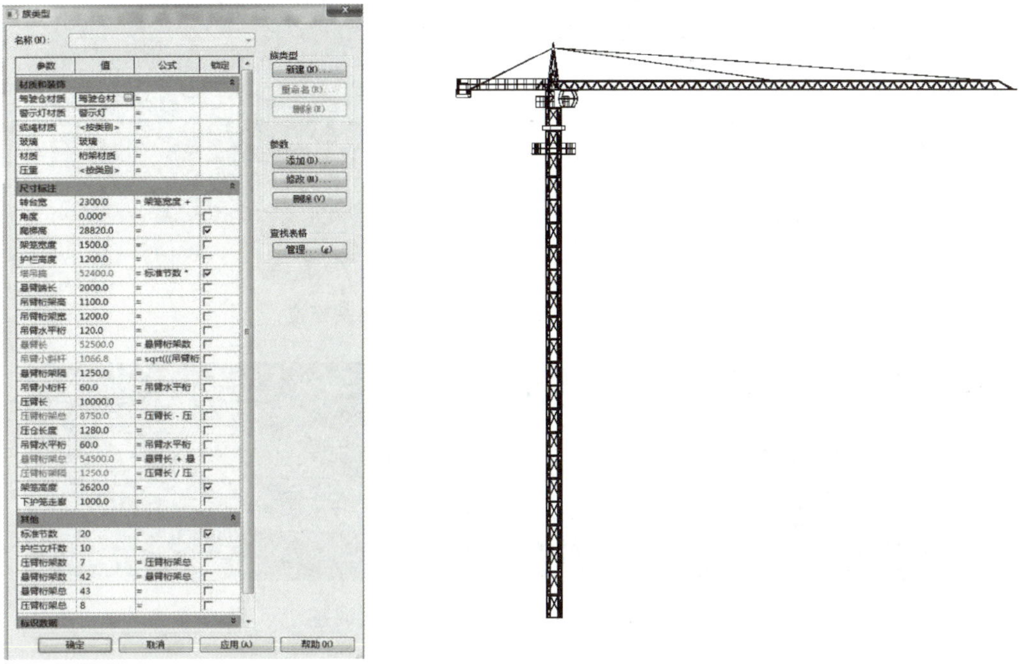

图 5-1-14　创建机械设备族模型

B. 载入到项目中合理布置（图 5-1-15）

图 5-1-15　载入到项目中合理布置

C. 导入施工模拟软件进行吊装模拟（图 5-1-16）

D. 根据模拟结果进行机械调整（图 5-1-17）

2）应用案例

A. 工程概况

北京某超高层项目，总建筑面积 43.7 万 m²，建筑高度 528m。项目涉及施工专业众多，为保证塔式起重机合理有序利用，避免各专业材料吊装冲突，需对运输机械进行有效协调。项目使用组合式预制立管技术，将原有的零散管件组合成整体管件一次性吊装，有效减少塔式起重机吊次，提升单次塔式起重机吊装质量，保证施工效率。

图 5-1-16　导入施工模拟软件进行吊装模拟

图 5-1-17　根据模拟结果进行机械调整

B. 工程重难点

本工程组合式预制立管每组管长 9m，项目楼层高度为 4～5m，吊装过程中管组与钢梁碰撞较多，预制立管管组吊装就位及运输是预制立管施工中的难点。通过 BIM 合理协调运输设备、模拟运输吊装过程，解决运输吊装过程中预制立管管组与钢梁碰撞等问题，实现管组顺利吊装。

C. 应用软件

本工程使用的 BIM 软件见表 5-1-7。

中国尊项目软件应用概况　　　　　　　　　　　　　　　　表 5-1-7

软件名称	软件应用
Revit	建筑、土建结构、机电深化设计建模
Tekla	钢梁深化设计建模
Navisworks	吊装运输模拟

D. 应用内容

（A）基于 BIM 模型的管组场外运输模拟（图 5-1-18～图 5-1-20）

利用 Revit 创建管组 BIM 模型，与场地及运输吊装机械 BIM 模型一并导入 Navisworks 进行吊装运输模拟，从而检验运输方案，及时发现问题。

（B）基于 BIM 模型的管组楼内运输路线模拟

管组到达施工楼层后，检查是否能按设计路线从物料平台顺利进入核心筒管井（图 5-1-21）。

图 5-1-18　管组运输进场并到达吊装位置

图 5-1-19　塔式起重机进行管组吊装

图 5-1-20　管组吊装至施工楼层物料平台

图 5-1-21　管组由物料平台运输至核心筒管井

（C）基于 BIM 模型的管组行车吊装模拟

管组进入核心筒管井后，模拟起吊、转立、就位等过程，经核心筒内垂直运输到达目的楼层，达到最终安装位置（图 5-1-22～图 5-1-25）。

图 5-1-22　预制立管平台就位

图 5-1-23　预制立管起吊、转立

图 5-1-24　预制立管下放运输

图 5-1-25　预制立管转立就位

5.1.2　深化设计 BIM 应用

深化设计是深化设计人员在原设计图纸的基础上，结合现场实际情况，对图纸进行完善、补充，绘制成具有可实施性的施工图纸，深化设计后的图纸满足原设计技术要求，符合相关地域设计规范和施工规范，并通过审查，能直接指导施工。总包单位在组织各专业进行专业内的深化设计之后，还要组织各专业进行专业间的协调深化设计，解决专业间的问题。基于 BIM 的深化设计是应用 BIM 软件进行深化设计工作，极大提高了深化设计质量和效率。

深化设计的应用流程如图 5-1-26 所示。

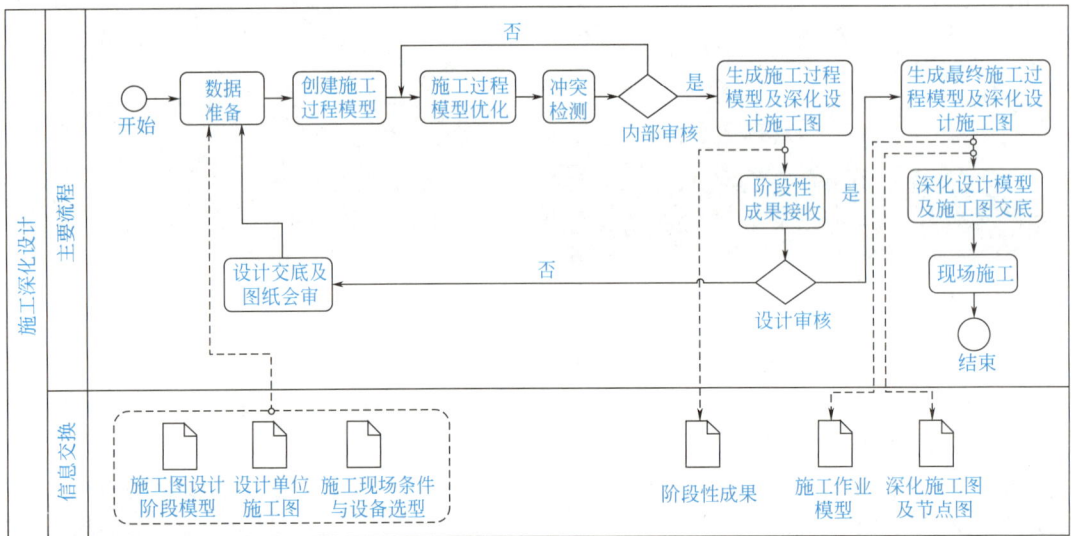

图 5-1-26　深化设计流程

下面重点介绍模架体系深化设计 BIM 应用与钢结构深化设计 BIM 应用。

1. 模架体系深化设计 BIM 应用

（1）概述

模架体系又称模板与脚手架，指在结构施工过程中，所采用的支设工具及方法。模架体系深化设计 BIM 应用主要集中于根据工程实际情况，智能地确定模架体系支设的安全性及材料的用量。

（2）应用软件（表 5-1-8）

模架体系深化设计常用软件方案　　　　　　　　表 5-1-8

序号	应用软件	功能用途
1	Revit	完成深化设计相关专业的模型创建
2	Revit/Navisworks	碰撞检查、形成碰撞检查
3	品茗模架软件	一键翻模、安全计算、深化设计
4	广联达模架软件	快速建模、深化设计

（3）应用步骤及案例

1）以 Autodesk Revit 为核心的应用流程

A. 确定智能模架的应用思路

构件准备→参数确定→创建智能构件族→复核检验→载入应用项目→输入项目参数→
检查模型→智能优化→工程量清单输出→工程现场应用。

B. 建模方法

（A）构件及模型细度准备

根据模架、脚手架工程的构造体系，智能构件族创建以前先创建基础构件。

（B）智能构件族

创建智能构件族以前，首先创建智能构件族的所需参数，三个智能构件族的主要参数
见表 5-1-9。

智能构件族主要参数　　　　　　　　　　表 5-1-9

序号	类别	主要参数	示例图
1	落地式双排脚手架	架体长度、架体高度、立杆纵距、立杆横距、步距、架体荷载、立杆工程量、水平杆工程量、小横杆数、对接扣件数、旋转扣件数、直角扣件数、安全立网工程量、水平兜网工程量、脚手板工程量、垫木数、连墙件数量等	
2	悬挑式双排脚手架	架体长度、架体高度、悬挑长度、钢梁型号、立杆纵距、立杆横距、步距、架体荷载、立杆工程量、水平杆工程量、小横杆数、对接扣件数、旋转扣件数、直角扣件数、安全立网工程量、水平兜网工程量、脚手板工程量、垫木数、钢梁长度、钢梁根数、锚脚个数、限位钢筋量、钢丝绳数量、连墙件数量等	
3	满堂脚手架	架体长度、架体高度、架体宽度、立杆纵距、立杆横距、步距、架体荷载、立杆工程量、水平杆工程量、对接扣件数、旋转扣件数、直角扣件数、安全立网工程量、水平兜网工程量、垫木数、连墙件数量等	

（C）根据图纸创建模型（图 5-1-27）

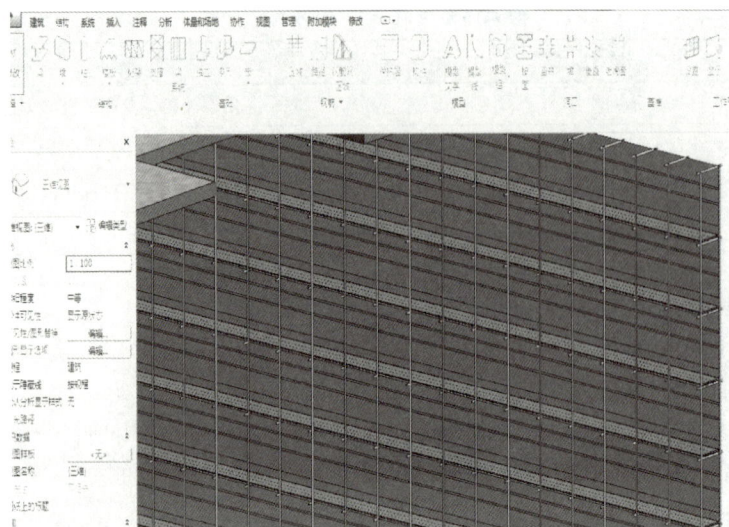

图 5-1-27　创建模架模型

（D）形成深化设计成果（表 5-1-10）

深化设计成果　　　　　　　　　　　　　表 5-1-10

序号	成果名称	示例图
1	悬挑脚手架立杆底部限位措施	
2	悬挑钢梁锚脚安装节点	
3	落地式双排脚手架的安全预警照片	

序号	成果名称	示例图
4	自动生成主楼周圈落地式脚手架的工程量清单	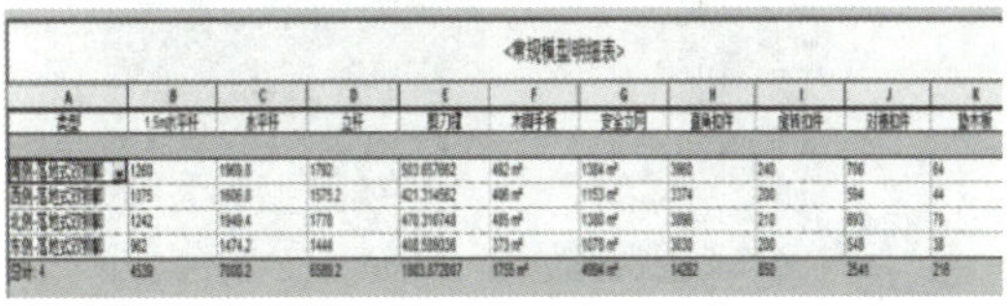
5	自动生成主楼南北侧悬挑脚手架的工程量清单	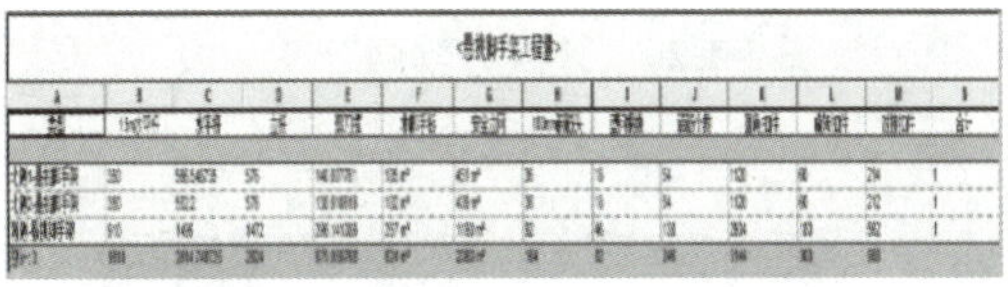
6	自动生成中庭及东西区满堂脚手架的工程量清单	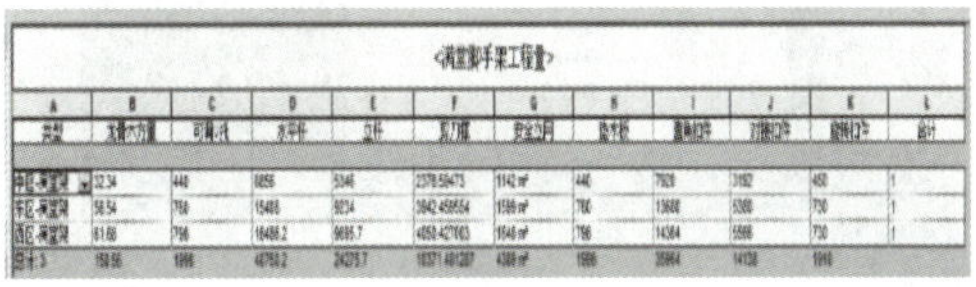

2）以品茗 BIM 模架设计软件为核心的应用流程

BIM 模型按建模方法分为导入模型、智能翻模和手动建模，实际中多以这三种方法结合应用，模型的输入，例如以 Revit 模型的输入、BIM 土建算量模型输入、CAD 翻模为主，手动为辅。下面以品茗 PBIM 模板工程设计软件创建模型为例，简述其建模方法。

A. 导入图纸

导入 CAD 图纸后的软件界面如图 5-1-28 所示。

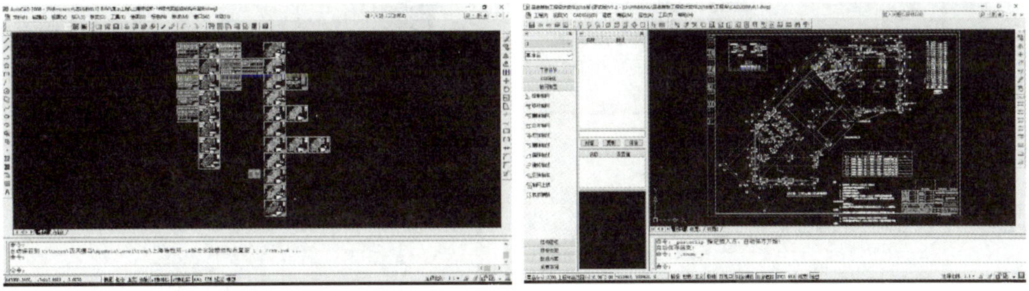

图 5-1-28　品茗软件导入 CAD 图纸后的界面

B. 识别图纸

按轴线→柱→墙→梁→板的识别顺序，完成本层结构的快速翻模。图纸规范性的质量会影响翻模的成功率，如图 5-1-29～图 5-1-36 所示。

C. 手动建模

使用品茗软件手动进行模架模型的创建，如图 5-1-37 至图 5-1-42 所示。

D. 形成成果见表 5-1-11。

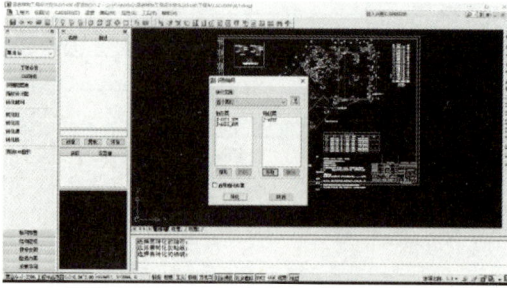

图 5-1-29　转换"轴网"

图 5-1-30　转换"柱"

图 5-1-31　转换"墙"

图 5-1-32　转换"梁"

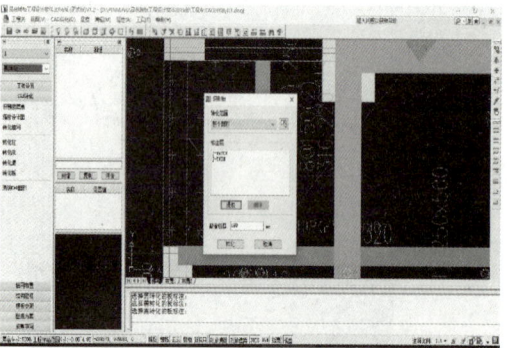

图 5-1-33　转换"板"

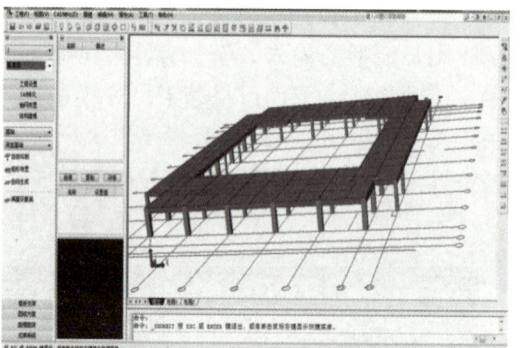

图 5-1-34　单层三维模型

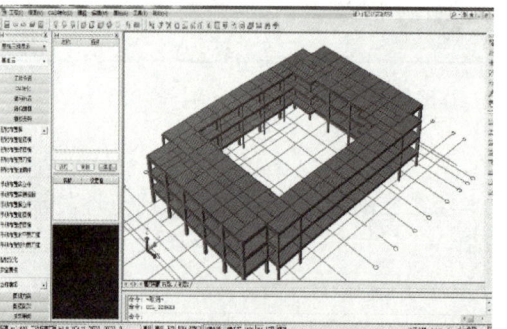

图 5-1-35　多层三维

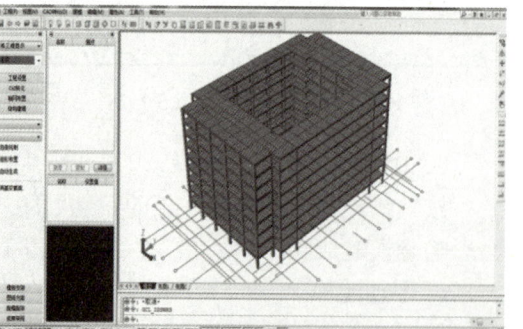

图 5-1-36　整栋三维

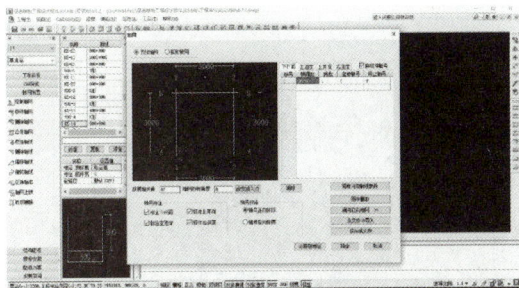

图 5-1-37　创建"轴网"

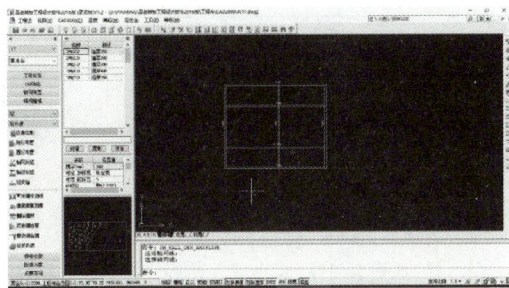

图 5-1-38　建"墙"

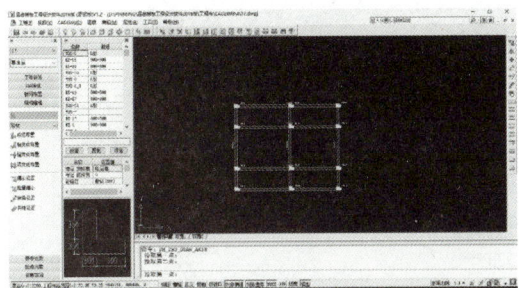

图 5-1-39　建"柱"

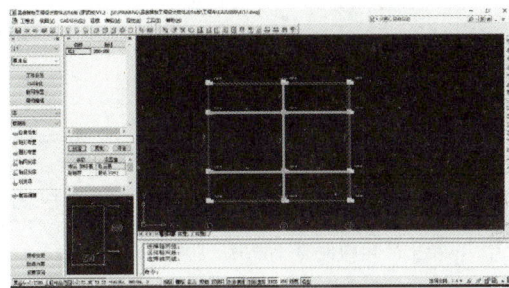

图 5-1-40　建"梁"

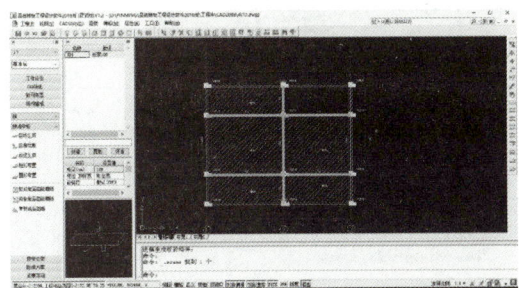

图 5-1-41　建"板"

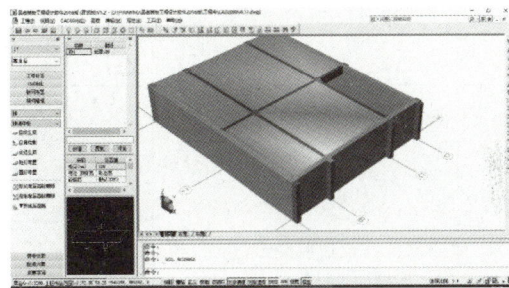

图 5-1-42　模型三维

深化设计成果总结　　　　　　　　　　　　　　　　　表 5-1-11

序号	成果内容	示例图
1	对单层和整栋模型进行高支模辨识。高支模辨识的特征可定义。在模型中直观显示高支模位置	

序号	成果内容	示例图
2	直接导出模板支架、立杆、水平杆、水平剪刀撑、竖直剪刀撑等平面布置图	
3	按需导出包括墙、梁、板、柱等混凝土结构构件的计算书。且符合国内阅读和审核习惯，符合现行国家标准、现行行业标准等规范、标准的相关计算要求	
4	自动统计包括混凝土、钢管、模板、连接件等材料的用量	
5	精细化进行模板的配模（平面构件的模板配模）	

序号	成果内容	示例图
6	精细化进行模板的配模（混凝土结构的模板配模）	

3）基于广联达 BIM 模板脚手架设计软件的应用流程

A. 结构模架、脚手架模型创建

输入 CAD 图纸，结构模型创建通过输入的 CAD 图识别图元创建模型（图 5-1-43、图 5-1-44）。

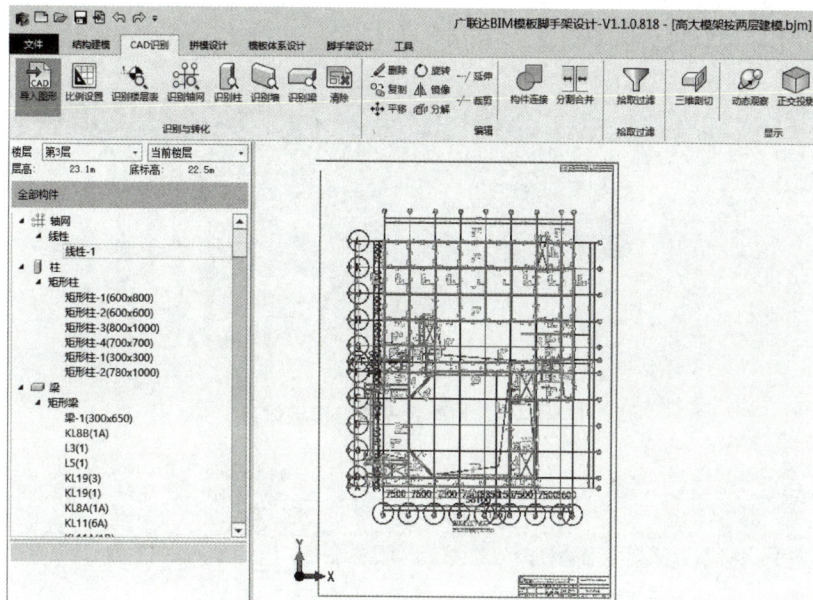

图 5-1-43　导入 CAD 图纸

B. 架体模型创建

选择支撑体系，输入相应的模架参数设置，生成模架模型。当模板碗扣支撑架顶部为立杆自由端过长自动增设一道扣件水平杆。如图 5-1-45～图 5-1-47 所示。

C. 模板布置

面板的材质和尺寸的选择，自动布设。细节进行调整后，出模板接触面积统计表、模板下料统计表并输出模板拼模 CAD 图。如图 5-1-48～图 5-1-52 所示。值得注意的是模架标高的细微调整并不影响架体安全，单对配模的结果影响较大。

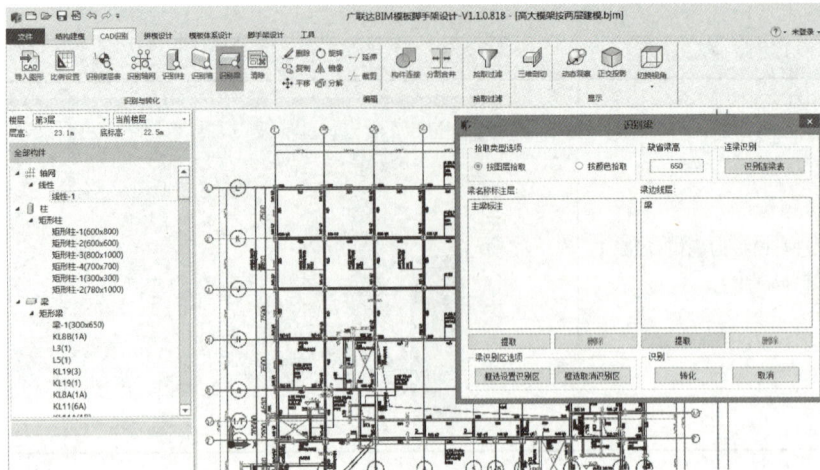

图 5-1-44　识别梁构件

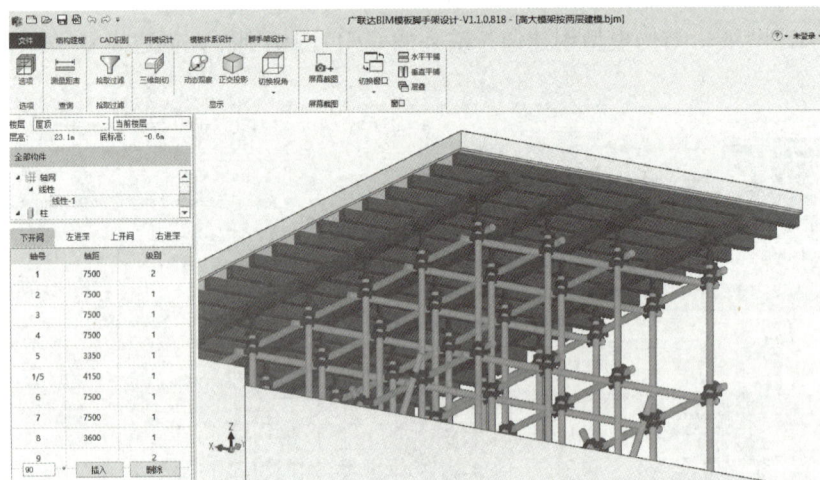

图 5-1-45　扣件式支撑架模板体系

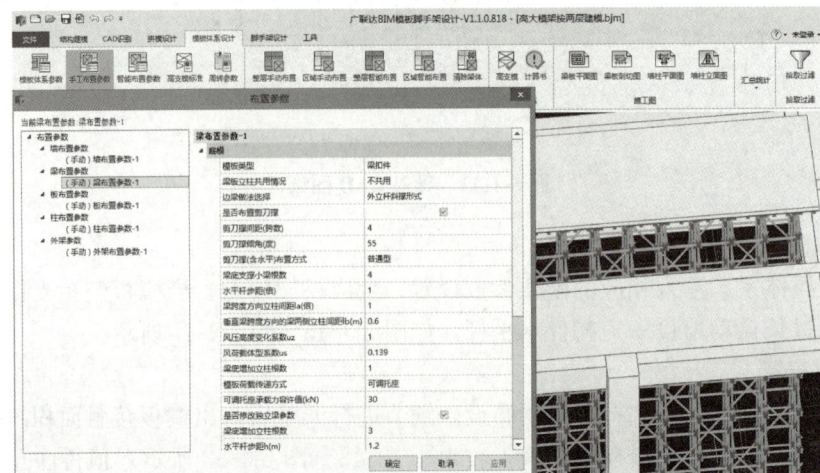

图 5-1-46　模架参数设置

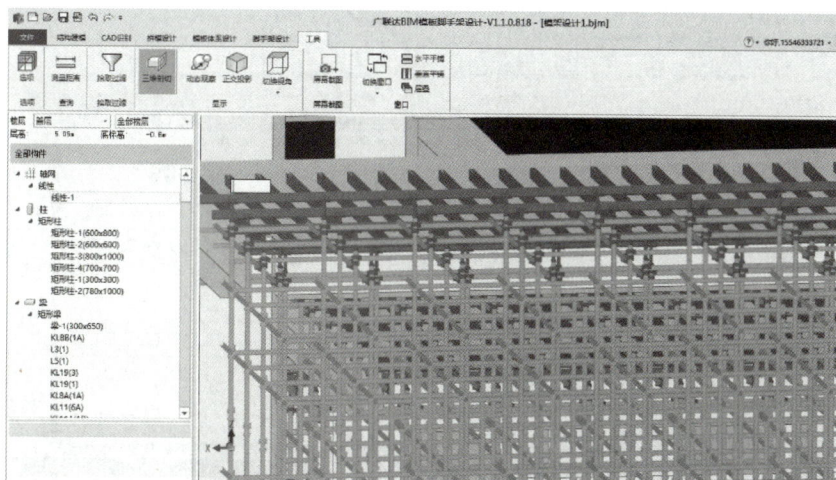

图 5-1-47　自由端过长自动增设水平杆

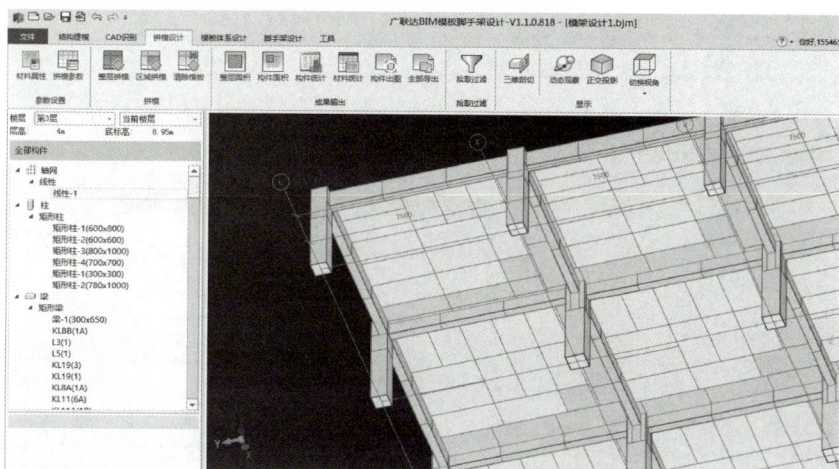

图 5-1-48　木模板拼模图，黄色的为整板

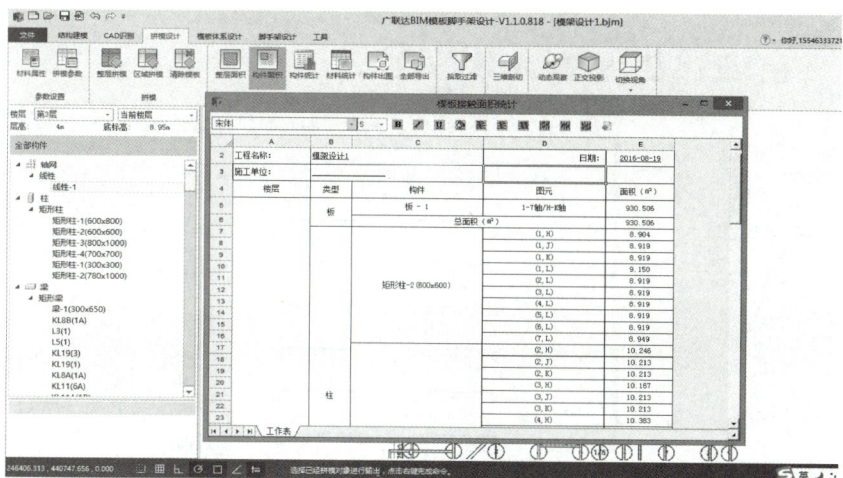

图 5-1-49　模板接触面积统计表

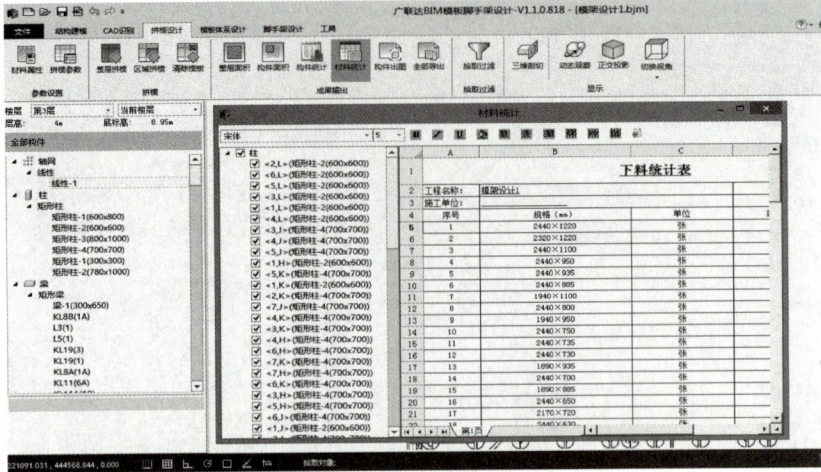

图 5-1-50　模板下料统计表

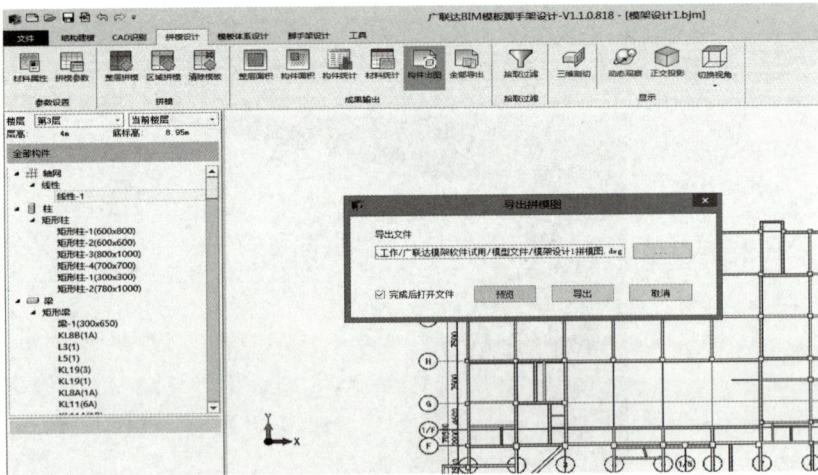

图 5-1-51　模板拼模 CAD 图

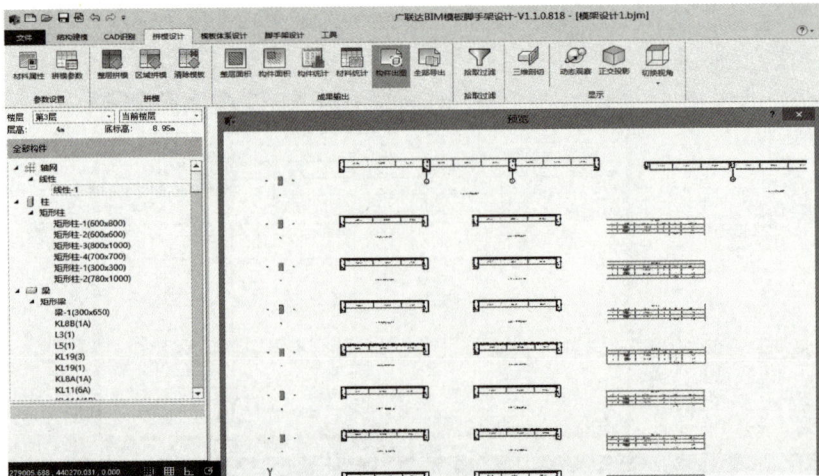

图 5-1-52　模板拼模 CAD 图预览

D. 安全计算书

软件进行高大模架识别，模板支架安全计算，并输出安全计算书、模架体系 CAD 施工图、架设工具用量统计。如图 5-1-53 至图 5-1-56 所示。

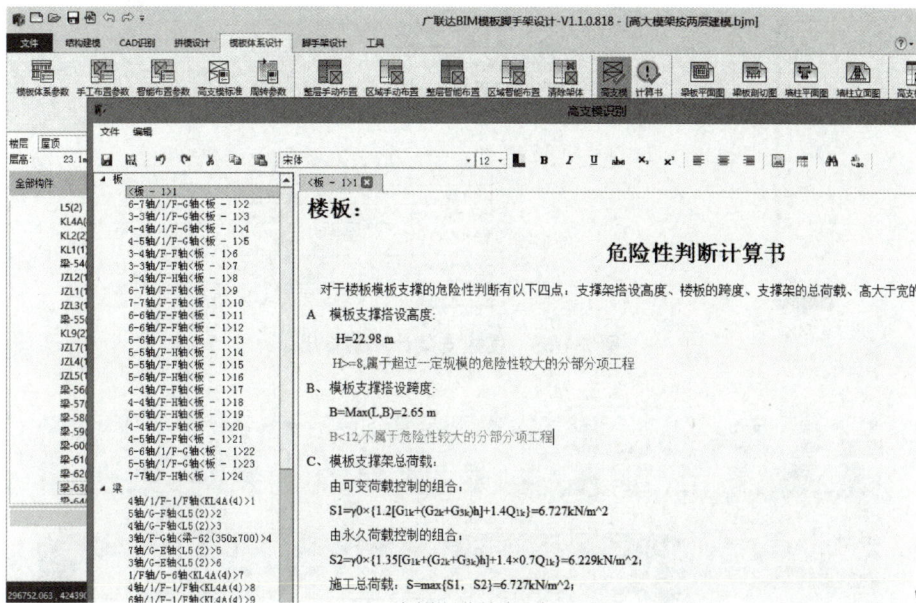

图 5-1-53　高大模架识别

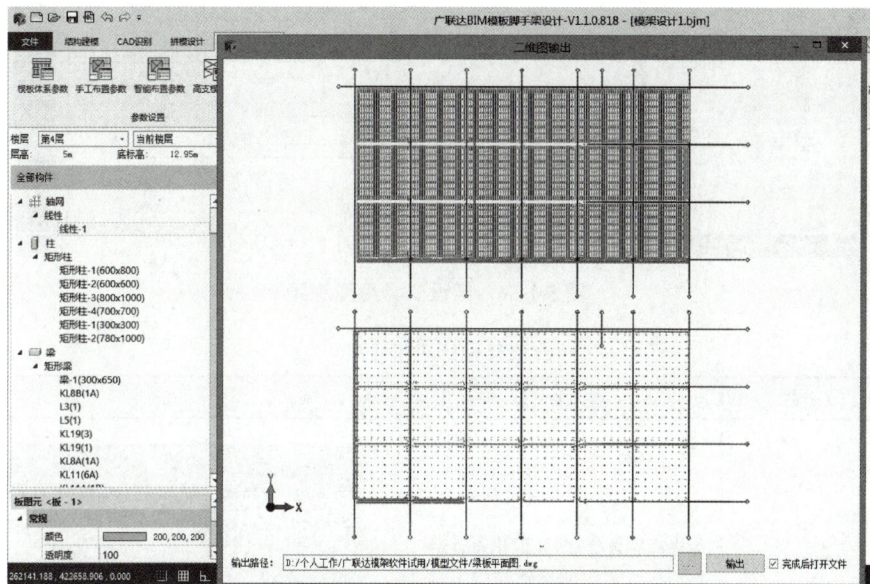

图 5-1-54　模架体系施工图出图

（4）应用总结

BIM 在深化设计方面的应用成果见表 5-1-12：

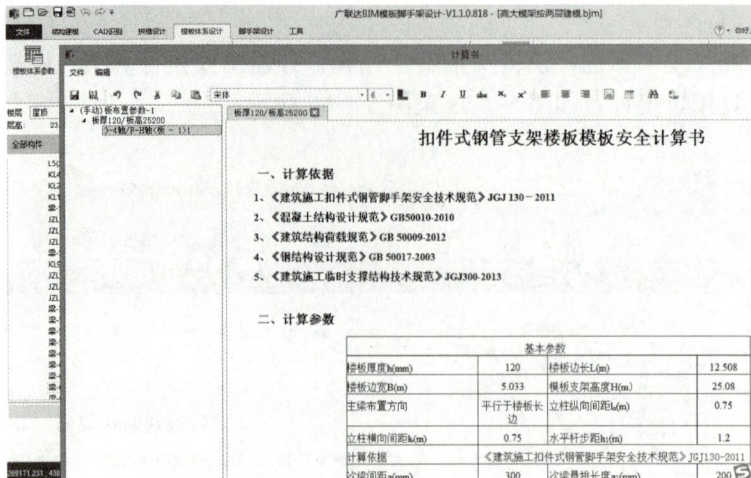

图 5-1-55　模板支架计算书输出

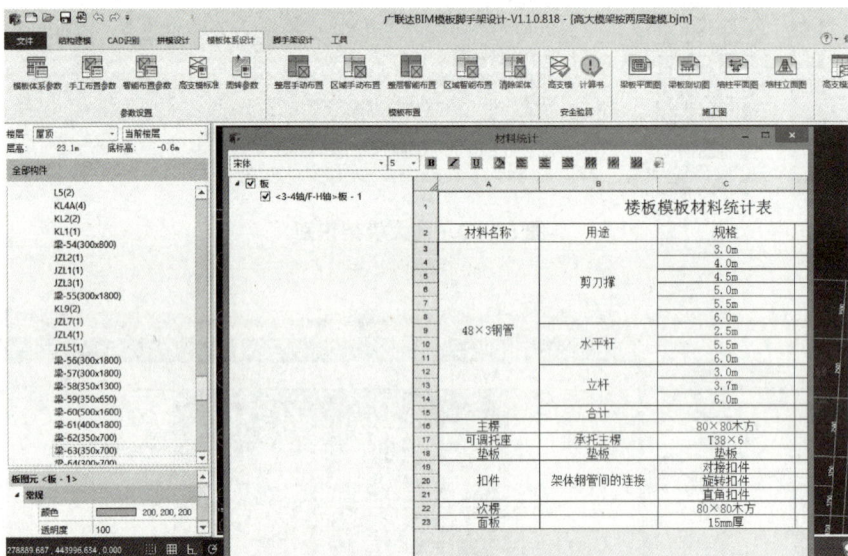

图 5-1-56　架设工具用量统计

深化设计应用成果　　　　　　　　　　　　　　　　　　表 5-1-12

序号	成果名称	内容	示例图
1	钢结构和机电管线深化设计	为提高整体标高,经深化设计后将消防管道提前在钢结构上预留孔洞,避免后期二次开孔	

续表

序号	成果名称	内容	示例图
2	幕墙深化设计	陶土板、陶棍作为新型幕墙材料,一体化施工无参考经验的借鉴。利用 Revit 建模、深化,实现陶板、陶棍工厂化预制,施工现场拼装	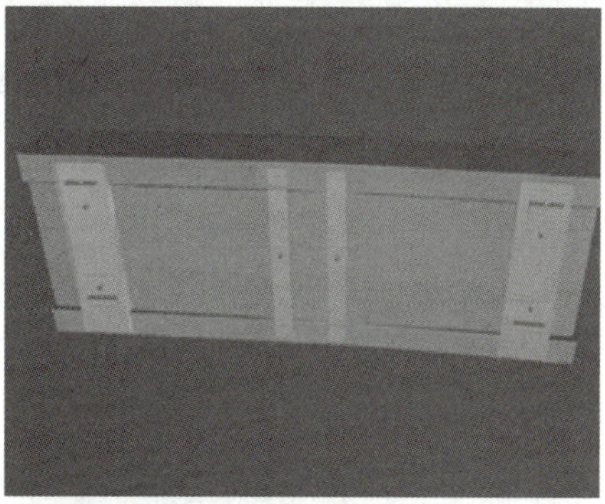
3	装饰深化设计	通过 Revit 的幕墙嵌板功能,对卫生间的块材进行快速排布,并能导出明细表指导现场提料,提高工作效率	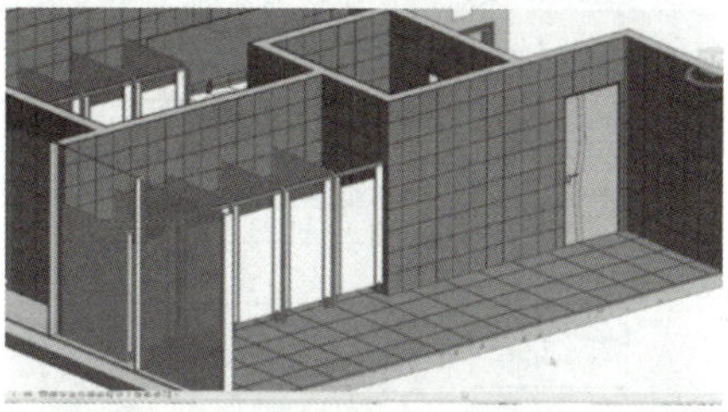
4	二次结构深化设计	利用 Revit 进行二次结构排砖,准确统计加气块用量,避免材料乱切现象	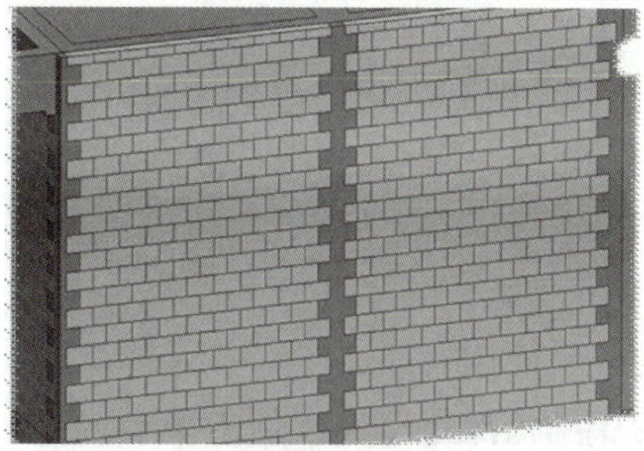
5	机电专业深化设计(详见 5.2)	对机电管线、机房、屋面等部位进行深化设计,提前发现错、漏、碰、撞,避免返工浪费	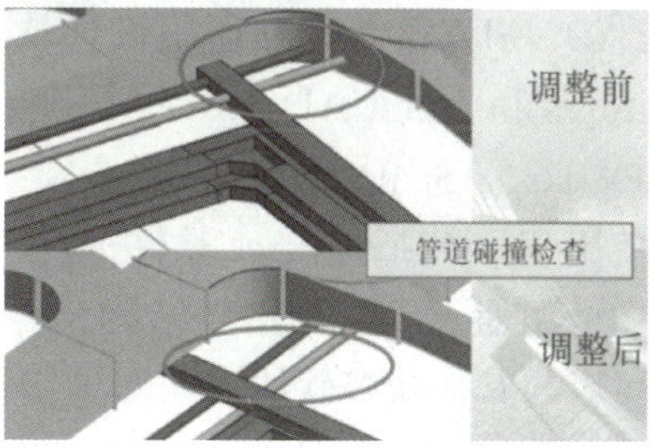

2. 钢结构深化设计 BIM 应用

（1）概述

钢结构深化设计也叫钢结构二次设计,是以设计院的施工图、计算书及其他相关资料（包括招标文件、答疑补充文件、技术要求、制造厂制造条件、运输条件、现场拼装与安装方案、设计分区及土建条件等）为依据,依托专业软件平台,建立三维实体模型,开展施工过程仿真分析,进行施工过程安全验算,计算节点坐标定位调整值,并生成结构安装布置图、零构件图、报表清单等的过程。作为连接设计与施工的桥梁,钢结构深化设计立足于协调配合其他专业,对施工的顺利进行、实现设计意图具有重要作用。

（2）应用基本流程

钢结构深化设计 BIM 应用的基本流程是：编制钢结构深化设计方案并组织开展深化设计工作，进行深化设计模型的建立、深化设计施工详图的绘制及管理等工作，并将深化设计模型与其他专业 BIM 模型进行协调。钢结构深化设计主要流程如图 5-1-57 所示。

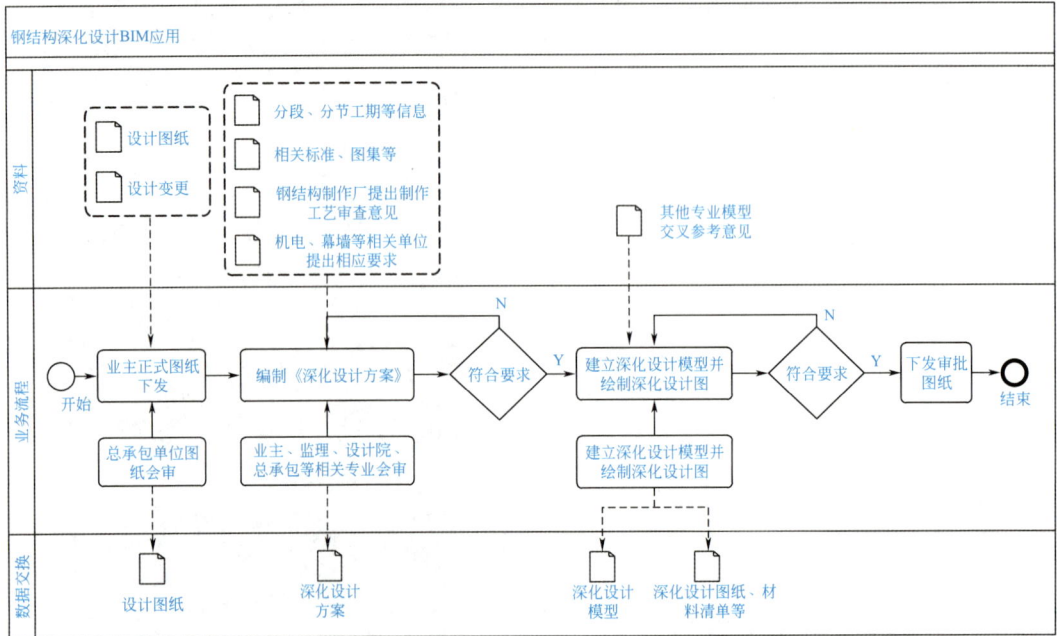

图 5-1-57　钢结构深化设计 BIM 应用流程

（3）应用软件

钢结构深化设计软件主要有专业结构深化设计软件（如 Tekla Structures、BoCAD、StruCAD、SDS/2 等）和通用设计软件（如 AutoCAD 等）两大类。国内常用的是 Tekla Structures 和 AutoCAD。

1）Tekla Structures 为核心

使用 Tekla Structures 软件进行钢结构深化设计，建模后可以导出图纸、清单、其他格式的模型信息等，可用于结构分析、模型参考、渲染出图、施工图纸管理、清单处理等。可以与其他众多软件（如同类钢结构深化设计软件、设备管道软件、结构分析软件、数控设备等）进行数据交互，主要的数据转换如图 5-1-58 所示。

2）AutoCAD 为核心

AutoCAD 软件具有开放的二次开发平台，工程人员可采用多种方式进行二次开发。目前，基于 AutoCAD 平台已经开发出了一系列钢结构详图设计辅助软件（如批量生成实体模型，导出材料表、坐标值，精确统计模型中各类材料的长度、重量，自动标注图纸尺寸、焊接与螺栓连接信息等），大大扩展了其三维模型处理能力。弯扭钢结构、管桁架钢结构等结构造型较为复杂的工程宜采用 AutoCAD 软件进行深化设计。

使用 AutoCAD 软件进行钢结构深化设计，建模后可以导出（或使用二次开发程序）图纸、清单、其他格式的模型信息等，可用于结构分析、模型参考、渲染出图、施工图纸

图 5-1-58　Tekla 深化设计建模数据转换

管理、清单处理等。可以与其他众多软件（如同类钢结构深化设计软件、设备管道软件、结构分析软件、数控设备等）进行数据交互，主要的数据转换如图 5-1-59 所示。

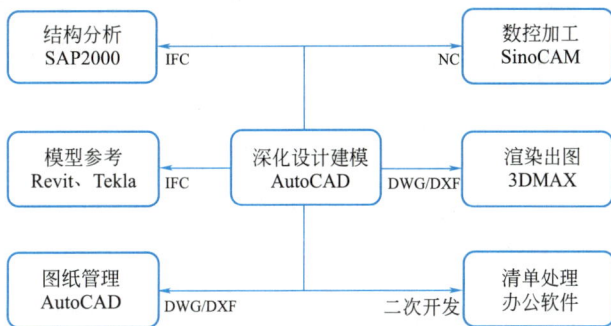

图 5-1-59　AutoCAD 深化设计建模数据转换

（4）应用步骤及案例

1）应用步骤

以 Tekla 软件为例，其详细应用步骤如下：

A. 选择合适的模型样板及工作模式（图 5-1-60）

根据当前工程的类型选择以往类似的工程模型作为样板，利用累积的截面库、材质库、螺栓库以及提前配置好的基础数据（如：软件自动保存时间；统一的软件系统字体；统一的字体转换文件；统一的系统符号文件；统一的报表、图纸模板等）提高建模效率，并根据工程量、可用建模人员数量及工期要求决定采用单用户模式或多用户模式。

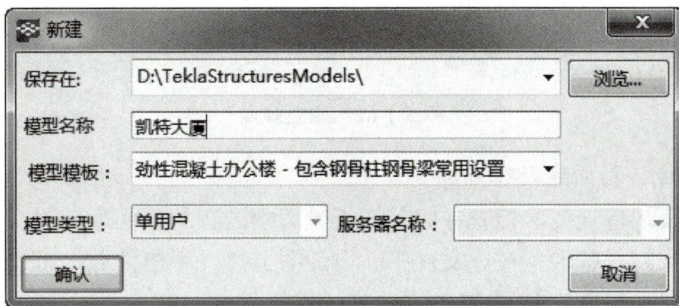

图 5-1-60　选择模型样板及工作模式

B. 工程属性录入

在模型中相关位置输入工程属性，为模型信息共享做准备（图 5-1-61）。

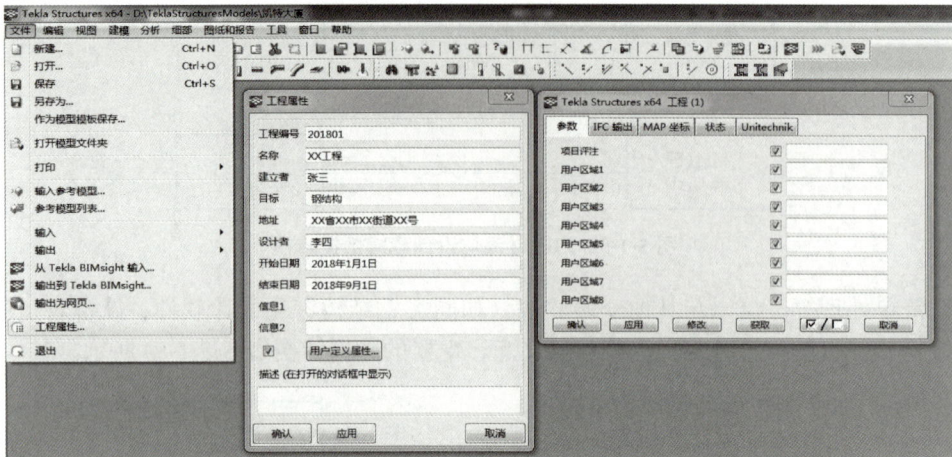

图 5-1-61 工程属性录入

C. 建立轴网

根据设计图建立平面轴网及标高。注意轴网基点的选择要与其他专业所建轴网基点相匹配，以利于将来的模型整合（图 5-1-62）。

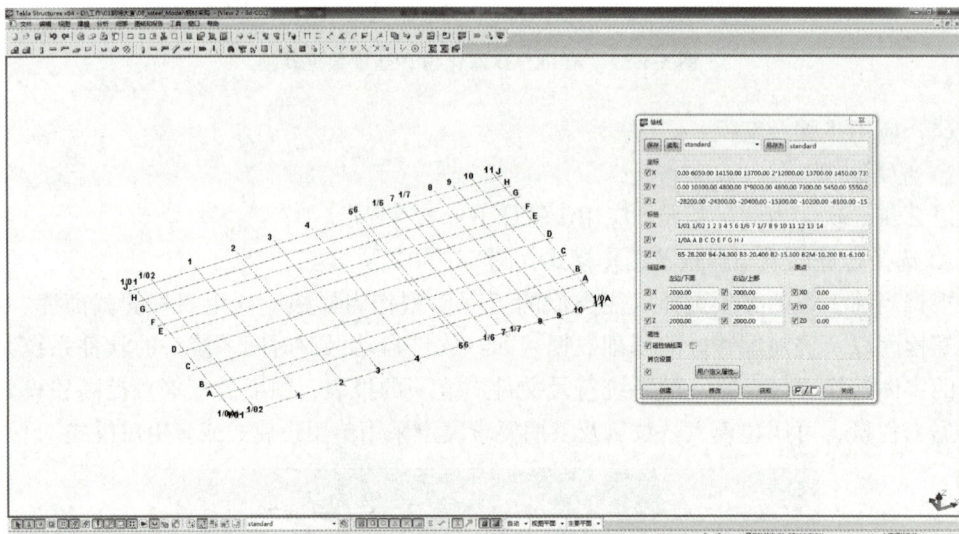

图 5-1-62 建立轴网

D. 完善截面库、材质库及螺栓库

根据设计图及现行规范，检查并完善样板模型中已有的截面库、材质库及螺栓库中的内容，为后续工作打好基础。在库文件中，设计图上每一种构件截面都会指定唯一的截面类型与之对应，保证材料在软件内名称的唯一性。例如一根高 500mm，宽 200mm 的 H 型钢，它可以有多种命名方式：H500×200、HN500×200 等。在深化设计建模时，需对模型截面库进行更新、补充和完善（图 5-1-63）。

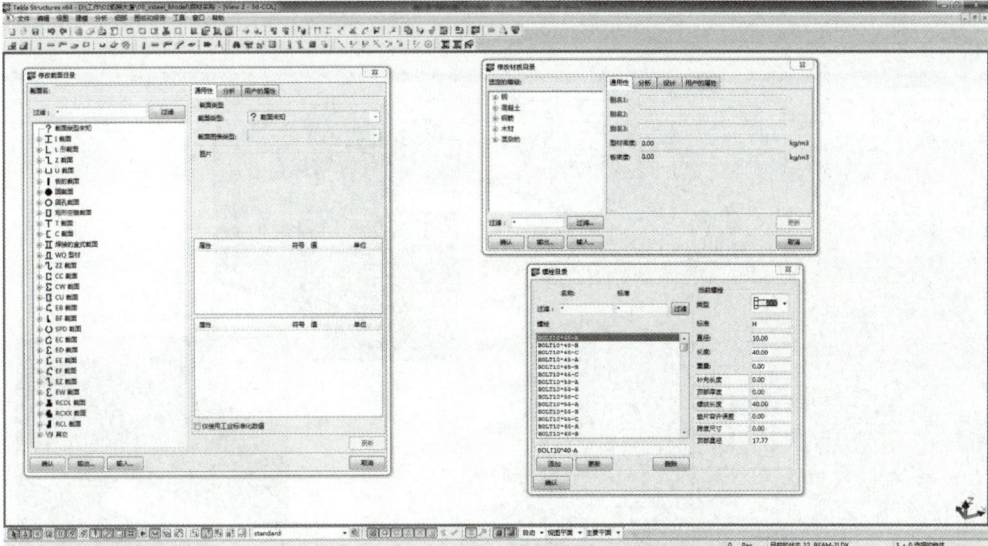

图 5-1-63　完善截面库、材质库及螺栓库

E. 创建杆件模型

根据设计图所示构件编号及截面，创建梁、柱、支撑等杆件模型。模型创建完毕后可生成材料清单作为工程量估算依据。此阶段可按楼层或施工段对模型进行分区并设置不同状态序号，实现多人异地同时进行，以利于加快建模速度。多人协同作业时，应明确职责分工，注意避免模型碰撞冲突。同时，需设置好稳定的软件联机网络环境，保证每个深化人员的深化设计软件运行顺畅（图 5-1-64）。

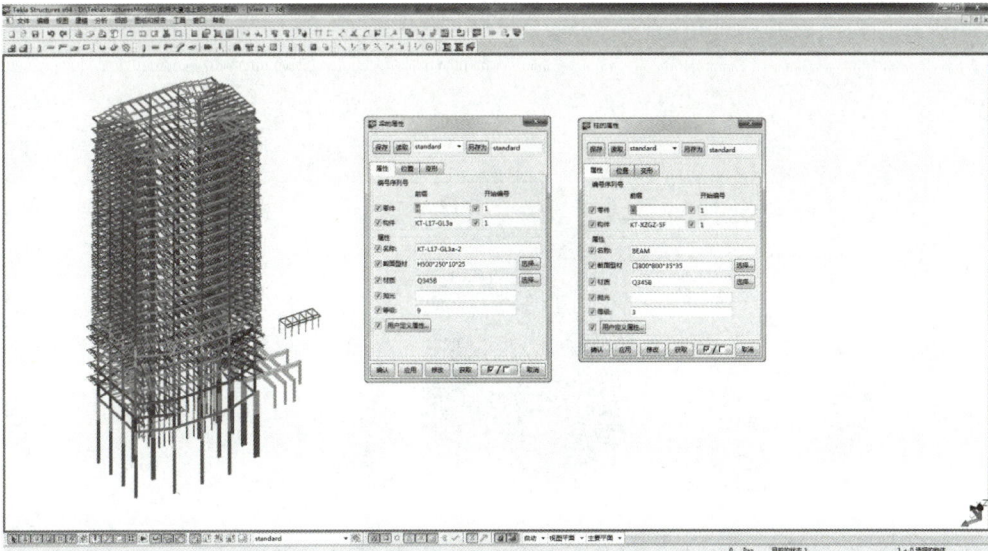

图 5-1-64　创建杆件模型

F. 创建连接节点

根据设计图创建各杆件连接节点。对于体量较大工程可多人利用局域网使用多用户模式进行（图 5-1-65）。

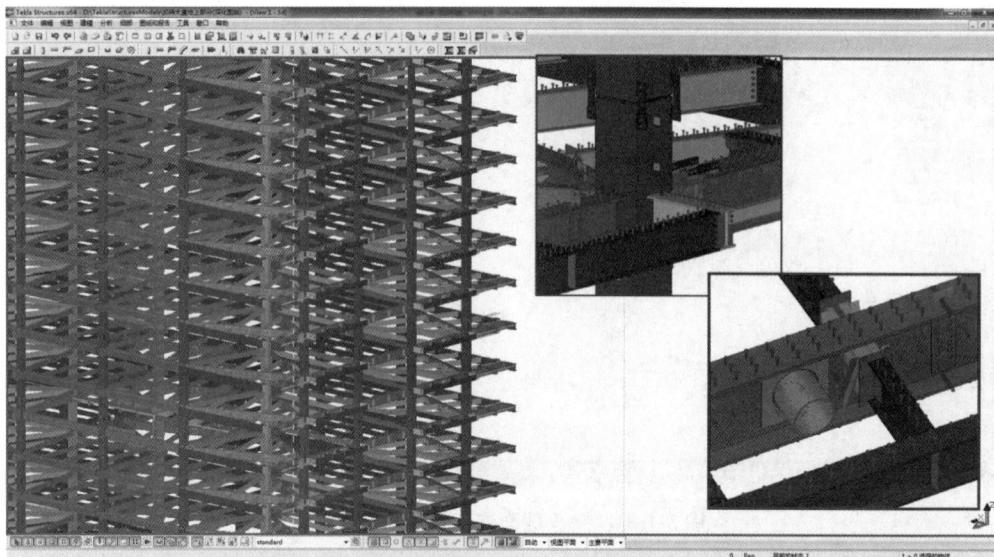

图 5-1-65　创建连接节点

G. 模型审核

利用三维视图浏览、生成报表等方式对模型中构件的截面、材质、螺栓强度等级等内容进行审核。钢结构深化设计模型，要求一个零构件号只能对应一种零构件，当零构件的尺寸、重量、材质、切割类型等发生变化时，须赋予零构件新的编号，以避免两个不同的零构件拥有相同的编号（图 5-1-66）。

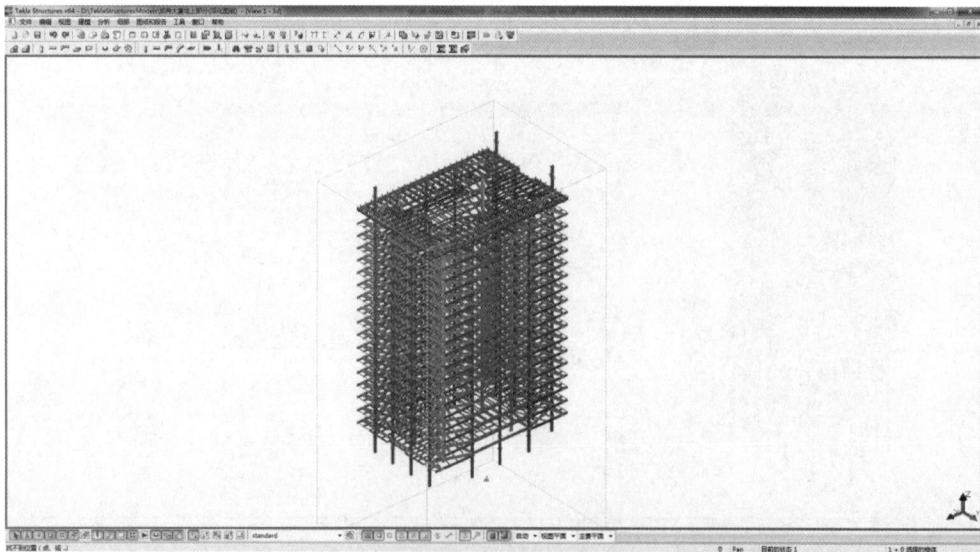

图 5-1-66　模型审核

H. 碰撞检查

利用碰撞校核功能检查模型，排除重复构件、碰撞构件，保证后续加工安装工序的顺利进行（图 5-1-67）。

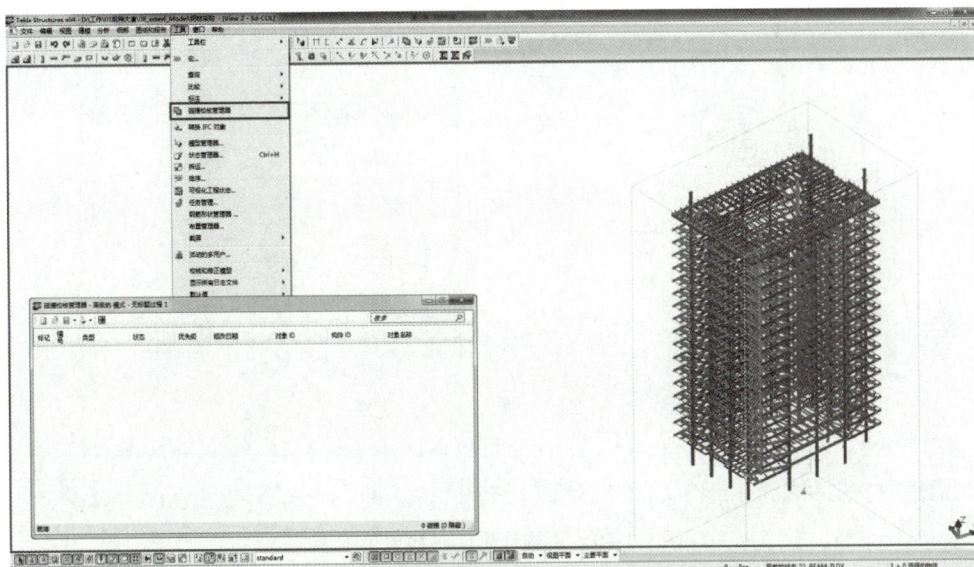

图 5-1-67　碰撞检查

I. 深化设计出图及送审

根据模型生成深化设计图纸，报送设计单位审批并根据审批意见更新模型及图纸直至送审通过（图 5-1-68）。

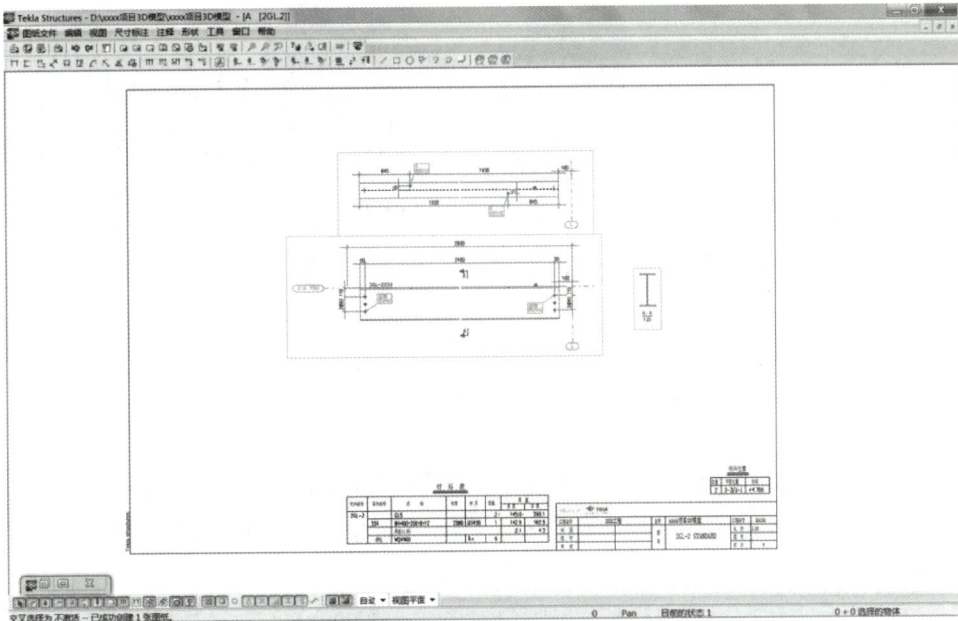

图 5-1-68　深化设计出图

J. 出具清单报表

可按批次、施工段等信息由模型直接生成零件清单、构件清单、材料清单、螺栓清单，方便钢结构施工后续工作的进行（图 5-1-69）。

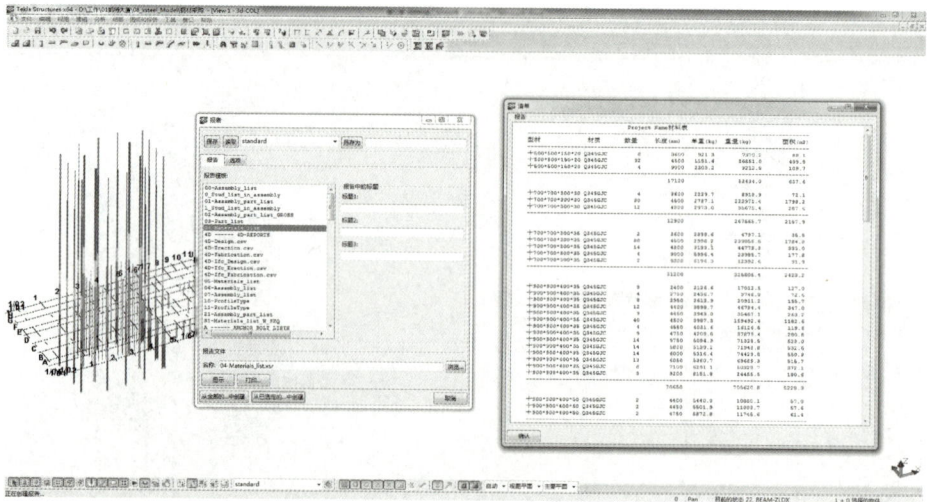

图 5-1-69　由构件生成材料清单报表

K. 三维可视化交流

根据各合作方需要可进行三维演示、生成钢结构模型的图片及视频等方式来提高各方交流的效率（图 5-1-70）。

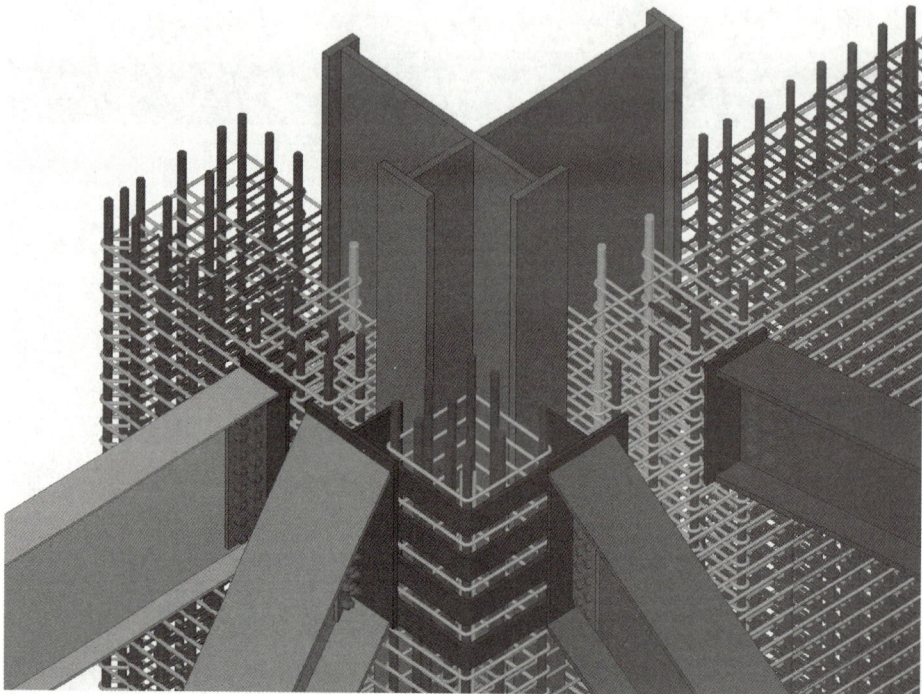

图 5-1-70　复杂节点演示

2）应用案例

A. 工程概况

中国国际贸易中心三期 B 阶段项目地处北京商务中心区的核心区域，与国贸一期、二期、三期 A 一起构成 110 万 m^2 的建筑群，是目前世界最大的国际贸易中心，北京 CBD 最具有代表性的建筑。主塔楼地上 59 层，高 295.6m，结构形式为"组合框架-核心筒结构"，整体用钢量达 3.1 万 t 钢构件 9000 余支，外框钢骨柱共分 25 节，核心筒钢骨柱共分 30 节，单支构件最重 35t。其外形独特，每层截面尺寸都不同，截面尺寸先逐渐变大，后逐渐缩小，呈"竹节"形状，使得钢构件的垂直运输难度增大。

B. 工程重难点

（A）工程体量大，地处 CBD 商业核心区，紧邻地铁 1 号线 10 号线及北京市地标建筑，钢结构存放及吊装可利用场地有限，受周围影响较大，应用 BIM 技术将施工阶段分成 5 个阶段调整平面布置。

（B）钢结构工程量大，包括钢骨柱、钢梁、钢板墙、大跨度钢桁架，并设置两层伸臂桥架和一层腰桁架。外框柱形成 Y 形节点和倒 Y 形节点，结构形式繁琐，深化设计难度大，应用 BIM 技术进行钢结构三维深化设计、加工及安装模拟。

（C）空间和工期对施工方案要求高，施工形式不便于确定，应用 BIM 技术在方案实施前进行核心筒封闭结构吊装模拟及大跨度重型桁架进行安装模拟。

（D）超高层施工复杂节点及大量构件连接需要控制要点多，进行平面二维交底困难，应用 BIM 技术对超高层施工重难点进行可视化交底。

C. 应用软件

本工程使用的 BIM 软件见表 5-1-13。

国贸三期 B 阶段项目软件应用概况　　　　　　　　　　　　　　　表 5-1-13

软件名称	软件应用
Revit	建筑、土建结构、机电建模
Tekla	钢结构深化设计、预制化加工
Rhino	幕墙深化设计、预制化加工
3Ds Max	三维动画制作、渲染采用
Ansys	钢结构受力变形计算、深化设计
Navisworks	工法模拟、施工进度模拟
广联达 BIM 5D	综合施工管控

D. 应用内容

（A）钢结构深化设计

本工程在钢结构深化设计阶段，将 Revit 结构模型导入 Tekla 软件以后，对模型进行节点深化及构件优化，然后再将深化完成的模型导入到 Navisworks 中进行碰撞检查，使钢结构与机电、幕墙及精装修等专业之间存在的交叉问题彻底解决（图 5-1-71、图 5-1-72）。

（B）三维扫描和数字化加工

本工程采用了三维数字化扫描技术，重点用于钢结构铰接连接构造及支撑与框架连接

图 5-1-71　钢桁架结构节点模型

图 5-1-72　钢桁架与土建梁柱结构碰撞演示

构造等复杂部位，相比以往实体检测和预拼装方法，减少了 20％的人力、场地和机械投入，并利用钢结构深化模型直接出加工详图，现已完成钢结构加工深化出图 1597 张，指导工厂进行构件加工生产（图 5-1-73、图 5-1-74）。

图 5-1-73　钢结构出场过程中扫描

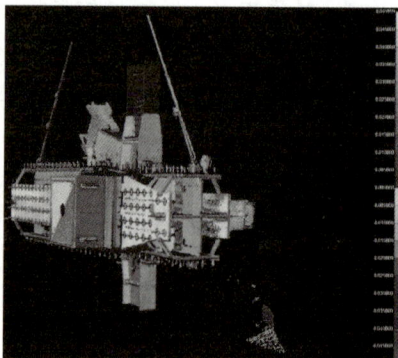

图 5-1-74　钢构件三维扫描成像

（C）塔楼钢结构施工可视化施工模拟

本工程主塔楼属超高层工程，在主塔楼钢结构施工前，通过利用 BIM 三维模型软件，对核心筒钢板剪力墙、L7 层伸臂桁架、外框 V 形钢柱及塔冠钢结构施工等进行真实模拟和全面把控（图 5-1-75～图 5-1-78）。

图 5-1-75　核心筒钢板剪力墙施工

图 5-1-76　外框 V 形钢柱施工

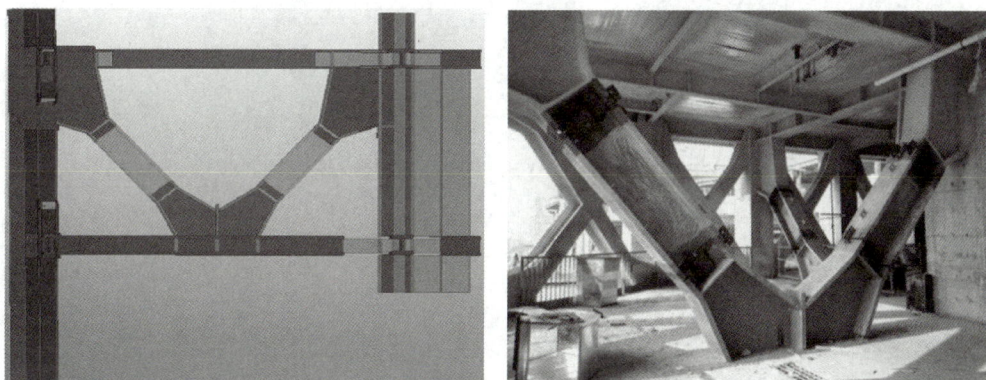

图 5-1-77　L7 层伸臂桁架施工

图 5-1-78　塔冠钢结构施工

（D）封闭结构下轻型钢结构半自动自爬升施工工法模拟

为克服超高层建筑因爬模影响核心筒内钢楼梯安装的困难，本工程编制了封闭结构下轻型钢结构半自动自爬升施工工法，在该工法实施前，利用 BIM 三维模型软件进行安全计算和安装模拟，最终确定了最佳施工工法，提高了施工效率和安全系数，降低了劳动强度（图 5-1-79～图 5-1-82）。

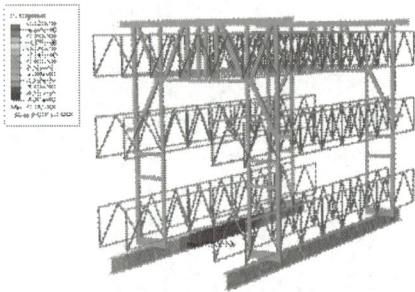

图 5-1-79　单梁吊架在轨道中间时总体位移等值线

图 5-1-80　单梁吊架的 Mises 应力等值线

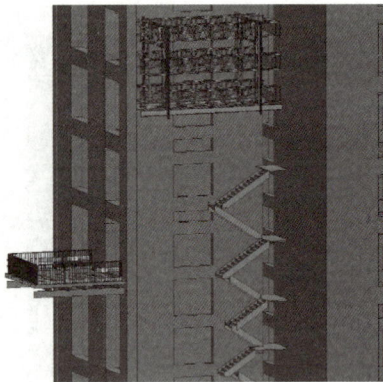

图 5-1-81　三维动模型

图 5-1-82　核心筒内钢结构吊装机构

（E）大跨度重型桁架安装模拟

根据合同要求，景茂街需要提前实现通车，在方案实施前，运用 BIM 系统三维模型进行虚拟预拼装，从中找出方案中的不足，对实施方案进行修改，同时模拟多套施工方案进行比选，最终完成最佳施工方案，使景茂街提前 15 天通车（图 5-1-83～图 5-1-86）。

图 5-1-83　L6 层桁架整体提升

图 5-1-84　L5 层桁架整体提升

图 5-1-85　XL4 层桁架整体提升

图 5-1-86　整体提升完成

5.1.3　施工组织模拟 BIM 应用

施工组织模拟是指于工程施工过程中，于某分部分项具体施工任务实施前进行该施工任务的提前策划、模拟，形成最优实施方案后进行交底，指导现场实施。基于 BIM 技术的施工组织模拟相较传统方式能够较大程度提升方案针对性、准确性，同时基于三维可视环境下的方案交底使得交底效率极大提升。

施工组织模拟 BIM 应用主要利用 BIM 技术可视性、模拟性、优化性特点，在三维数字环境下进行施工组织模拟，能够极大程度提升模拟过程效率及模拟结果质量，同时交底过程效率也大幅提高。

目前施工组织模拟 BIM 应用主要包含施工方案编制及对比优选、施工工艺模拟及可视化交底等。

1. 施工方案编制及对比优选

（1）概述

施工方案编制是项目施工阶段最重要的部分，施工方案的正确与否，是直接影响施工质量的关键所在。利用 BIM 技术对方案中的重点难点进行模拟、深化，确定合理的施工程序、顺序，在满足工艺先进性、合理性、经济性的前提下提高方案编制的质量。

运用 BIM 技术的可视化对方案进行优化选择，不仅在材料用量、安全性有很大的提升，而且在提高施工效率、保障安全的前提下达到降本增效的效益。

（2）应用流程（图 5-1-87）

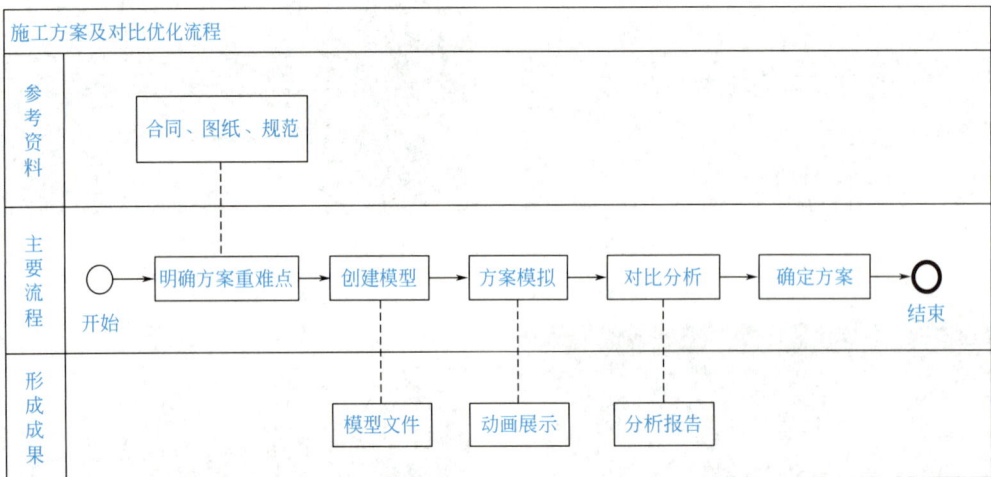

图 5-1-87　施工方案编制及对比优选 BIM 技术应用流程

（3）应用软件（表 5-1-14）

方案编制对比优选常用软件方案　　　　　　　　　　　表 5-1-14

序号	应用软件	功能用途
1	Revit 、Magicad 等建模类软件	模型创建
2	Navisworks、品茗、3Dmax 类动画模拟类软件	方案模拟、碰撞检查
3	Revit、Magicad、Navisworks、品茗等	生成模拟分析报告

（4）应用步骤及案例

以深圳某项目屋顶铁塔吊装机械的选择为例进行详细介绍：

1）工程概况

钢结构铁塔位于 110.35m 的屋面以上，塔高 46.05m，主要由 6 根圆管柱＋环梁＋钢楼梯组成，顶部为深圳北理莫斯科校徽标志。

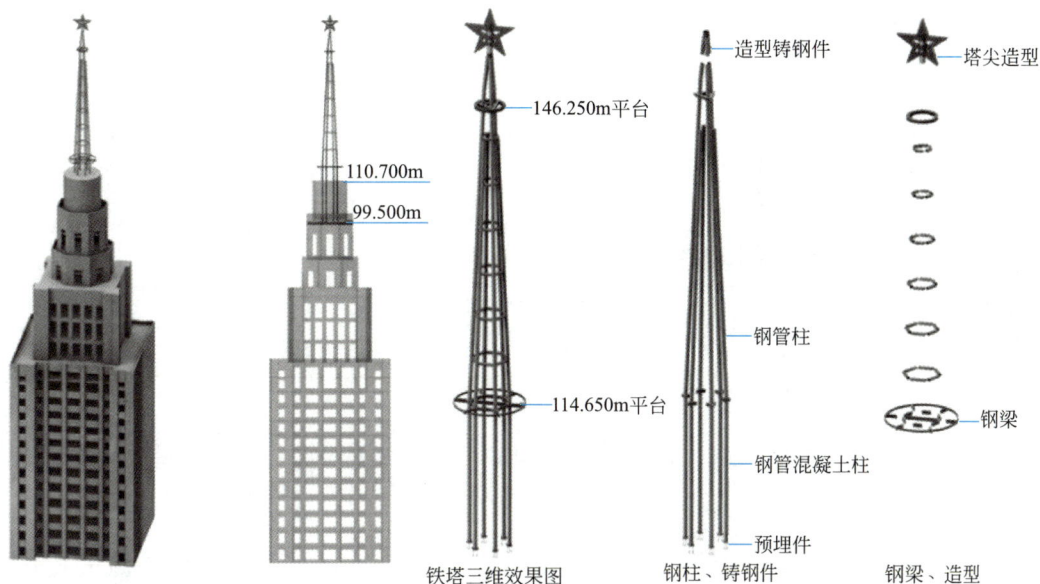

图 5-1-88　深圳北理莫斯科大学塔尖效果图

2）施工难点

A. 工期紧张，铁塔主体钢构只有一个月安装时间；

B. 高空作业，结构位于 110m 屋面以上，施工区域狭小，安装的安全风险大；

C. 土建结构在 110m 处封顶，铁塔出屋面高度 46.05m，常规平塔自由高度难以达到。

3）方案比选（表 5-1-15）

塔尖方案选择方法对比表　　　　　　　　　　　　　　　　　　表 5-1-15

	方案一	方案二	方案三
选用方法	选择一台 TC7013 塔式起重机吊装	土建内钢结构用 TC7013 塔式起重机吊装，土建外钢结构地面拼装，650t 履带吊高空安装	主楼结构封顶后，安装 JCD260 动臂塔，进行钢结构吊装施工
分析	1. 上层附着部位扶墙间距较大，计算未通过。 2. 塔吊吊钩最大底高度不满足安装要求(156.4m)	钢结构分段重量最大为 18t，履带吊吊重为 22～26t，大于分段重量。履带吊半径在 45m，主臂长度 84m，主臂仰角 85°，副臂长度 89m，超起平衡重半径 12m，的情况下满足塔尖地面拼装，高空吊装的要求	根据模拟放样，可采用 60m 主臂，最后一道附着位于标高 78.95m 的混凝土柱上，铁塔构件吊装在塔式起重机 17～27m 半径覆盖范围内，塔吊在此范围的起重量 6.15～8t，满足构件吊装要求

续表

方案一	方案二	方案三
模拟分析及展示模拟	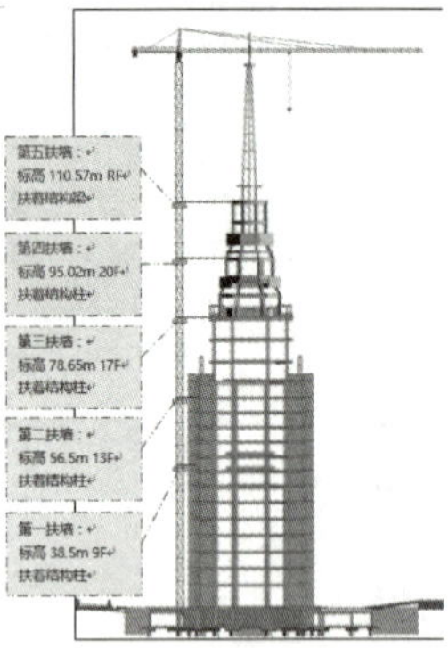 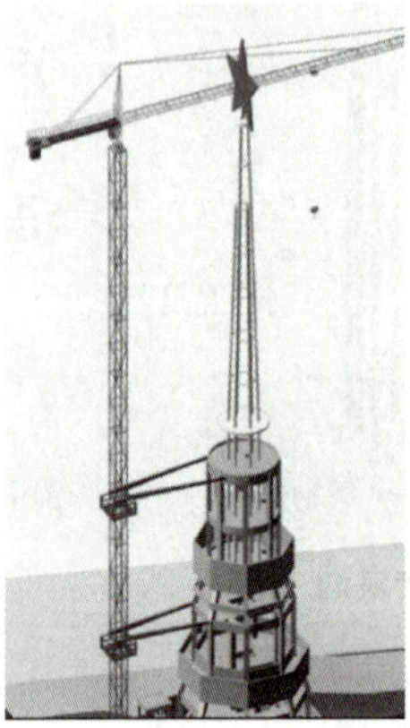	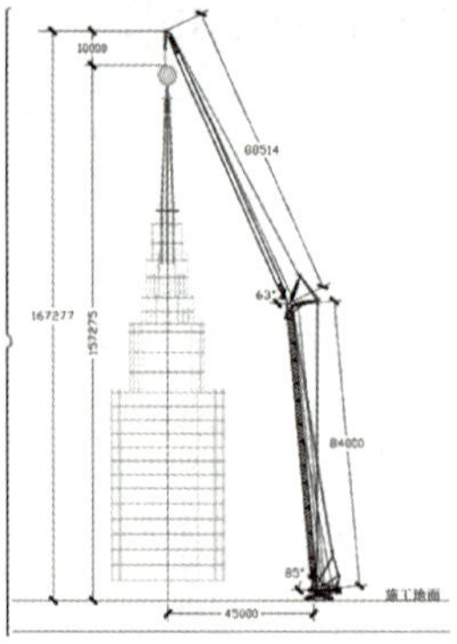 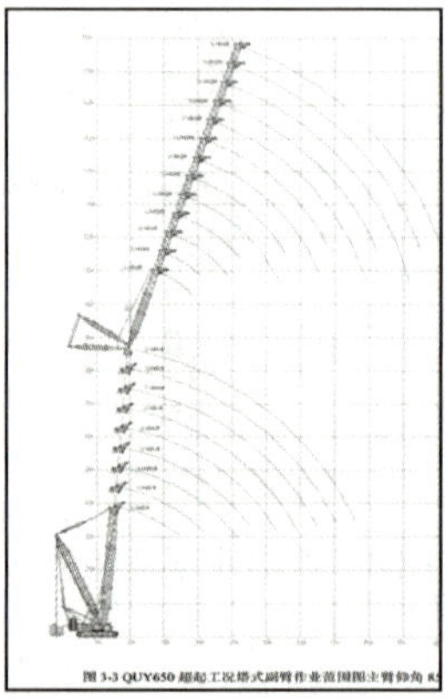	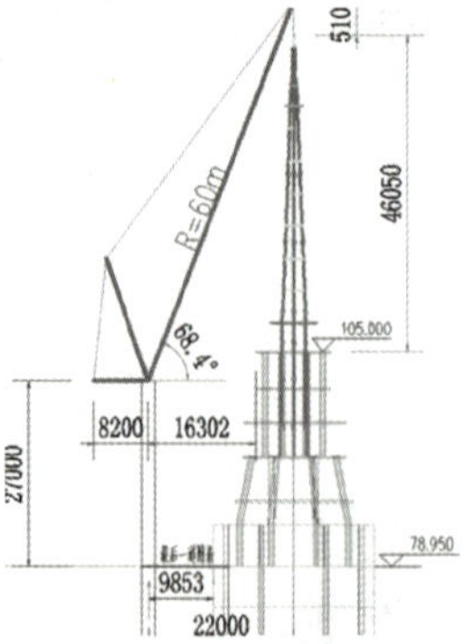 
结果分析	TC7013 塔式起重机附着以上的自由高度为 36m，本工程铁塔高 46.8m，为满足附着要求，附着点距铁塔中心两端悬挑约 16m，结构难以满足附着要求，此方案不能实行	1. 履带吊重 800t，吊装站位和行走的地面需硬化、平整； 2. 履带吊进场组装，履带吊需要 200m×30m 的组装场地。 3. 现场条件难以满足 200m 长的组装场地需求，此方案实施难度很大，措施成本高	JCD260 动臂吊能够解决塔吊附着的难题，工作半径也满足吊装要求，安全、质量能够得到保障，方案能够满足工期的要求
结论	不合理	不合理	合理

（5）应用总结（表 5-1-16）

应用总结表　　　　　　　　　　　　　　　　　　　　　表 5-1-16

序号	内容	示例图
1	根据精细模型便捷提取曲线变标高桥梁不同点位标高，辅助架体方案编制。传统手工计算极难且误差大	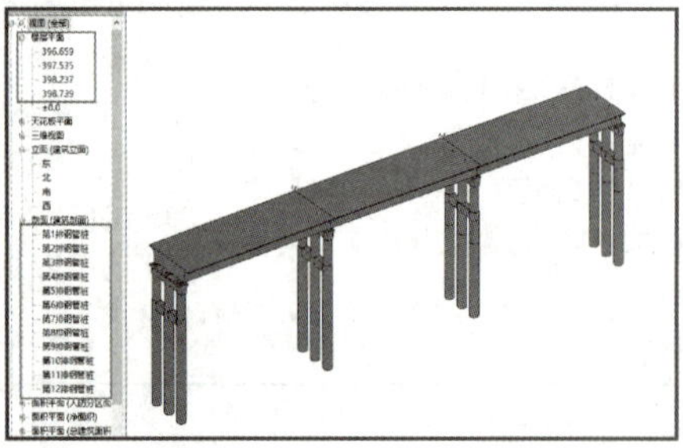

序号	内容	示例图
2	创建地形表面模型,通过建筑地坪以及体量完成实际土方开挖的计算	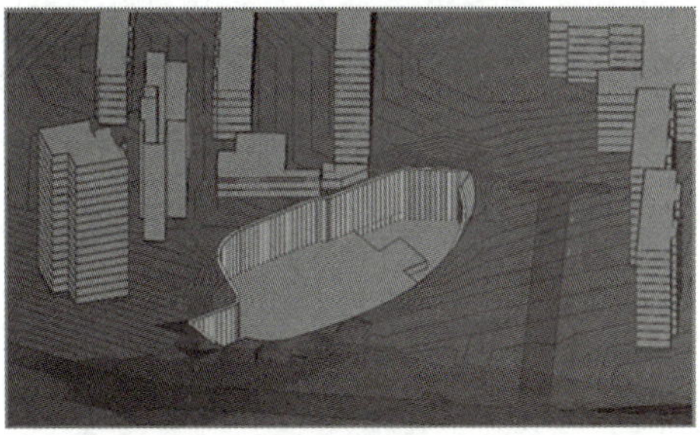
3	利用 5D 专项方案查找的功能,快速进行高大模架支撑相关模型的定位,而后通过 Revit 进行三维模架的快速排布	
4	模拟球形空间网架塔楼屋面,指导工厂预制加工	

2. 施工工艺模拟及可视化交底

（1）概述

BIM＋全景技术的方案模拟是目前常用的方案模拟方法之一，其原理是依据技术方案，通过模型搭建、全景照片处理，把二维的平面图模拟成真实的三维空间，同时依据技术方案中的管控要点，在全景三维空间中添加热点，并在热点中添加文字、图片及语音描述技术方案的控制要点。BIM＋全景技术方案模拟交底，较传统交底方式显得更加直观和简洁，方案交底效率提升。并且在制作全景技术交底的同时，也完成对原方案的校核审查。

（2）应用流程

BIM＋全景技术方案模拟应用流程详如图 5-1-89 所示。

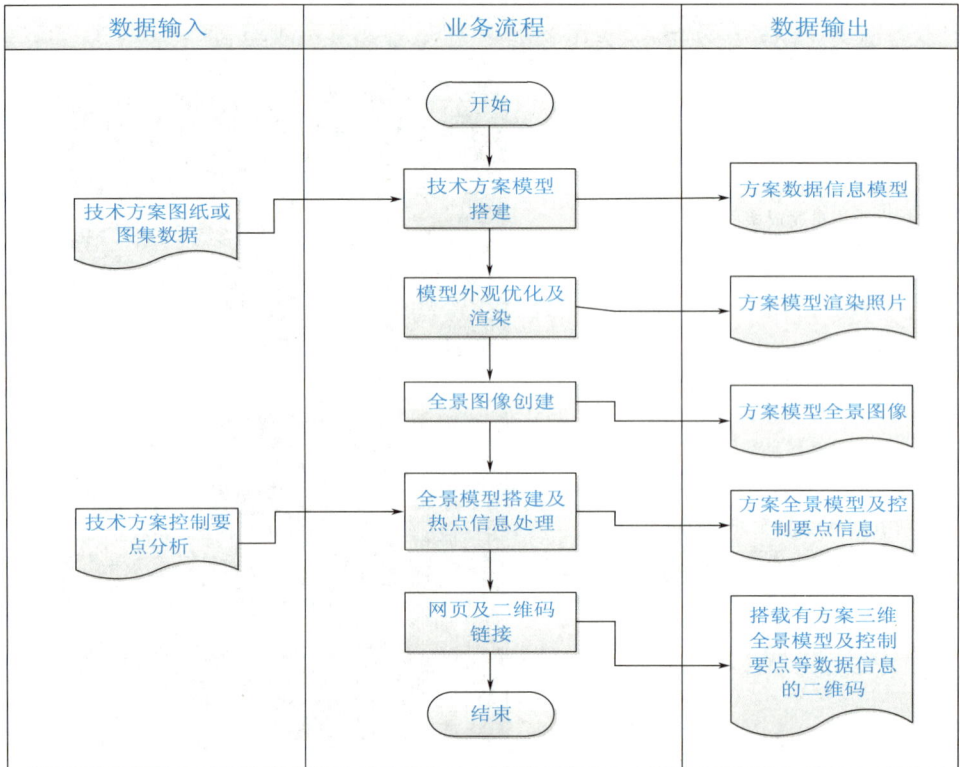

图 5-1-89　BIM＋全景技术方案模拟应用流程

（3）软件方案（表 5-1-17）

BIM＋全景技术方案模拟软件方案　　　　　　表 5-1-17

序号	应用软件	功能用途
1	Revit 等建模类	完成方案相应细部模型搭建
2	Lumion 等渲染类	模型材质外观优化，角度拍照后完成高质量图片渲染
3	PTGui 等全景制作类	完成模型渲染图片的全景图像处理
4	720 云等全景整合类	完成全景图像整合成为全景模型，热点信息处理，最终成果链接二维码

（4）应用步骤及成果

以大渡口万达广场项目地下室挡墙模板支撑体系技术方案模拟为例，其具体实现流程如下：

1）根据地下室挡土墙支撑体系方案图纸创建 Revit 模型（图 5-1-90）；

2）借助 Revit 附加模块下的 Lumion 插件将创建完成后的三维模型导出格式为"dae"的文件（注意：导出文件时必须在三维真实模式下进行），如图 5-1-91 所示；

3）在 Lumion 中载入"dae"文件后放置于地面，调整模型的位置大小关系和周围的场景（图 5-1-92）；

4）在 Lumion 材质编辑器中为各个构件附着真实材质，同时调整着色度、反射率、缩放程度等使其外观显得更为真实（图 5-1-93）；

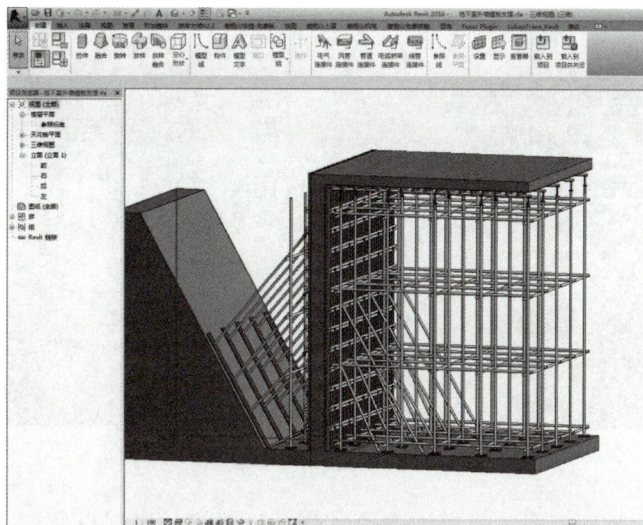

图 5-1-90　地下室挡土墙支撑体系模型

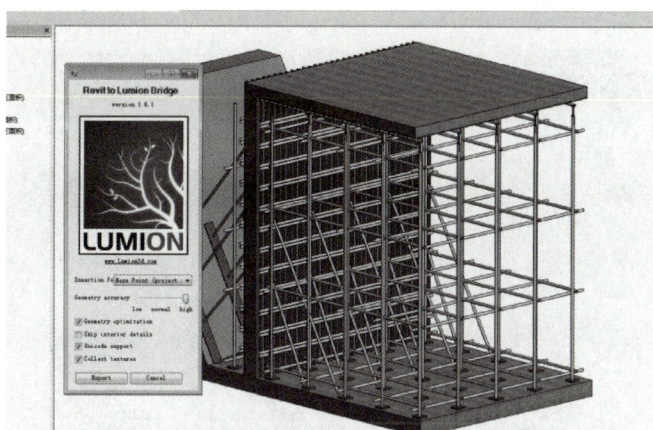

图 5-1-91　将地下室挡土墙支撑体系模型导出 dae 文件

图 5-1-92　将 dae 文件导入 Lumion 软件中

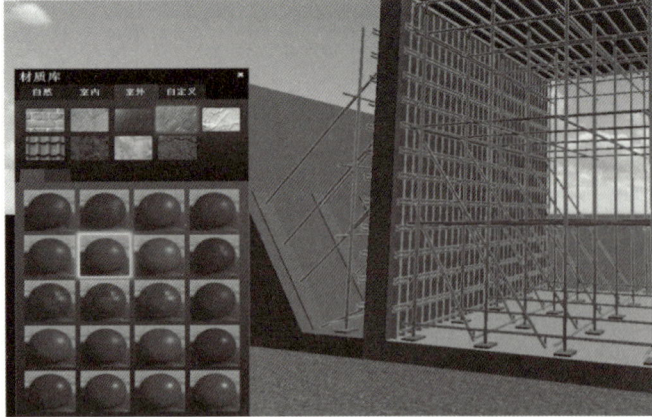

图 5-1-93　在 Lumion 中调整颜色材质

5）切换场景为拍照模式，根据需要调整焦距后确定拍摄视点位置，视点位置确定后以此点为中心拍摄 10～12 张图片（其中包括顶、底、前、后、左、右的上下 45°），拍摄完成后选择渲染模式导出图片（图 5-1-94）；

图 5-1-94　调整图片并导出

6）将图片导入 PTGui 中并调整参数，将从 Lumion 中导出的图片加载到 PTGui 中后，调整焦距为 Lumion 中的拍照焦距和根据实际情况设置其他信息参数，最后点击对准图像（图 5-1-95）；

7）创建全景图像，点击创建全景图进入到创建设置页面，设置全景图像的像素并保持纵横比，其余参数根据实际需要适当调整后创建全景图像（图 5-1-96）；

8）将全景图添加到 720 云，打开登录 720 云软件，将在 PTGui 中创建完成的全景图像加载到平台上后确认创建（图 5-1-97）；

9）编辑全景添加相应参数及热点信息，编辑添加完成的全景图，首先设置初始视角，设置完成后根据施工方案为想突出体现的节点添加热点信息，选择添加的热点类型（通常选择相册类型），添加完相应热点信息后修改作品标题封面等信息（图 5-1-98）；

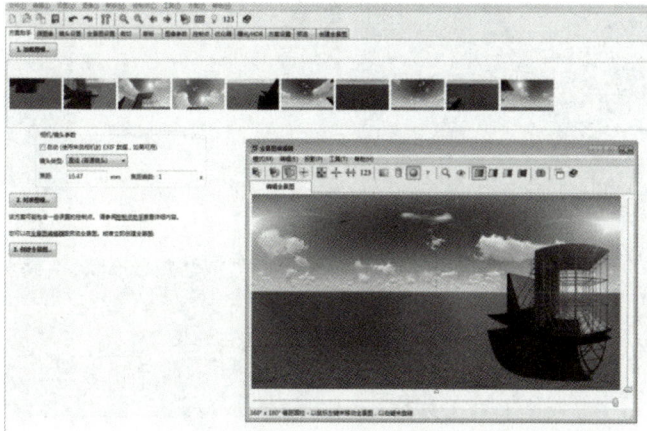

图 5-1-95　调整参数

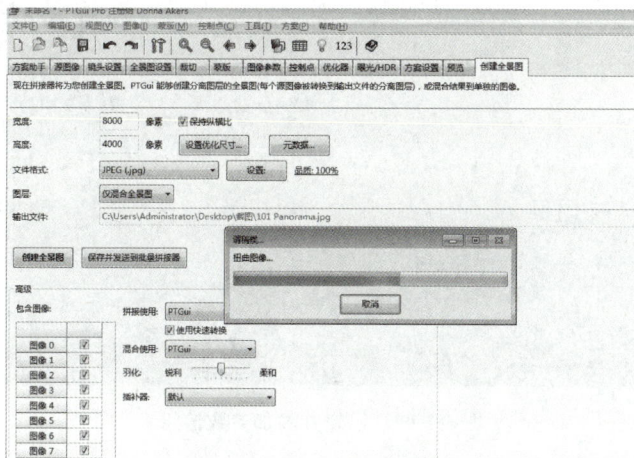

图 5-1-96　创建全景图像

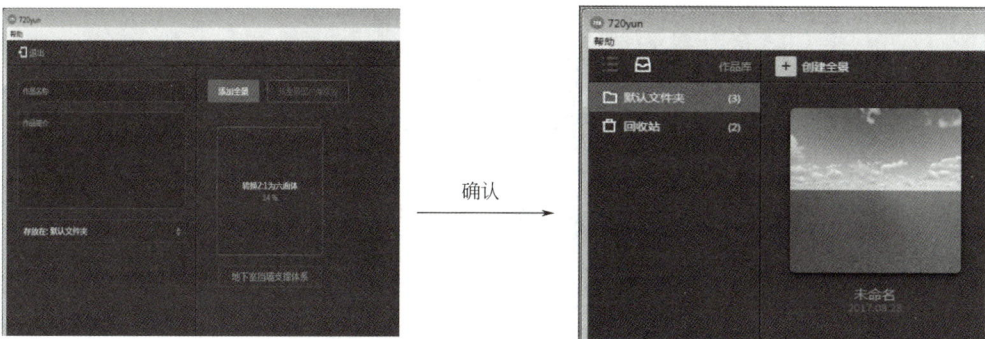

确认

图 5-1-97　在 720 云软件中加载全景图像

图 5-1-98　选择添加热点信息

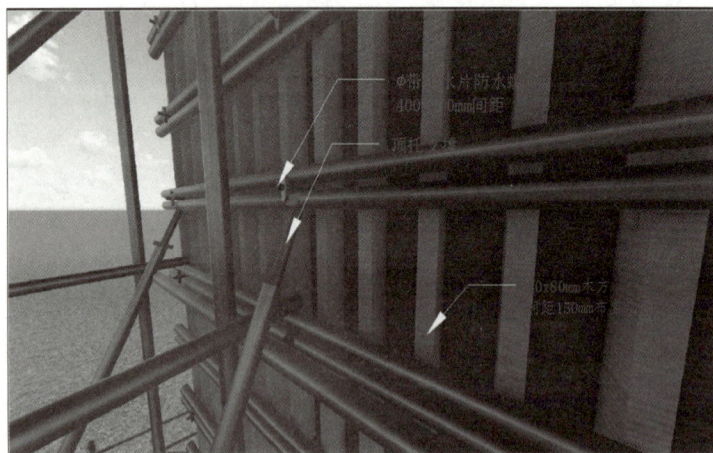

图 5-1-99　编辑并添加参数信息

10）完成上传云端

将完成后的作品通过个人的 ID 上传到 720 云的云平台，然后通过网页端登录云平台查看作品，并在客户端中收集作品的网页链接和二维码信息（图 5-1-100）。

图 5-1-100　生成展示二维码

（5）应用总结（表 5-1-18）

BIM＋全景技术方案模拟成果案例总结　　　　　　　　　　　　　表 5-1-18

序号	成果名称	内容	示例图	二维码
1	防水方案模拟	含常规地下室独立基础、后浇带、阴阳角、排水沟、卫生间、幕墙入口等防水重要控制点防水构造		
2	钢筋复杂节点模拟	含电梯基坑、集水坑、后浇带、超深条基、独基锚固等钢筋节点大样		
3	模板支撑体系方案模拟	含500mm变阶处、后浇带、电梯集水坑、高支模等支撑体系模拟		

5.1.4　土建施工造价管理 BIM 应用

1. 概述

通过建立包含造价信息的可视化 BIM 数据模型，节约造价人员的工作时间、降低人为计算误差、提高工程量计算的效率及准确性，针对不同阶段的工程造价分析结果，有效进行成本控制。

2. 应用基本流程（图 5-1-101）

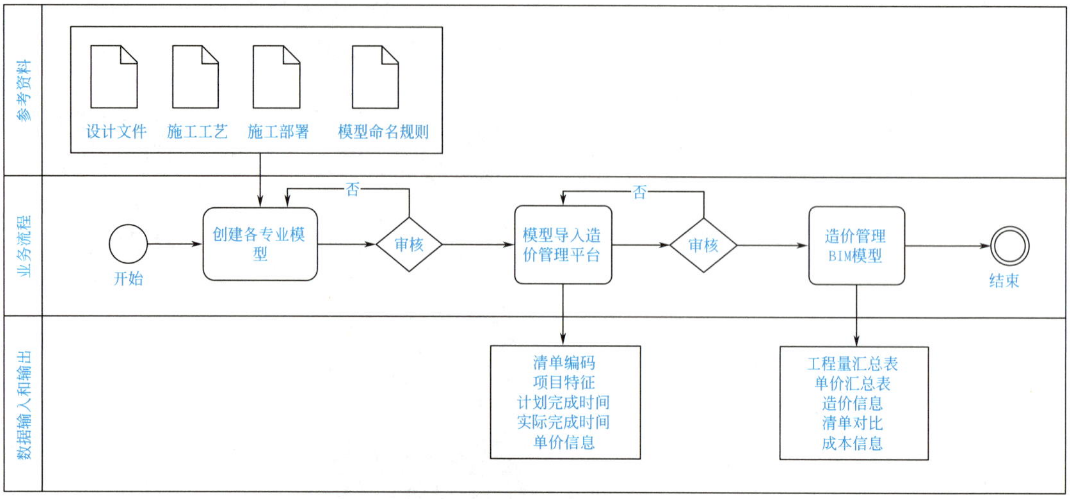

图 5-1-101　造价管理 BIM 应用流程

3. 应用软件（表 5-1-19）

常用造价软件方案　　　　　　　　　　　　　　表 5-1-19

序号	应用软件	功能用途
1	Revit 等建模类	完成方案相应细部模型搭建，提取工程量
2	广联达 BIM-5D 平台、土建算量软件（GCL）、安装算量软件（GQI）、钢筋算量软件（GGJ）	提取土建、机电、钢筋等工程量
3	斯维尔 BIM 插件	(1)自动将模型的工程量与清单的编码进行关联。 (2)分析计算，软件自动完成工程量的扣减计算，形成明细量，再按归并条件，形成新清单编码的汇总工程量

4. 应用步骤及案例

以北京市文化中心项目基于广联达 BIM5D 平台为例，进行详细介绍：

（1）提取各专业工程量

提取各专业工程量并导入广联达 BIM5D 平台，以结构、钢筋、装修为例；

1）结构工程量的提取与导入：

主要介绍三种方式：基于 Revit 模型导出 IFC 格式、基于广联达 BIM 算量软件导出 GFC 格式、基于广联达 BIM5D 平台导出 IGMS、E5D、IFC 格式（图 5-1-102～图 5-1-105）。

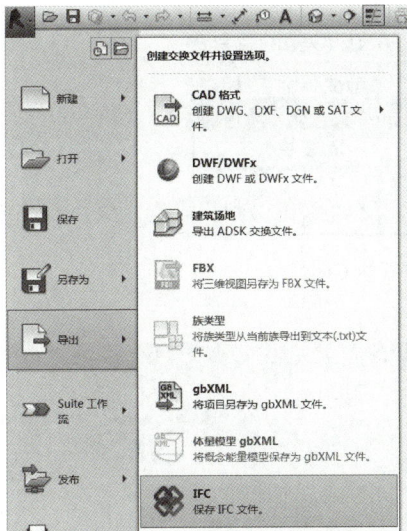

图 5-1-102　型导出 IFC 格式

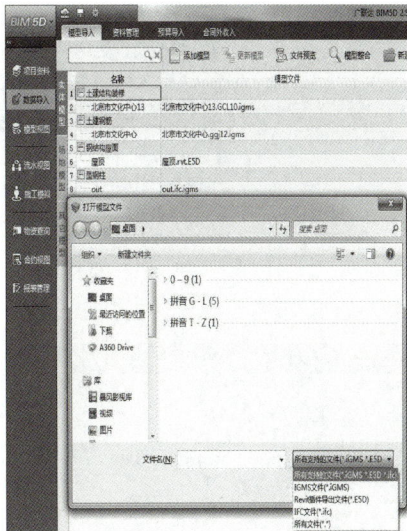

图 5-1-103　导出 IGMS、E5D 格式

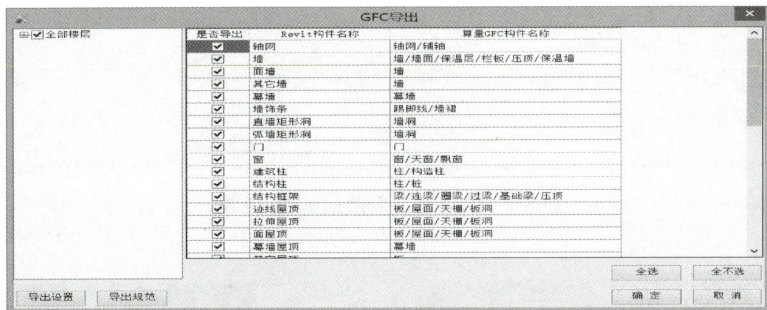

图 5-1-104　基于广联达 BIM 算量软件导出 GFC 格式

图 5-1-105　导入 BIM5D 平台并和模型清单挂接

2）钢筋工程量的提取：

Revit 导出 IFC 或 GFC 格式文件，导入到广联达 GCL 软件后，再通过广联达 GCL 软件导入广联达 GGJ 软件进行钢筋绘制、布置，然后导入广联达 GFY 软件进行钢筋精细化排布，最后在模型计算后可直接提取清单工程量（图 5-1-106～图 5-1-109）；

图 5-1-106　导入广联达 GCL

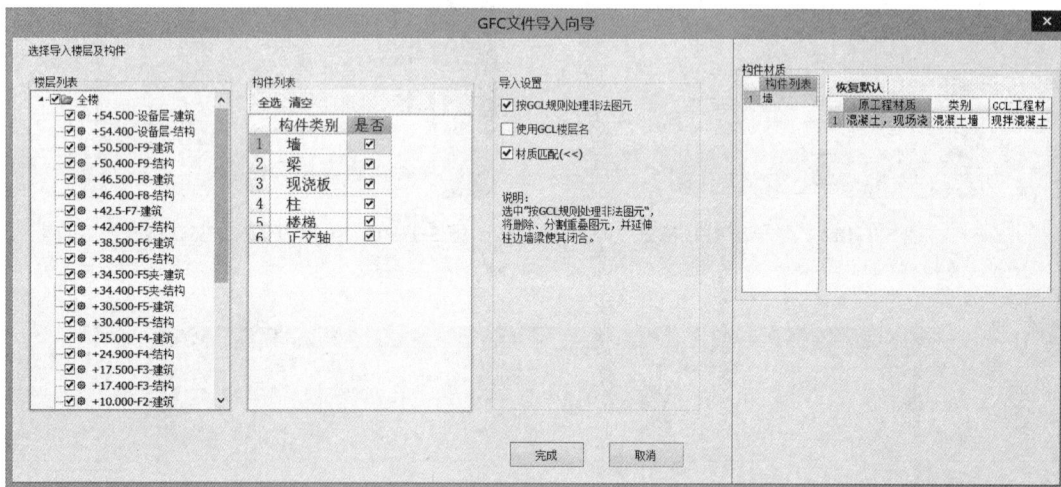

图 5-1-107　导入广联达 GCL 设置

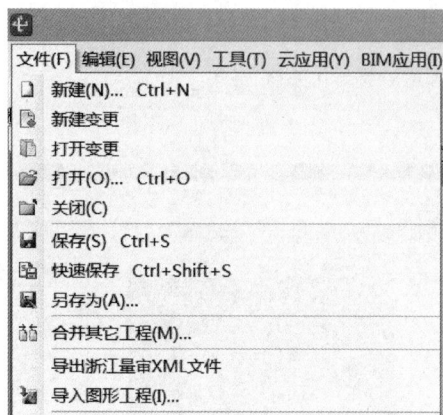

图 5-1-108　导入广联达 GGJ

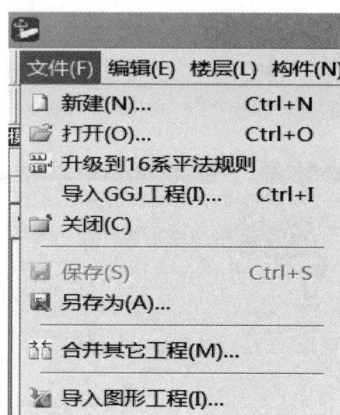

图 5-1-109　导入广联达 GFY

3）装修工程量的提取：

Revit 导出 IFC 或 GFC 格式文件，导入到广联达 GCL 软件后进行装修模型的绘制，同时将广联达 GBQ 计价文件导入广联达 GCL 软件中，模型编辑完成后进行清单的手动关联，在模型计算后可以直接提取清单工程量（图 5-1-110）。

	编码	类别	项目名称	项目特征	单位	工程量表达式	表达式说明
1	010502001 001	项	矩形柱	1. 矩形柱 2. 混凝土强度等级C40P8 3. 部位:地下室外墙	m3	TJ	TJ<体积>
2	5-7	定	现浇混凝土 矩形柱		m3	TJ	TJ<体积>

	编码	清单项	项目特征	单位
1	010502001001	矩形柱	1. 矩形柱 2. 混凝土强度等级C40P8 3. 部位:地下室外墙	m3

图 5-1-110 广联达 GCL 关联外部清单

（2）应用成果

1）基于 BIM 的 5D 计划管理：

A. 基于 BIM5D 模型实现资金计划管理和优化。

经过造价管理平台模型、进度、收入与成本数据的整合，可以快捷、准确地计算出项目各时间点的资金收入、支出情况，根据业主合同实际付款条件、项目对现金流的要求，以及过程中动态时间调整，策划项目工程款支付和分包、供应商合同的付款条件，进行项目现金流测算，经过及时的付款策划调整，避免资金成本的发生。

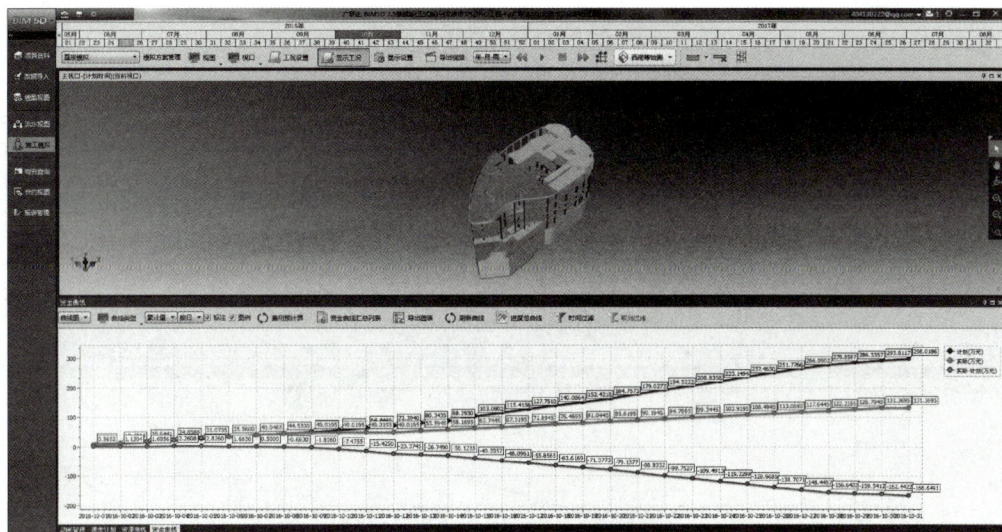

图 5-1-111 月度资金收支策划

B. 利用 BIM5D 模型可以方便快捷的实施进度分析、施工进度资源配置优化、实现项目精细化成本管控。

利用造价管理平台，将模型、进度整合后，根据定额资源配比，能够得出整个项目施工期间各个时间段所需要的施工资源，尤其是场地狭小的项目，在有限的空间内提前策划各项施工资源的进、退场，精细化管控项目实际成本。

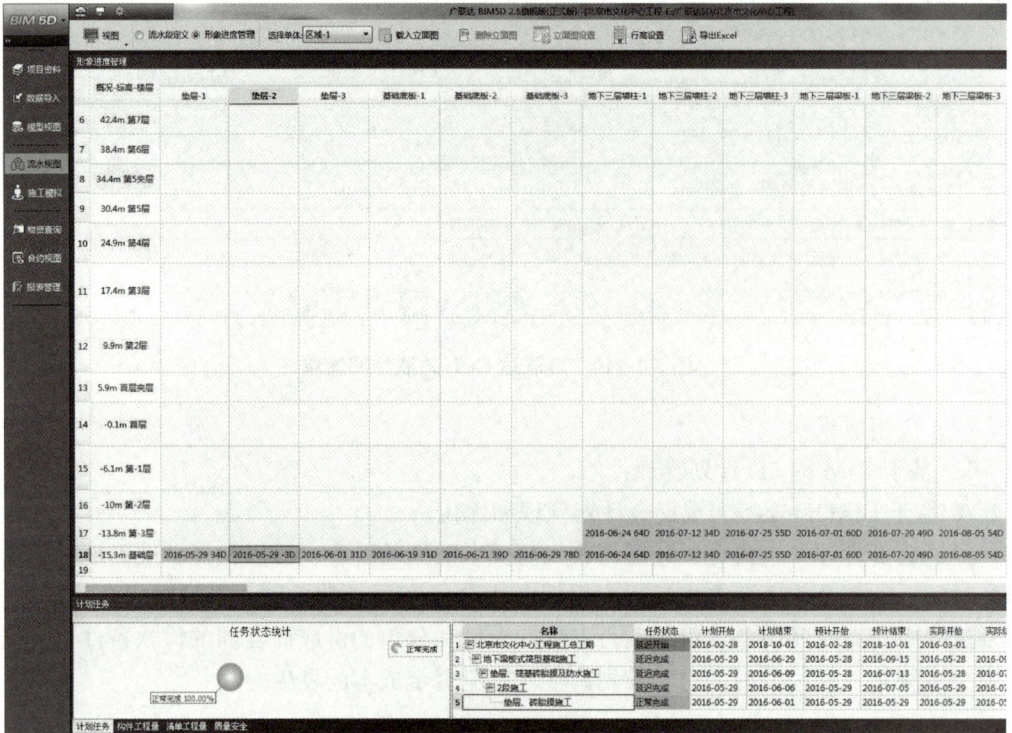

图 5-1-112　进度分析

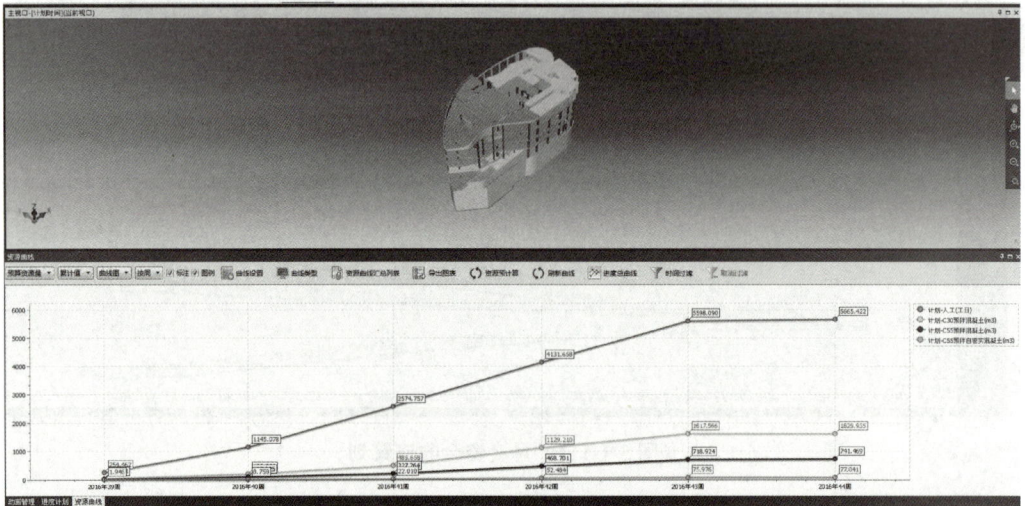

图 5-1-113　月度资源配比策划

　　C. 利用 BIM5D 模型可以辅助技术方案的查找、优化、编制。

　　通过造价管理平台的自身功能，完成专项技术方案的查找、确定，协助完成相关技术方案的优化、编制，例如：高大模架方案、混凝土方案、砌筑方案等。

图 5-1-114　专项方案查找

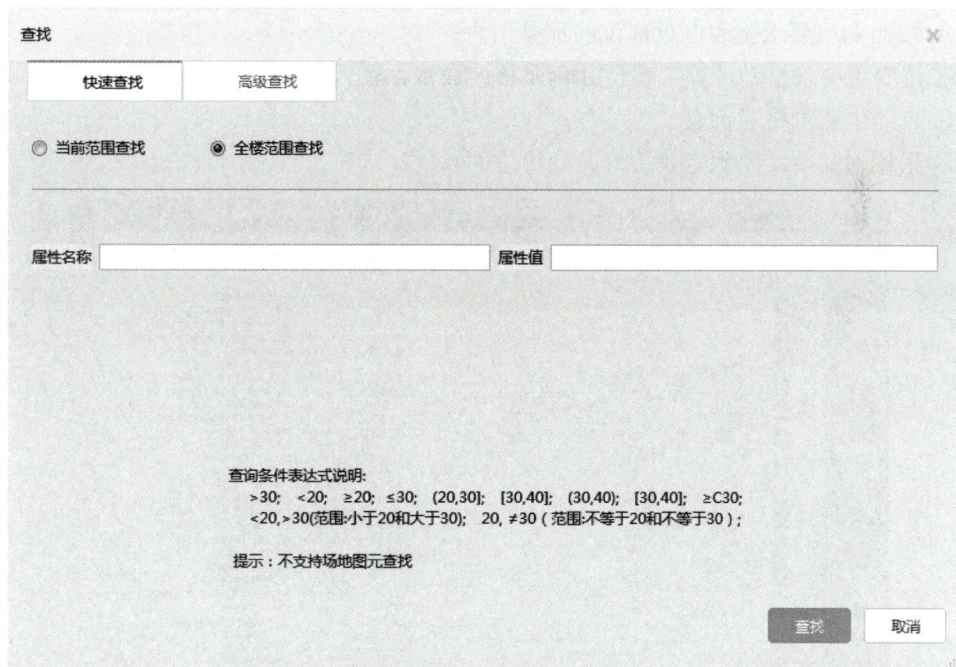

图 5-1-115　快速查找功能

D. 利用 BIM5D 软件进行月度报量分析

通过 5D 平台得出现场实际进度的监理报量金额，进行月度报量提供准确的基数，而且通过物资、清单、完工、形象进度等对比，可以清楚地显现出当前项目的进度情况，预计收入情况。

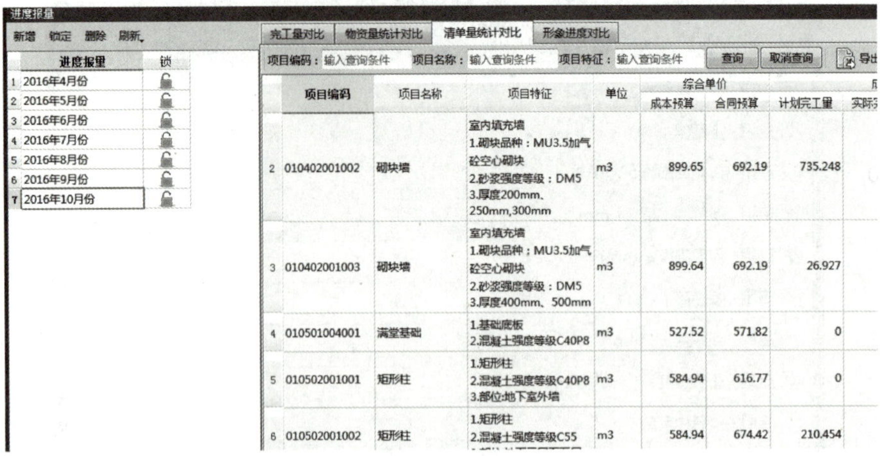

图 5-1-116　进度报量策划

2）基于 BIM 的工程变更管理：

利用 BIM 信息模型的三维图纸会审，查找图纸变更，提前做出变更部分的模型并针对变更做法进行造价分析，寻求最优的解决方案。

图纸变更与模型关联，计算变更工程量（图 5-1-117、图 5-1-118）：

A. 按照变更要求修改变更部位的模型信息；

B. 按变更要求自动计算工程量并套取相应成本、收入价格；

C. 自动生成价格对比表；

D. 根据对比表结果确定是否修改变更方案。

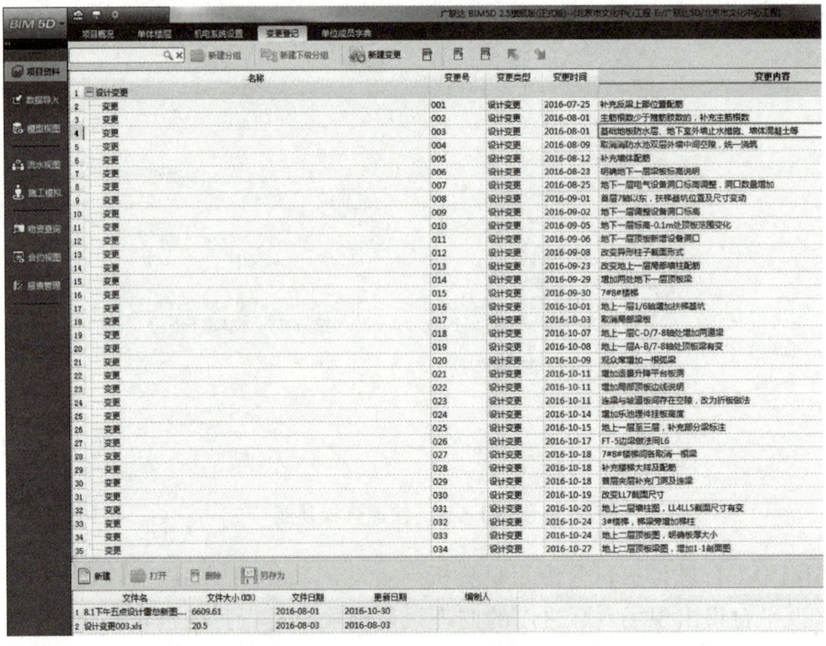

图 5-1-117　变更登记

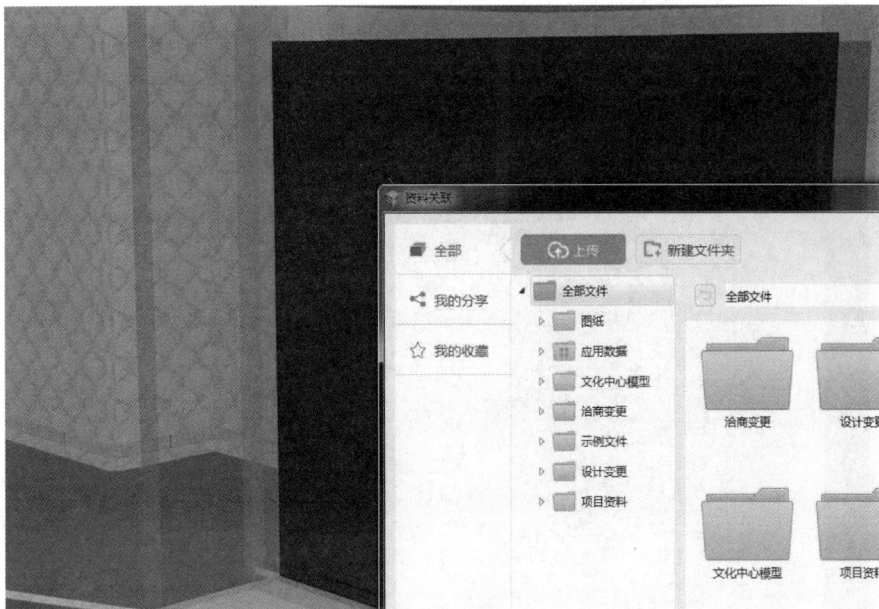

图 5-1-118　变更关联

3）基于 BIM 的签证索赔管理：

在工程建设中，只有规范并加强现场签证的管理，采取事前控制的手段并提高现场签证的质量，才能有效地降低实施阶段的工程造价，保证建设单位的资金得以高效的利用，发挥最大的投资效益。

对于签证内容的审核，可以利用 Revit 软件做出相应的模型，导入到造价管理平台软件中套取相应成本、收入信息，得出模型与现场实际情况的对比分析结果，通过虚拟三维的模拟掌握实际偏差情况，从而确认最优的签证方案（图 5-1-119）。

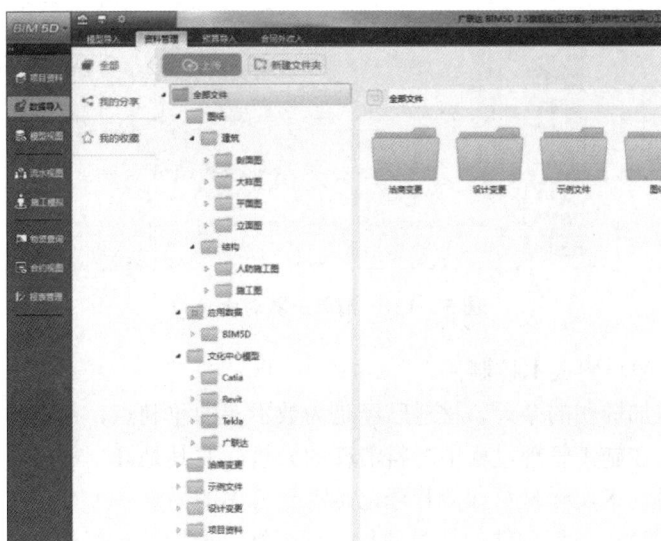

图 5-1-119　资料管理

4）基于 BIM 的实时成本分析：

过程成本的运营分析是项目商务过程管控的重点工作，通过营业收入、计划成本与实际成本的三算对比工作，鲜明表现出当前阶段的收益、亏损情况，查找相关原因，确定整改、改进措施与责任人、完成期限，通过 BIM 软件数据分析，多维度把控项目的成本走向（图 5-1-120、图 5-1-121）。

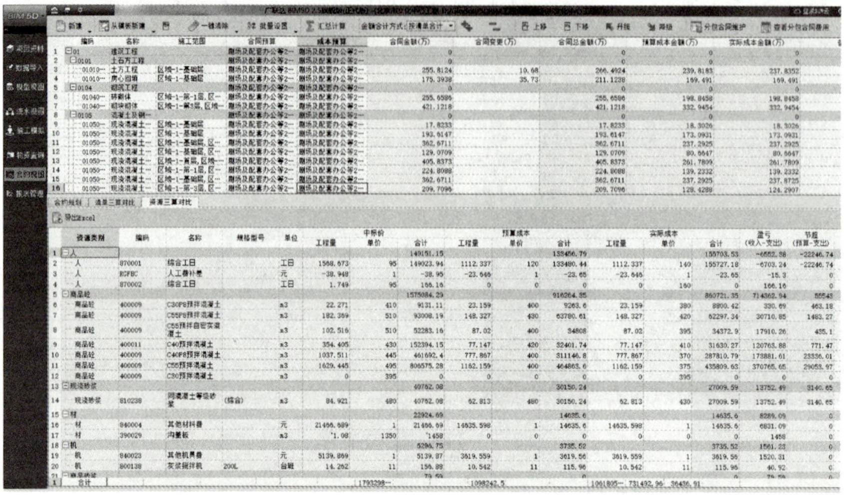

图 5-1-120　资源三算对比表

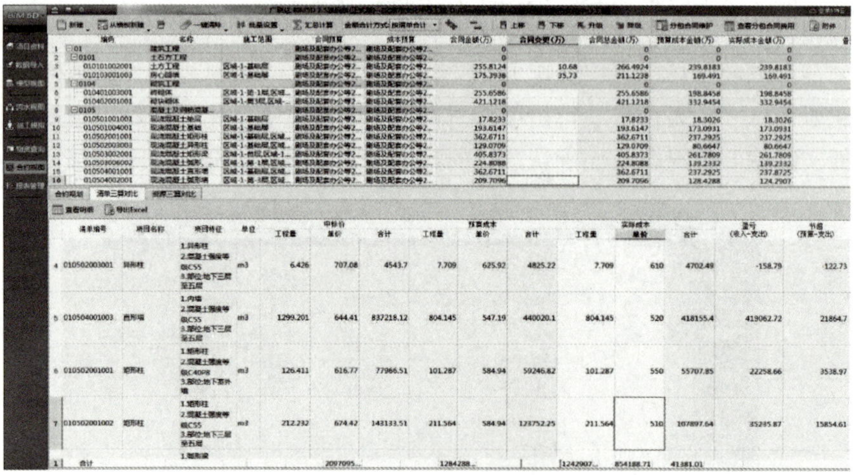

图 5-1-121　清单三算对比表

5）基于 BIM 的材料成本控制：

在施工成本愈加透明的今天，材料已经是为数不多的盈利点，甚至是决定项目最终利润的关键项，那么在施工管理过程中材料消耗的分析，尤其是计划部分材料消耗量的分析是一大难题，同时现场实际材料如何管理也是需要考虑的另外一个重点。

基于 BIM 的 5D 施工管理软件将模型与工程图纸等详细的工程信息资料集成，是建筑的虚拟体现，形成一个包含成本、进度、材料、设备等多维信息的模型。目前，BIM 的精度可以达到构件级，可以快速准确分析工程量数据，再结合相应的定额或消耗量分析系统可以确定不同构件、不同流水段、不同时间节点的材料计划和目标结果，以此控制现场材料的配额使用，并及时按计划检查现场实际应用结果（图 5-1-122～图 5-1-124）。

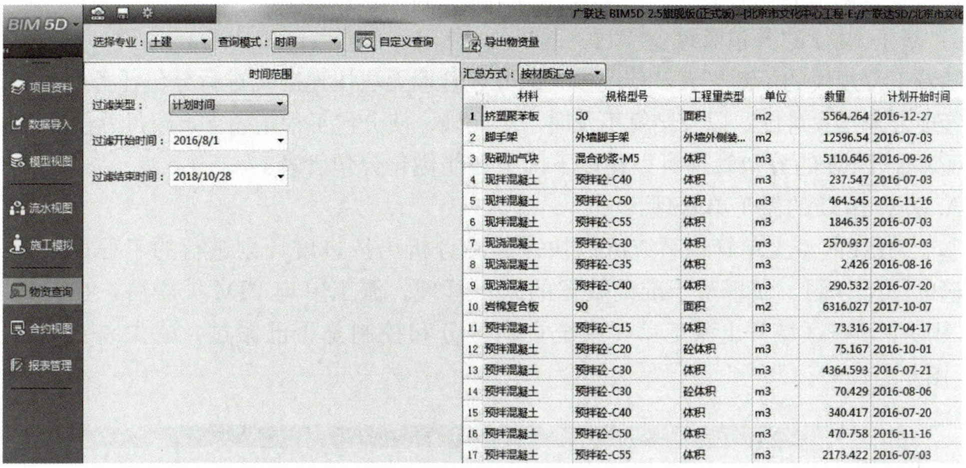

图 5-1-122　时间维度物资量

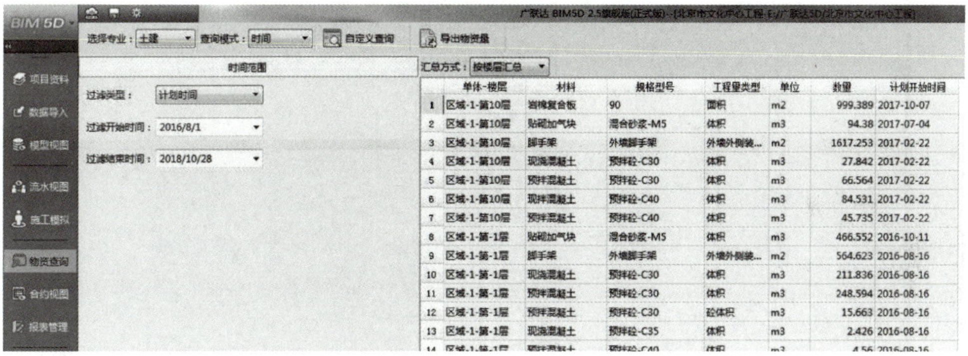

图 5-1-123　楼层物资量

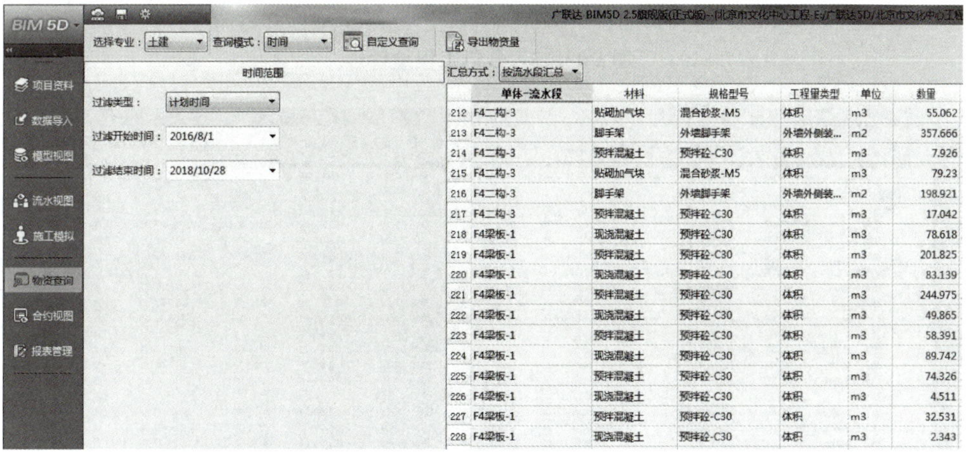

图 5-1-124　流水段物资量

结合 BIM 技术，施工单位可以让材料采购计划、进场计划、消耗控制的流程更加优化，并且有精确控制力，对材料计划、采购、出入库等进行有效管控。与此同时，通过针对一定区域的提出合理化布置方案，提前预制裁切材料，利用 BIM 软件进行装饰材料的预先排布也是降低材料损耗、加快现场施工进度的有效管理措施。

6）基于 BIM 的分包管理：

随着工程规模的不断扩大，传统模式的分包管理无法快速准确进行分包任务分析，也对分包管理带来很大难度；以及结算不及时、不准确，使分包工程量超支，超过总包结算量。

而基于 BIM 的分包管理可以在以下两个方便优化分包管理：

A. 基于 BIM 的派工单管理：

基于 BIM 的派工单管理系统可以快速准确分析出按进度计划进行的工程量清单，提供准确的用工计划，实现基于准确数据的派工管理。派工单与 BIM 关联后，在可视化的 BIM 图形中，按区域开出派工单，系统自动区分和控制是否已派过，减少差错（图 5-1-125、图 5-1-126）。

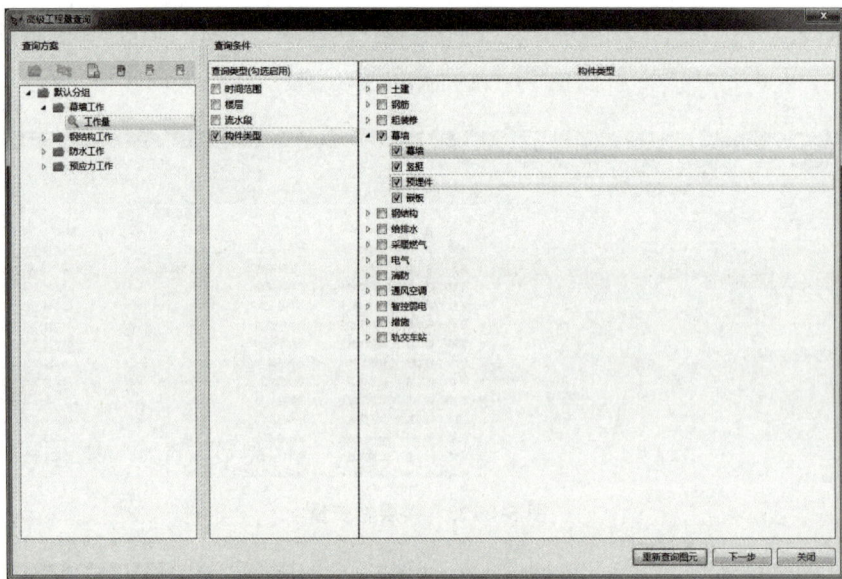

图 5-1-125　分包工程量管理

图 5-1-126　分包流水段工单管理

B. 分包结算和分包成本控制：

在传统造价模式下，施工过程中人工、材料、机械的组织形式与传统造价理论中的定额或清单模式的组织形式存在差异；分包计算工程量方式与定额或者清单中的工程量计算规则不同；双方结算单价的依据与一般预结算不同。对于这些规则的调整以及准确价格数据的获取，主要依据的是造价管理人员的经验与水平高低。

而基于 BIM 的分包管理，根据分包合同的要求，建立分包合同清单与 BIM 模型的关系，明确分包范围和分包工程量清单，避免重复、漏项的发生。按照合同要求分阶段快速进行量、价提取，得出实际的工程量及相应价款，为分包结算提供基础决策数据（图 5-1-127、图 5-1-128）。

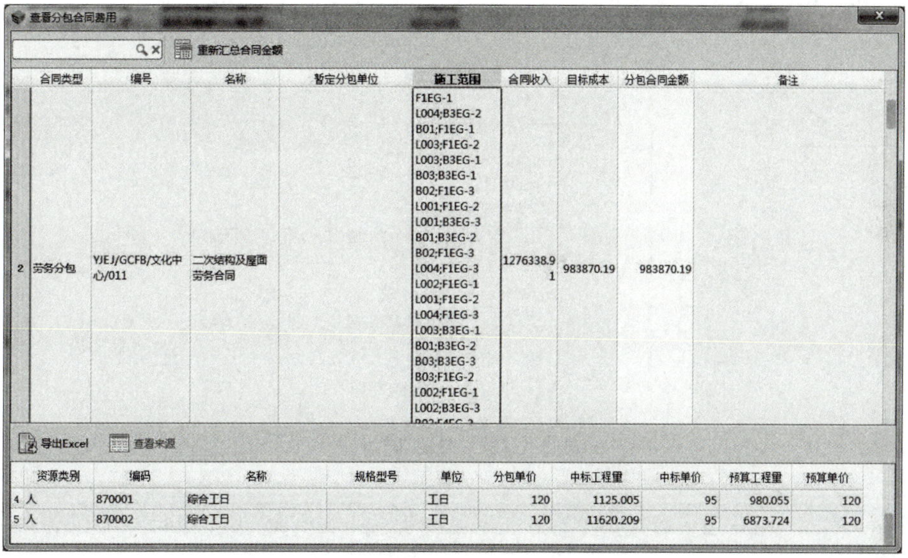

图 5-1-127　分包合同管理

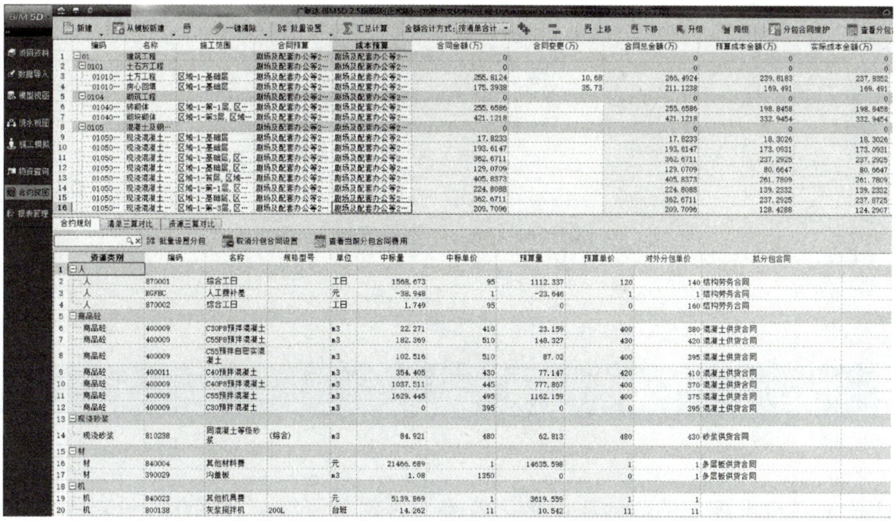

图 5-1-128　分包合约规划

7）基于 BIM 的成本策划管理：

造价管理 BIM 应用是以盈利为最终的应用目标，过程应用要与成本策划相关联，BIM 应用要参与到成本策划的制定中，例如结构期间的主材量策划、局部区域的结构改变、装修期间的做法确定、装饰样式确定、园林绿化的方案等，都是利用 BIM 技术可盈利策划的重点。

在模型建立完成后，结合项目的实际成本、收入等信息，围绕模型深入挖掘在整个项目施工阶段可策划点，并根据模型进行数据分析，确定策划方案后，做出有针对地部署，利用 BIM 技术的展示或相关规范要求，促成成本策划盈利点的最终实现（图 5-1-129、图 5-1-130）。

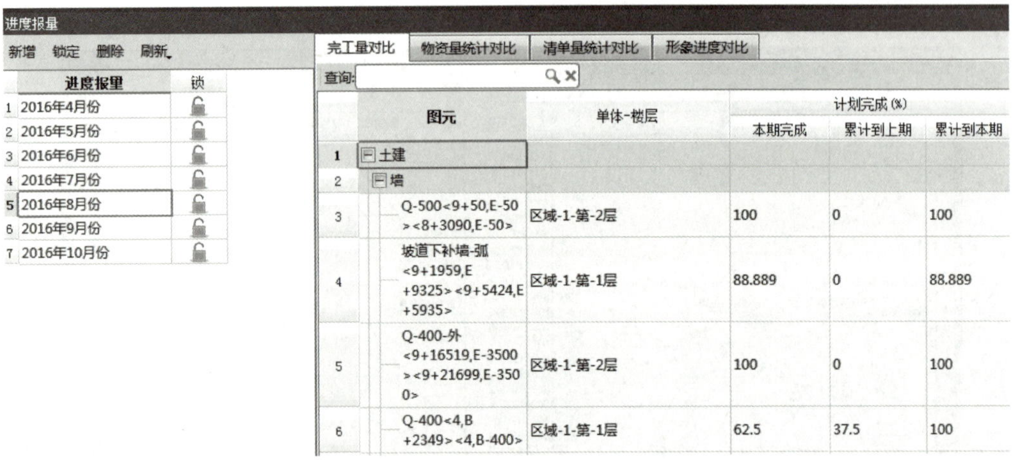

图 5-1-129　完工量对比

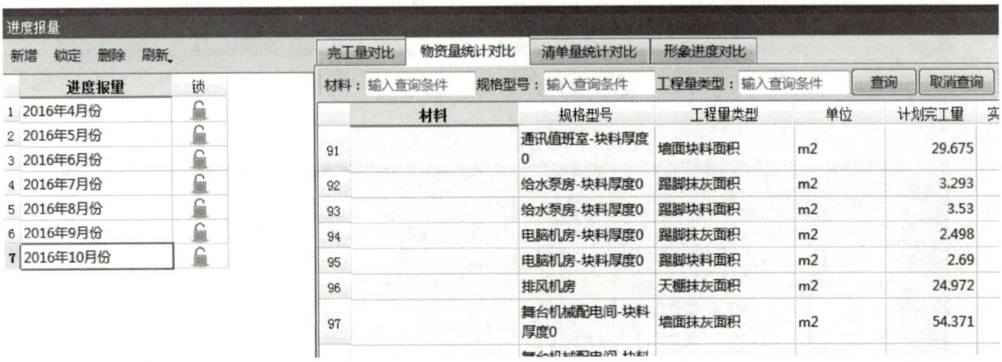

图 5-1-130　物资量对比

5.2　机电施工 BIM 应用

BIM 技术在机电施工的落地应用中，效果显著，其管线综合深化设计对施工指导意义重大，在此基础上，要以工厂化预制与施工相结合的思路指导机电施工的转型升级，将

BIM 技术的运用与预制化加工紧密结合。就目前而言，机电工程中的 BIM 技术应用仍面临诸多问题和困难，如模型细度不足、模型进度滞后、建模人员专业技术不过硬等原因导致 BIM 应用与实际施工脱节。

本节从深化设计、工艺工序模拟、机电施工造价管理等方面深入阐述机电工程 BIM 应用方法，着力提高机电工程深化设计能力和施工精细化管理。

5.2.1　深化设计 BIM 应用

1. 概述

深化设计应用旨在利用 BIM 技术，通过二三维一体化深化设计的流程，提升机电施工深化设计工作的工作效率和成果质量。主要内容包含但不限于机电综合管线空间管理、综合支吊架设计出图等。

2. 应用基本流程

机电工程深化设计流程，根据项目特点、软件应用情况的不同，存在着一定的差异。但就目前而言，利用 BIM 技术辅助机电施工深化设计的工作模式已经成型，以下为"二三维一体化深化设计"具体实施流程（图 5-2-1）。

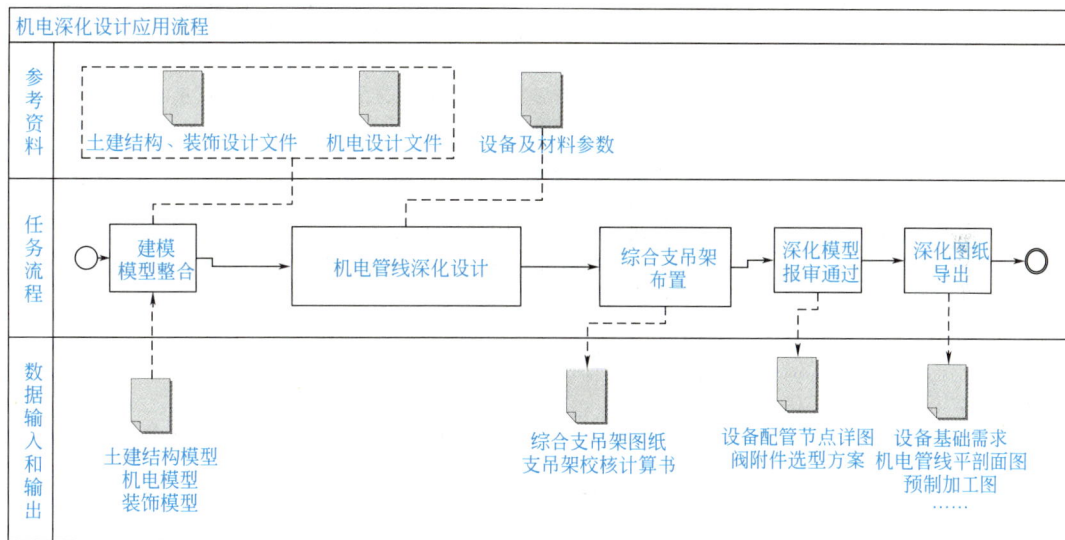

图 5-2-1　二三维一体化深化设计流程图

3. 应用软件

机电深化设计软件应用方案选择，一般可根据项目技术要求确定适用的 BIM 软件。表 5-2-1 列举了目前主流的机电深化设计 BIM 常用软件。

机电深化设计 BIM 常用软件　　　　　　　　　　表 5-2-1

软件名称	主要功能
Revit	综合管线及支吊架建模、空间管理（碰撞检测）
Magicad	综合管线及支吊架建模

软件名称	主要功能
Plant 3D(化工管道)、Mep(通风空调及给水排水)、Electrical(电气)、Inventor(机械设备)等	单专业精细化建模,可结合系统图,可对系统连接及专业参数等信息进行智能巡检
Navisworks	模型综合及空间管理(碰撞检测)
Robot Structural Analysis 等	与建模软件(Revit)信息交互能力强、可做支吊架整体受力分析
PKPM、Tekla、理正等	信息交互能力弱,可做支吊架节点受力分析

4. 应用步骤及案例

（1）管线综合排布 BIM 技术应用

1）概述

机电管线综合排布技术是机电施工 BIM 技术应用的基础。是在充分理解设计意图的基础上，对区域已有各专业、系统管线以预装配的形式，进行合理规划布局，使其满足现场施工条件及运行要求的施工技术，应用时应满足以下基本原则（表 5-2-2）。

综合管线布置遵循原则表　　　　　　　　　　　　　　　　表 5-2-2

序号	原则	具体内容
1	满足深化设计施工规范	机电管线综合不能违背各专业系统设计意愿,保证各系统使用功能。同时应该满足业主对建筑空间的要求,满足建筑本身的使用功能要求。对于特殊建筑形式或特殊结构形式(如屋面钢结构桁架区域),还应该与专业设计沟通,对双方专业的特殊要求进行协调,保证双方的使用功能不受影响
2	合理利用空间	机电管线的布置应该在满足使用功能、路径合理、方便施工的原则下尽可能集中布置,系统主管线集中布置在公共区域(如走廊等)
3	满足施工和维护空间需求	充分考虑系统调试、检测和维修的要求,合理确定各种设备、管线、阀门和开关等的位置和距离,避免软碰撞
4	满足装饰需求	机电综合管线布置应充分考虑机电系统安装后能满足各区域的净空要求,无吊顶区域管线排布整齐、合理、美观
5	保证结构安全	机电管线需要穿梁、穿一次结构墙体时,需充分与结构设计师沟通,绝对保障结构安全

2）应用案例——某厂房建设机电管线综合排布

某厂房建设机电管线综合排布实施步骤　　　　　　　　　　表 5-2-3

步骤	具体操作	基本要求	步骤案例或成果
模板制作	利用以往项目模板或新建模板文件	模板文件应满足以下条件: 1. 有确定的项目基点及标高±0.000 2. 具备项目需要的主要构件及系统	

步骤	具体操作	基本要求	步骤案例或成果
建模区域划分	根据项目情况,对项目内区域进行划分	机电安装建模应以设备机房、管廊和其他机电安装区域为划分基本单元	以某机电项目为例,划分情况如下: 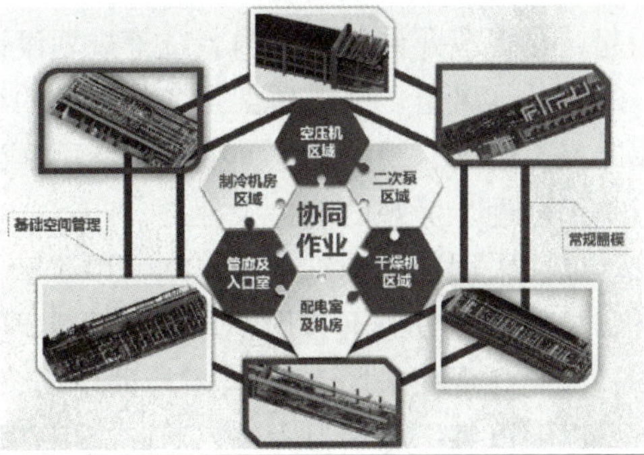
建模	参照或链接项目二维图纸进行建模	所建模型应能表达模型几何(碰撞)参数,至少应包含机电构件基本信息	成果: 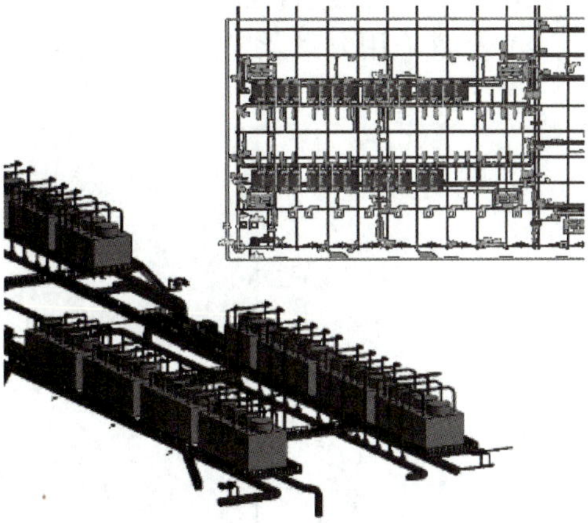
空间管理	对已建模型进行空间管理在内的深化设计工作	深化过后的模型除部分图纸未明确的内容(支吊架)外,深化模型应满足国家设计及验收规范,并在可视化初步空间管理完成后导出碰撞检测报告复核模型	成果: 碰撞检测报告及销项清单 深化复核模型
二维图纸导出	将已完成审核的模型导出二维图纸	图中标注、图层等元素应符合公司、业主、管理公司等部门要求	成果: 深化设计平、剖面图纸 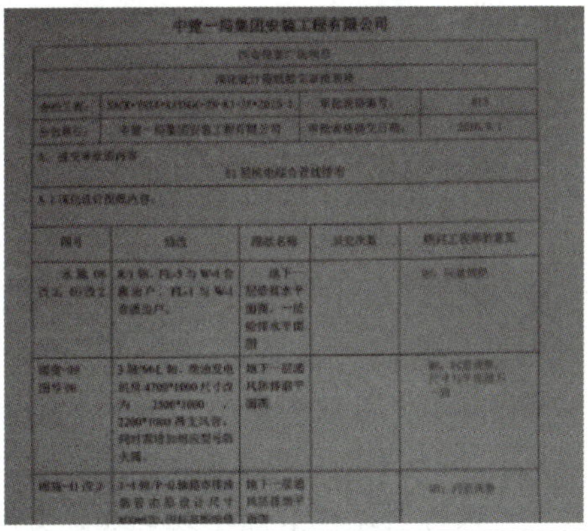

（2）综合支吊架设计

1）概述

综合支吊架是在安装工程中将空调、给水排水、消防、电气等各专业的支吊架综合在一起，在规范允许的范围内，统筹规划设计，整合成一个统一的支吊架系统。大型室内工程的设备、风道、电缆桥架及各类管道的综合排布与安装往往会影响到专业本身及相关专业的施工进度、观感和空间的合理利用，而支吊架的选择与安装又是决定设备管道综合排布是否合理、美观的前提条件。

以往采用二维图纸布局规划，手工验算的方式进行深化设计，其工序繁琐且容错率低，局部位置考虑不够周全，如果想实现高标准的综合支吊架布置，其效率也是大打折扣。因此，现在采用 BIM 技术辅助现场综合支吊架设计。

以下以某厂房项目为例，对此应用点分软件应用方案及流程、流程操作详解、应用案例及成果几个方面进行描述。

2）软件应用方案及流程（图 5-2-2，表 5-2-4）

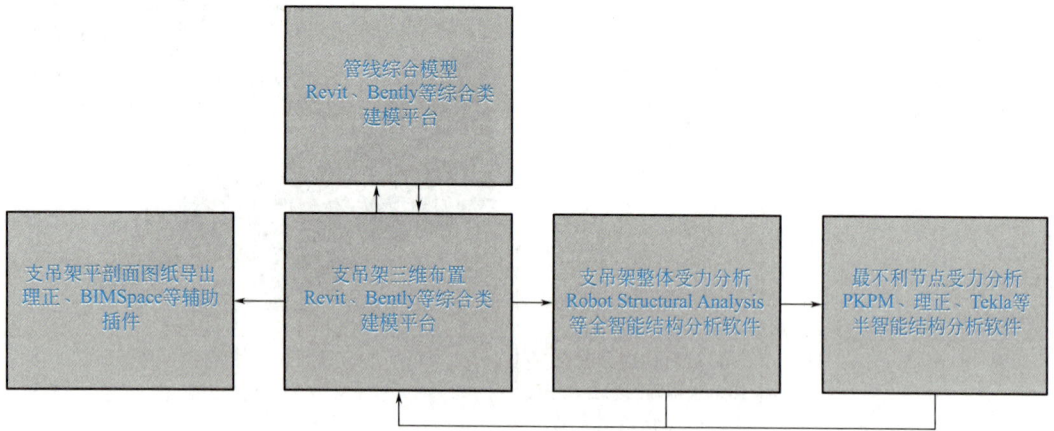

图 5-2-2　综合支吊架设计软件应用方案及流程

综合支吊架设计软件应用方案　　　　　　　　　　　表 5-2-4

软件分类	常用软件	特点
建模平台	Revit、Bently、magicad 等	综合建模能力强，基本不具备结构分析能力
全智能结构分析软件	Robot Structural Analysis 等	信息交互能力强，可做整体受力分析，如果分析过细，对模型要求较高，不易满足
半智能结构分析软件	理正、PKPM、Tekla 等	结构分析能力强，一般需要重新建模，如需整体建模，效率较低

3）流程操作详解

A. 支吊架建模及布置

对已完成空间管理的综合管线，依据相关支吊架布置规范，在综合管线模型的基础上，直接利用其软件平台进行三维支吊架布置，以 Revit 为例，使用结构（柱梁）体系进行建模，需标明结构节点形式，部分支吊架受管线影响不易布置时，需对管线进行微调，效果如图 5-2-3～图 5-2-5 所示。

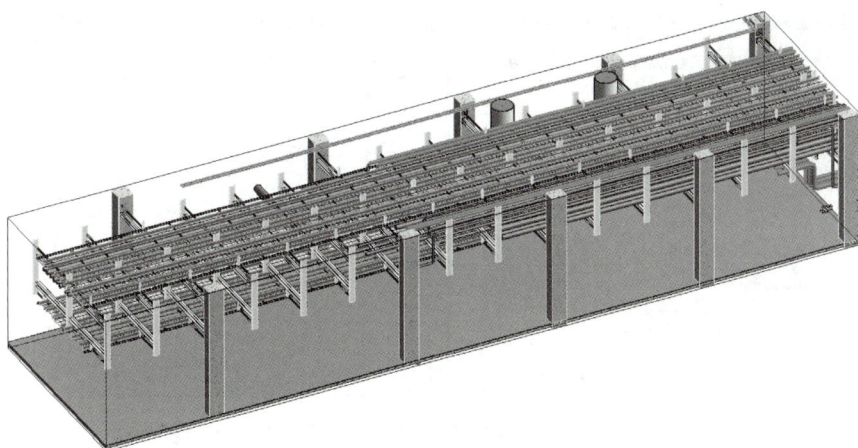

图 5-2-3　某厂房项目管线综合模型

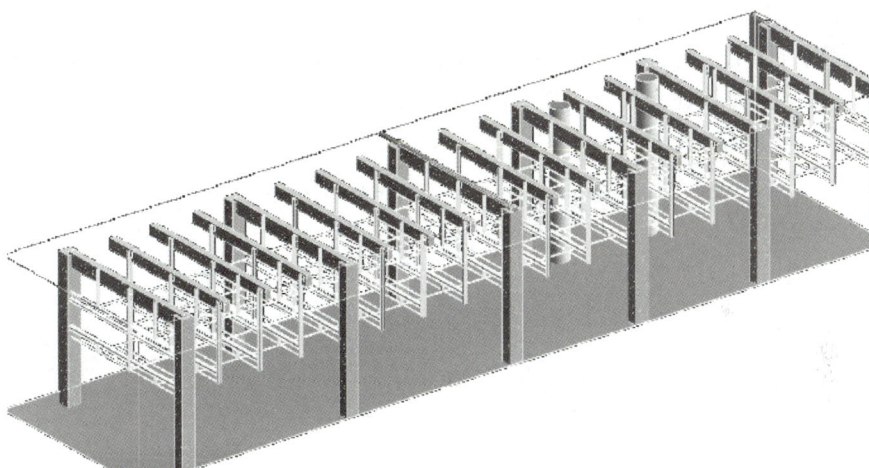

图 5-2-4　某厂房项目管线综合支吊架布置模型

图 5-2-5　综合支吊架节点布置模型

B. 整体受力分析

将建模完成的结构模型，直接导入或间接（模型交互）导入全智能结构分析软件。完成导入后录入结构承受荷载的情况，进行支吊架整体受力分析，并尽可能导出受力情况热力彩图，效果如图 5-2-6 所示。

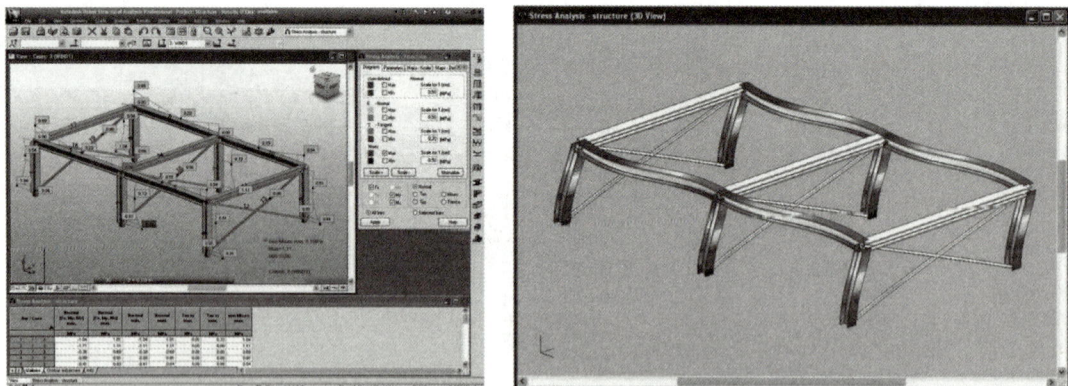

图 5-2-6　结构荷载布置详图及受力分析"热力"图

C. 局部节点受力分析

对整体受力分析后的"红点"，也就是承重最不利点支吊架，利用半智能结构分析软件，对节点进行局部受力分析，验证其稳定情况，验证节点包含但不限于连接节点强度、固定点方式及强度、线性支撑能力等。效果如图 5-2-7 所示。

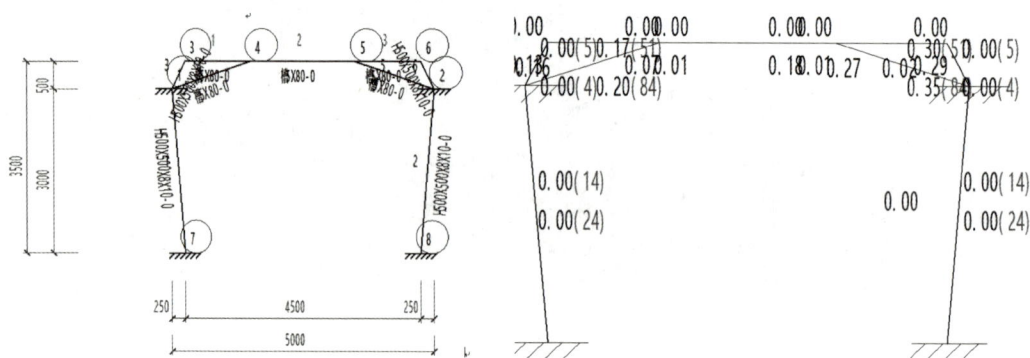

图 5-2-7　支吊架节点受力分析图

D. 施工图纸的导出

最不利节点验证完成，如果结果为安全，那么导出结构计算书，作为校核证据，并利用综合模型导出施工平剖面图纸，在向业主、管理公司、设计院报审，通过后打印蓝图向现场班组进行可视化交底，最终指导现场施工（图 5-2-8）。

5.2.2　工艺工序模拟 BIM 应用

1. 概述

基于 BIM 综合模型，对于施工工艺进行三维可视化的模拟展示或探讨验证。模拟主要施工工序，协助各施工方合理组织施工，并进行可视化技术交底，从而进行有效的施工管理，对大型机电设备运输等方案应用 BIM 技术进行模拟和预演，并开展施工方案的对

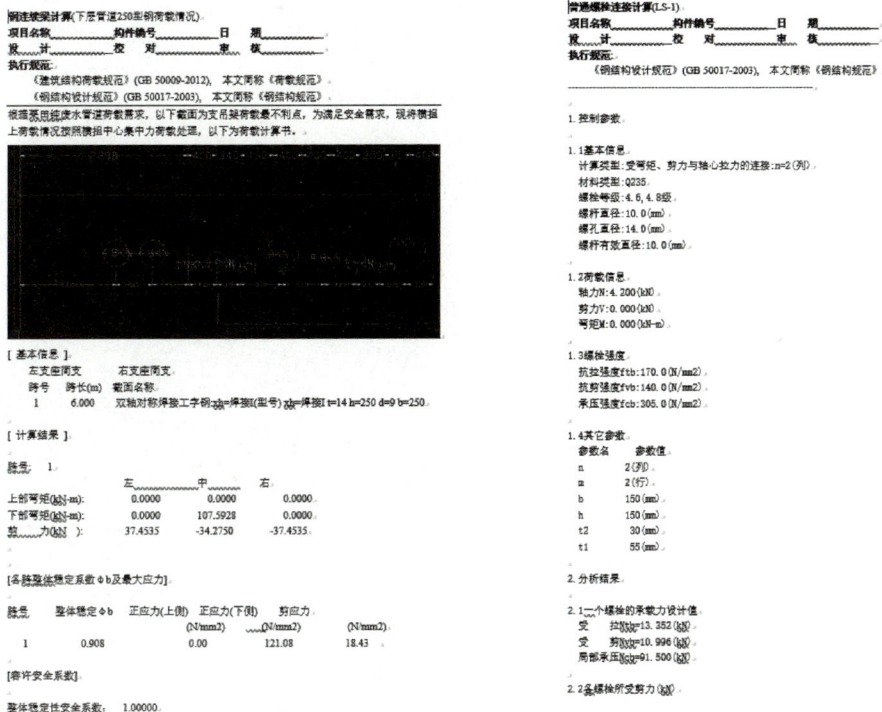

图 5-2-8　支吊架受力分析计算书

比分析。验证施工方案、材料设备选型的合理性，协助施工人员充分理解和执行方案的要求。

应用内容应包含但不限于施工工艺/工序模拟、设备搬运（水平垂直运输）模拟等。

2. 应用基本流程（图 5-2-9）

将 Revit 模型导出，生成 NWC 模型，在 Navisworks 软件中进行集合整理，通过软件对象动画功能，添加场景进行工序动画制作。最终进行三维模拟渲染或者工序动画演示等操作。

将生成的成果文件进行展示，并进行进一步探讨验证。最终将模型应用在现场中，指导施工。

3. 应用软件

此应用根据项目不同，软件方案一般分为以下两种：

首先是对已完成标准化的通用工艺，可直接使用动画制作类软件（3DMax）进行工艺模拟视频的制作，其优点是动画制作效率较高，视觉效果较好，缺点是模型利用率较低，工艺模型不包含信息。

其次是针对项目特殊工艺，基于项目实体绘制模型（Revit、Tekla 等），通过直接导入或间接（可交互模型）导入进度管理类平台（Navisworks 等），在进度参数录入后进行工艺模拟，并导出视频动画，图 5-2-10 为应用方案。

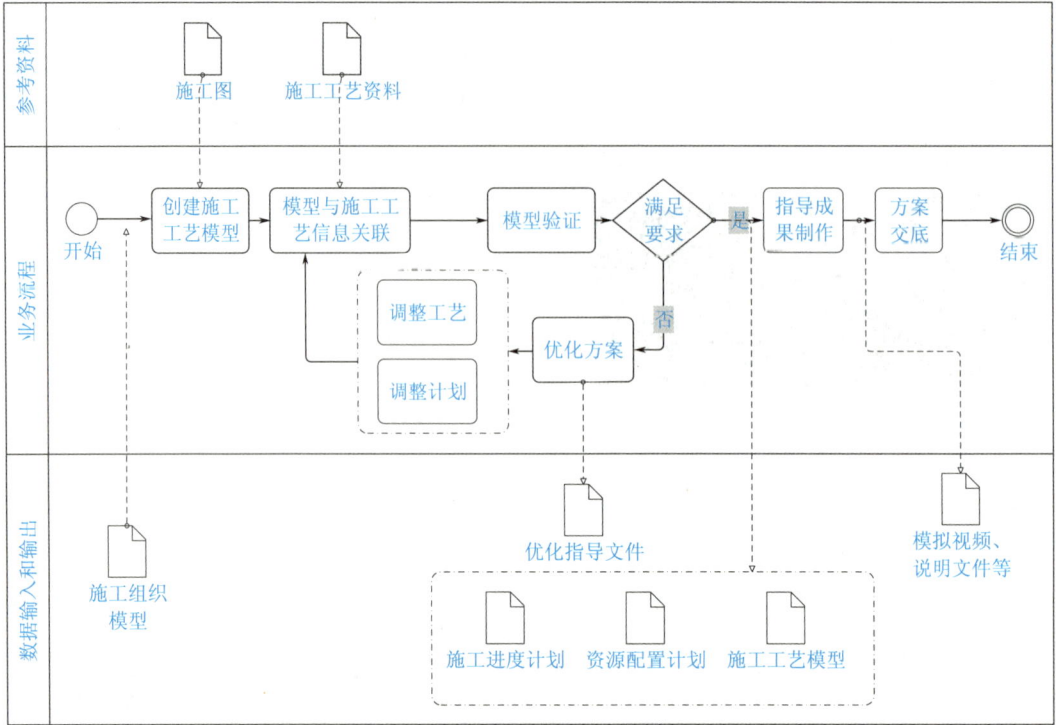

图 5-2-9　施工工艺模拟 BIM 应用常规流程

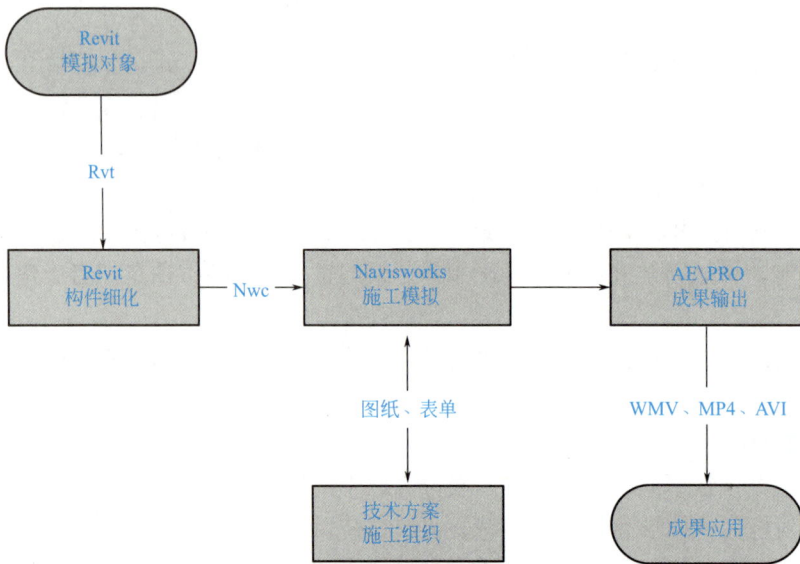

图 5-2-10　施工工艺模拟 BIM 应用常规流程

4. 应用步骤及案例

工艺工序模拟常用于复杂节点及特殊或新工艺的可视化交底，包含但不限于表 5-2-5 内容：

工艺模拟应用成果　　　　　　　　表 5-2-5

应用内容	具体操作	案例及成果
设备配管工艺	1.根据施工方案、图纸等技术资料,对构件的数量、工艺步骤进行确认。 构件内容应包含但不限于管段、连接件、阀附件等 工艺步骤的内容应包含但不限于构件的连接形式、安装顺序等 2.对配管细节进行节点深化设计并出图,对深化设计节点进行确认。 3.对已确认的深化设计模型进行进度信息的导入。 4.进行进度模拟,并导出动画视频	
设备材料吊装	1.根据现场情况及既定施工方案中吊装运输内容,对搬运路线进行深化设计,并出图确认 2.对搬运机具、搬运对象、运输场地环境进行建模 3.对搬运对象及搬运机具按照方案进行进度模拟,如发现问题则对方案进行调整,直至方案可行后导出视频	
其他工艺模拟及可视化交底	步骤基本可参见以上两项内容,在此不做赘述。左侧为成排管道敷设及吊装工艺的模拟	

5.2.3 机电施工造价管理 BIM 应用

1. 概述

机电安装项目区别于其他项目，具有材料型号种类多、部分安装工艺复杂、过程变更多、设备材料价格不透明等特点。而 BIM 技术的应用，可使机电深化设计模型的工程量与现场实际更加符合，因此，建议通过 BIM 技术实现对工程量进行分类统计，通过精细化的过程管理，完成对机电项目的成本管控。

2. 应用基本流程（图 5-2-11）

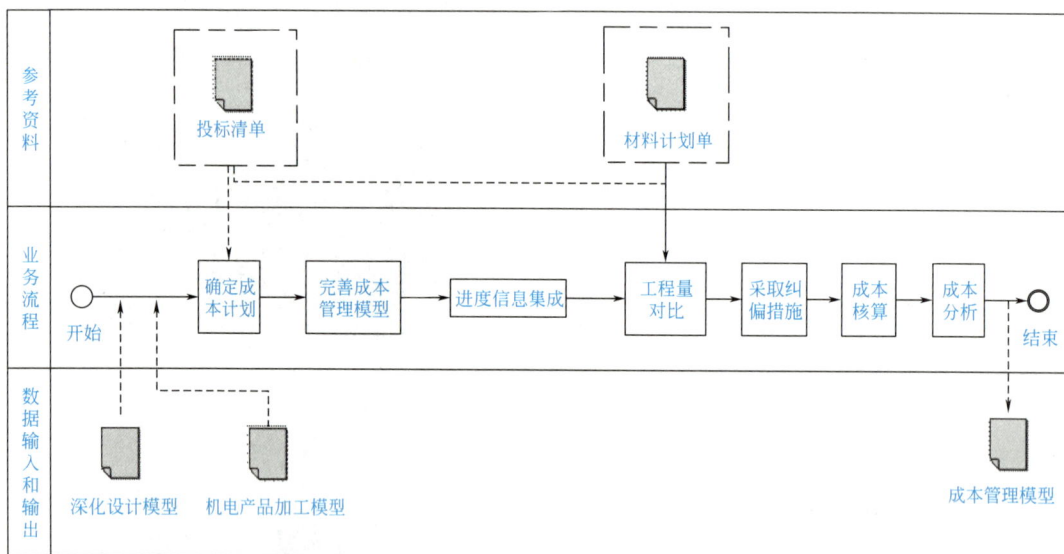

图 5-2-11 BIM 成本管理应用流程

3. 应用软件

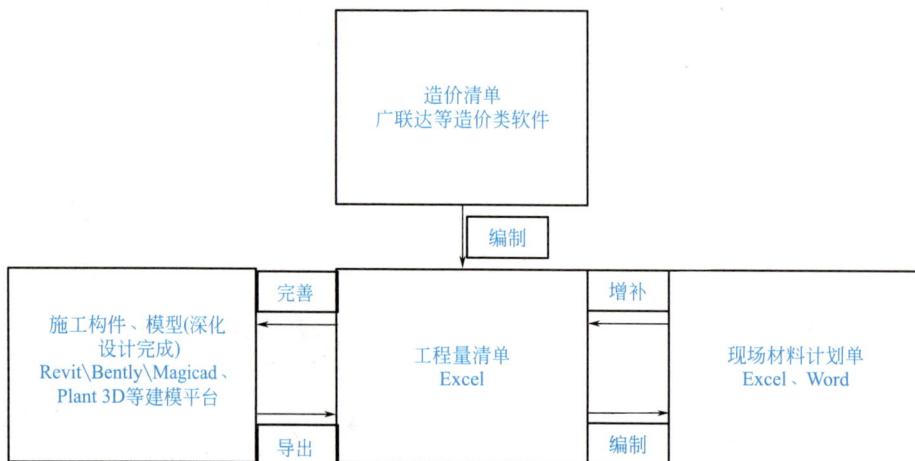

图 5-2-12 成本管理 BIM 应用软件方案

4. 应用步骤及案例

（1）应用准备

1）为实现成本管控，需要对工程量各阶段的信息进行把控，为保证工程量的准确性，一般宜在各阶段参考文件见表 5-2-6。

各阶段工程量参考　　　　　　　　　　　表 5-2-6

阶段划分	主要文件	参考内容
投标阶段	各版次招标文件	工程量清单
施工准备阶段	合同文件	工程量清单
施工阶段	现场工程量文件	现场材料计划单、进场材料单、预算工程量清单等
竣工验收阶段	结算文件	变更洽商内容、现场材料汇总单等

2）机电类项目区别于其他项目，具有材料型号种类多、部分安装工艺复杂、过程变更多等特点。为高效实现其应用目标，构件信息处基本型号规格参数外，以设备配管为例，应至少完善但不限于以下内容，见表 5-2-7。

造价管理模型参数需求　　　　　　　　　　表 5-2-7

参数类型	主要内容	示例
安装形式	连接形式等	焊接、螺纹、法兰等
工序要求	防腐、保温等	刷漆及层数、三油两布等
处理要求	洁净要求等	BE、AP 等

（2）应用案例——某建筑管道预制加工及材料管控

机电安装的深化设计之后的现在和未来将主要围绕预制化加工和精细化管理进行，这对机电造价管理工作中有着举足轻重的作用。以某机电安装项目预制化机电施工为例，介绍 BIM 在造价管理的应用成果。

机电专业众多，各建模软件针对不同专业的侧重点也不同，其中 Plant 3D 在管道 BIM 建模方面，模型精细度较高，可以清晰表达包括连接形式、连接构件在内多项预制加工所需的技术参数。图 5-2-13 为 Plant 3D 软件应用流程：

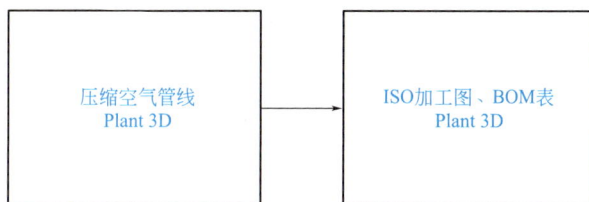

图 5-2-13　管道预制加工软件应用流程

1）构件库的建立

Plant 3D 软件在管道建模部分的构件精细度相对较高，但其需要在软件内标准等级库的基础上，由软件操作者自行建立构件库（图 5-2-14）。

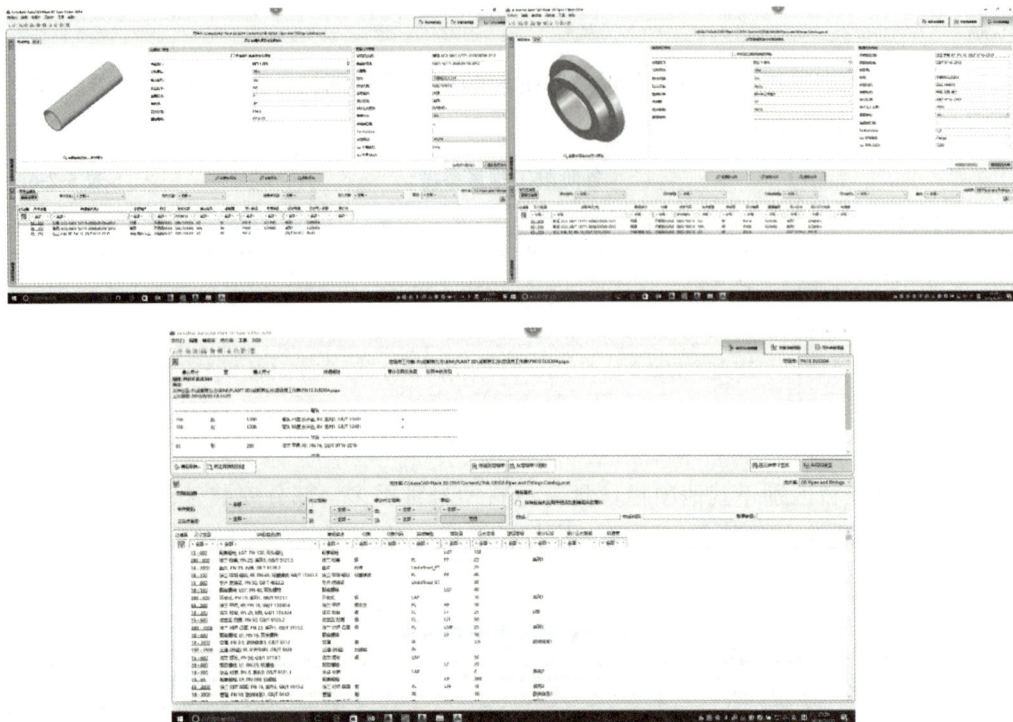

图 5-2-14　管道构建等级库

2）模型绘制

利用已经建成的构件库，开始建模工作，具体建模操作在此不做赘述（图 5-2-15）。

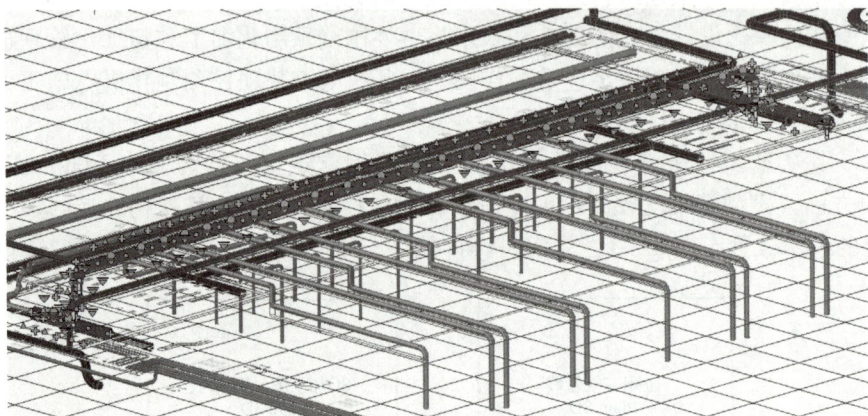

图 5-2-15　Plant 3D 管道模型

3）深化设计

对已建成管道及设备模型导出 IFC 格式，并作为链接导入综合平台（Naviswork、Revit）进行空间管理，对碰撞部分进行调整修正，完成对施工模型的定版。

4）管段预制加工信息的导出

利用软件中的 ISO 施工图制作功能，完成管段的划分，并导出施工 BOM 表（图 5-2-16）。

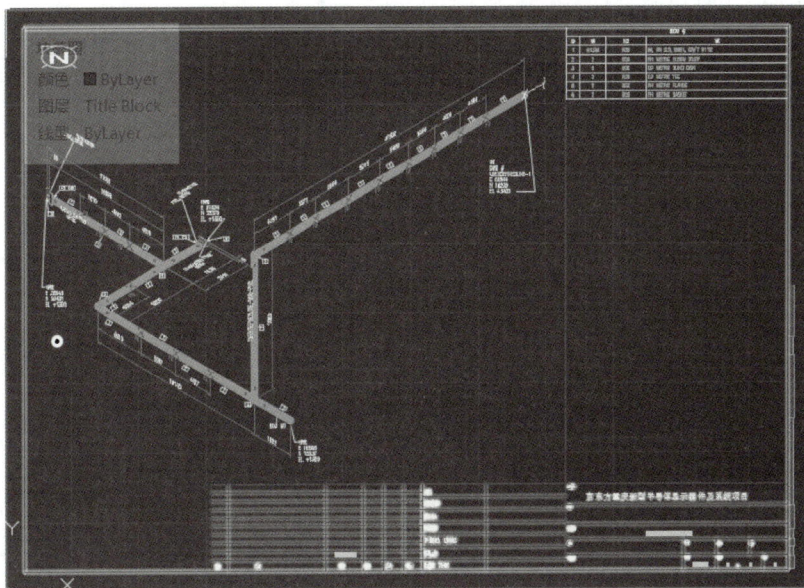

图 5-2-16　Plant 3D 预制加工图

5）加工单的制作

将导出的预制图纸及 BOM 表分区分流水段编制工厂加工单，预制加工厂则按照加工单开始后续的管段预制工作。加工单应包含但不限于以下内容，见表 5-2-8。

预制构件 BIM 技术应用步骤　　　　　　　表 5-2-8

名称	具体内容	示例
预制构件信息	所含基本元件的参数、尺寸、数量、规格型号等	以法兰-直管-法兰 1m 长直管段构件为例： DN500-PN10-平焊突面法兰-1-个 DN500-508×10-螺旋埋弧焊钢管-1000-mm DN500-PN10-平焊突面法兰-1-个
预制构件编码	根据项目不同，编号应可概括预制构件的特异性，应能表达但不限于所在系统、安装序次、所在区域、构件所配设备等信息	以 2 号建筑 2 层中温冷冻水系统二次泵出口法兰变径（由设备端向外配管）为例，其编码应为： 02-F2-MCHW-RCP-OUT-01
预制构件三维大样图	应能直观表达构件外观形状	
需求进场时间	对构件进场时间进行要求	编制进场计划单，并在采购合同中尽量体现，至少需要由供应商书面确认
二维码信息	二维码扫描时，应能完整查看以上信息	对进场材料的数量及构件信息进行明确，方便验收后续把控

207

6）预制加工的过程把控

首先，应对进场后的预制构件在材料堆放场地中，依据构件种类进行分类，并码放整齐，防止工人在施工过程中，因为材料堆放凌乱而取料失误，严重时可能导致大规模返工。

其次，构件进场后，应对构件安装的工序，及编码情况进行培训交底，防止出现构件使用的错误。

最后，在构件安装过程中，应对构件的存取量与施工进展情况进行实时记录并对比，防止出现由于材料管控不严导致的材料丢失等情况。

习 题 🔍

5.1　土建施工 BIM 应用练习题

1. 判断题（T/F）

（1）总平面协调管理主要包括对施工场地平面协调管理、对施工机械的协调管理及对材料的协调管理。（　　）

（2）施工方案编制首先通过明确方案重难点，创建方案模型，继而进行方案模拟，形成最终方案。（　　）

（3）施工组织模拟是指于工程施工过程中，于某分部分项具体施工任务实施前进行该施工任务的提前策划、模拟，形成最优实施方案后进行交底，指导现场实施。（　　）

（4）国内常用的是 Tekla Structures 和 AutoCAD 两款软件进行钢结构深化设计。（　　）

（5）造价管理 BIM 应用是以盈利为最终的应用目标。（　　）

2. 单项选择题

（1）施工场地布置软件应用，可根据项目需求自行选取，目前常用的应用软件不包括（　　）。

A. Tekla　　　　　　　B. 3DMax　　　　　　C. Revit　　　　　　D. Lumion

（2）基于 Revit 模型可导出的格式有（　　）。

A. GFC　　　　　　　B. IGMS　　　　　　C. IFC　　　　　　D. E5D

（3）在临建 CI 分类施工机械中的临建 CI 内容不包括（　　）。

A. 施工升降机　　　B. 塔式起重机　　　C. 机械防护棚　　　D. 混凝土罐车

（4）在工程建设中，采取（　　）控制的手段并提高现场签证的质量，才能有效地降低实施阶段的工程造价。

A. 事前　　　　　　　B. 事中　　　　　　C. 事后　　　　　　D. 强制

（5）以下哪一款软件不能生成模拟分析报告（　　）。

A. Revit　　　　　　　B. 品茗　　　　　　C. 3Dmax　　　　　　D. Navisworks

3. 多项选择题

（1）临建 CI 分类包括（　　）。

A. 基础设施　　　　　B. 脚手架　　　　　C. 材料码放　　　　D. 临时用电

（2）模架体系深化设计常用的软件方案有（　　）。

A. Revit　　　　　　　B. 品茗模架软件　　C. 3Dmax　　　　　D. navisworks

（3）落地式双排脚手架、悬挑式双排脚手架、满堂脚手架共有的参数有（　　　）。

A. 架体长度　　　　　B. 架体高度　　　　　C. 立杆纵距　　　　　D. 水平杆工程量

（4）在钢结构深化设计中可按批次、施工段等信息由模型直接生成（　　　），方便钢结构施工后续工作的进行。

A. 零件清单　　　　　B. 材料清单　　　　　C. 构件清单　　　　　D. 螺栓清单

（5）编制项目方案过程中，明确方案重难点的参考资料为（　　　）。

A. 图纸　　　　　B. 合同　　　　　C. 案例　　　　　D. 规范

4.问答题

（1）简述施工场地布置应用步骤。

（2）简述机械协调管理 BIM 应用流程。

（3）简述以 Autodesk Revit 为核心模架体系深化设计的应用流程？

（4）什么是基于 BIM 的土建施工造价管理？

（5）请简要叙述施工方案编制及对比优选 BIM 技术应用流程？

5.2　机电施工 BIM 应用练习题

1.判断题（T/F）

（1）理正、PKPM、Tekla 等作为支吊架受力分析软件，其信息交互能力较强（　　　）。

（2）二三维一体化深化设计是机电施工深化设计的唯一方式（　　　）。

（3）机电施工工艺工序模拟 BIM 应用包含对设备、材料吊装运输模拟（　　　）。

（4）Plant 3D 软件在管道建模部分的构件精细度相对较高（　　　）。

（5）综合支吊架设计时无需进行支吊架受力分析（　　　）。

2.单项选择题

（1）对已完成标准化的通用工艺，可直接使用动画制作类软件（　　　）进行工艺模拟视频的制作。

A. Excel　　　　　B. 3DMax　　　　　C. Revit　　　　　D. Tekla

（2）以下只有（　　　）是 Navisworks 软件可输出格式。

A. NWC　　　　　B. Rvt　　　　　C. txt　　　　　D. dwg

（3）以下只有（　　　）是全智能结构分析软件。

A. Navisworks　　　　　　　　B. AutoCAD

C. Revit　　　　　　　　D. Robot Structural Analysis

（4）（　　　）是目前主流的机电深化设计 BIM 常用软件。

A. Magicad　　　　　B. BIMspace　　　　　C. Archicad　　　　　D. BIM5D

（5）机电施工 BIM 技术应用中（　　　）可对进场材料的数量及构件信息进行明确，方便验收后后续把控。

A. 材料计划　　　　　　　　B. 施工节点需求

C. 二维码信息　　　　　　　　D. 施工图纸

3.多项选择题

（1）（　　　）可以对支吊架进行受力分析。

A. 理正　　　　　　　　B. PKPM

C. Tekla　　　　　　　　D. Robot Structural Analysis

（2）造价管理 BIM 技术应用应对模型的（　　）参数进行明确。

A. 安装形式　　　　　　B. 工序要求　　　　　　C. 处理要求　　　　　　D. 强度要求

（3）（　　）是机电管线深化设计 BIM 技术应用的主要步骤。

A. 建模区域划分　　　B. 建模　　　　　　　　C. 空间管理　　　　　　D. 二维图纸导出

（4）综合管线布置应遵循包括（　　）等原则。

A. 满足深化设计施工规范　　　　　　　B. 合理利用空间

C. 满足装饰需求　　　　　　　　　　　D. 满足成本管控

（5）进行机电施工造价管理 BIM 应用时，宜将（　　）等文件与模型工程量进行对比，确保工程量准确性。

A. 各版次招标文件　　　　　　　　　　B. 合同文件

C. 现场工程量文件　　　　　　　　　　D. 结算文件

4. 问答题

（1）预制构件编码应用的具体内容。

（2）施工工艺模拟中的设备材料吊装应用的具体操作。

（3）Robot Structural Analysis 软件的特点。

（4）结合你的学习，简述机电施工深化设计管线综合排布 BIM 技术应用的主要步骤。

（5）结合 PLANT 3D 软件，谈谈机电管道预制加工与材料精细化管理的主要步骤。

习题答案

教学单元 6　BIM 在运维阶段的应用

6.1　BIM 技术与运维结合的理念

随着近年来 BIM 的发展普及，一大批项目在设计和建造过程中应用了 BIM 技术。BIM 在设计、施工阶段的技术应用已经逐渐成熟，但在运维方面，应用 BIM 技术还处于初级阶段（基于 BIM 技术的运维管理系统如图 6-1-1 所示）。从整个建筑全生命期来看，相对于设计、施工阶段，项目运维阶段往往需要几十年甚至上百年，且运维阶段需要处理的数据量巨大且零乱，从规划勘察阶段的地质勘察报告、设计各专业的 CAD 出图、施工各工种的组织计划、运维各部门的保修单等，如果没有一个好的运维管理平台协调处理这些数据，可能会导致某些关键数据的永久丢失，不能及时、方便、有效检索到需要的信息，更不用提基于这些基础信息进行数据挖掘、分析决策了。因此，作为建筑全生命周期中最长的过程，BIM 在运维阶段的应用是重中之重。

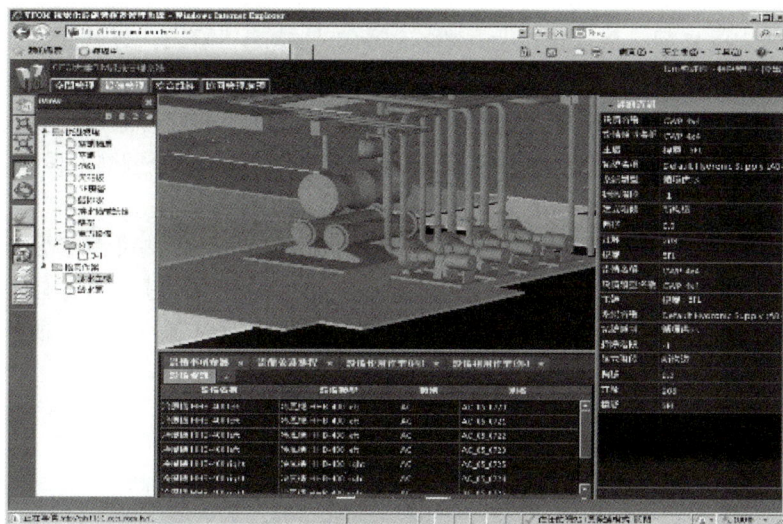

图 6-1-1　基于 BIM 技术的运维管理系统示意图

建筑物的运营维护管理（简称运维管理），是整合人员、设施、技术和管理流程，主要包括对人员工作和生活空间进行规划、维护、维修、应急等管理。其目的是满足人员在建筑空间中的基本使用、安全和舒适需求。具体实施中通常将物联网、云计算技术等将 BIM 模型、运维系统与移动终端等结合起来应用，最终实现如设备运行管理、能源管理、安保系统、租户管理等。由于运维管理时间跨度大、周期长、内容多、涉及人员复杂，传统的运维管理效率相对低下。在运维管理中引入 BIM 技术，不仅可以满足用户的基本活动需求，增加投资收益，还能实现设计、施工和运维的信息共享，提高信息的准确性，并为各方人员提供一个便捷的管理平台以提高对建筑运维管理的效率。

6.2 国内外基于 BIM 运维管理现状

目前，国内外有关运维阶段的 BIM 应用，尽管在理论研究和项目应用层面均有一定数量的研究，但总体还处于探索研究阶段。国内为数不多的文献报道更多地关注于设计和施工阶段，对运维阶段仅作了简单概括。相比之下，国外有关 BIM 在项目全生命期应用的文献报道较为丰富，但其中专题讨论运维阶段的依然少见。大多仅涉及既有建筑设备管理和拆除阶段的数据采集技术，而这只是 BIM 运维应用的一部分。美国一些大学分别提出了运维阶段信息标准，其各有特点但离统一标准还有距离。从文献报道看，国内外尚无专题总结 BIM 运维技术和应用的文献。

国内关于 BIM 运维的研究较少，内容主要集中在整合人员设施、对建筑空间进行维护管理、建筑安全等；国外关于 BIM 运维的研究相对较多，然而其研究对象也仍然有限地集中于基于模型的设备管理和能耗监控。对于项目后期的 BIM 应用，成功的应用案例几乎没有，目前无论是设计还是施工单位都难以完全实现将信息模型有效地移交给运维单位继续使用的目标。

BIM 在国内的兴起是从设计行业开始，逐渐扩展到施工阶段。究其原因，无非是设计领域离 BIM 的源头——BIM 模型最近，BIM 建模软件比较容易上手，建模也相对简单；到施工阶段发现应用起来实际落地很难，涉及领域更广，协同配合难度也更大；进一步延伸到运维阶段的 BIM 应用体现得就更明显，实施困难更大，因为运维阶段往往周期更长，涉及参与方更多更杂，国内外现存可借鉴经验更少。

造成这种局面的原因很多，但是整体的 BIM 应用市场不成熟可谓重要原因之一。整体市场不成熟——没有相应的指导性规范，没有成体系的匹配型实施人才，没有明确的责权利细分规则，没有市场角色定位，更没有相关的市场运营机制，这就在所难免的导致运维市场的混乱。

6.3 BIM 在运维阶段的价值体现

6.3.1 空间管理

空间管理主要应用在照明、消防等系统和设备空间定位。获取各系统和设备空间位置信息，把原来编号或文字表示变成三维图形位置，直观形象且方便查找。如通过 RFID 获取大楼安保人员位置；消防报警时，在 BIM 模型上快速定位所在位置，并查看周边疏散通道和重要设备等。

其次应用于内部空间设施可视化。传统建筑业信息都存在于二维图纸和各种机电设备操作手册上，需要使用时由专业人员去查找、理解信息，然后据此决策对建筑物进行一个恰当动作。利用 BIM 技术将建立一个可视化三维模型，所有数据和信息可以从模型中获取和调用。如装修时可快速获取不能拆除的管线、承重墙等建筑构件的相关属性。

6.3.2　设施管理

设施管理主要包括设施装修、空间规划和维护操作。美国国家标准与技术协会（NIST）于 2004 年进行了一次研究，业主和运营商在持续设施运营和维护方面耗费的成本几乎占总成本的三分之二，这次统计反映了设施管理人员的日常工作繁琐费时。而 BIM 技术能够提供关于建筑项目协调一致、可计算的信息，因此该信息非常值得共享和重复使用，且业主和运营商便可降低由于缺乏互操作性而导致的成本损失。此外还可对重要设备进行远程控制。把原来商业地产中独立运行的各设备通过 RFID 等技术汇总到统一平台进行管理和控制。通过远程控制，可充分了解设备的运行状况，为业主更好地进行运维管理提供良好条件。

设施管理在地铁运营维护中起到了重要作用，在一些现代化程度较高、需要大量高新技术的建筑，如大型医院、机场、厂房等，也会得到广泛应用。某建筑物基于 BIM 运维设施管理系统如图 6-3-1 所示。

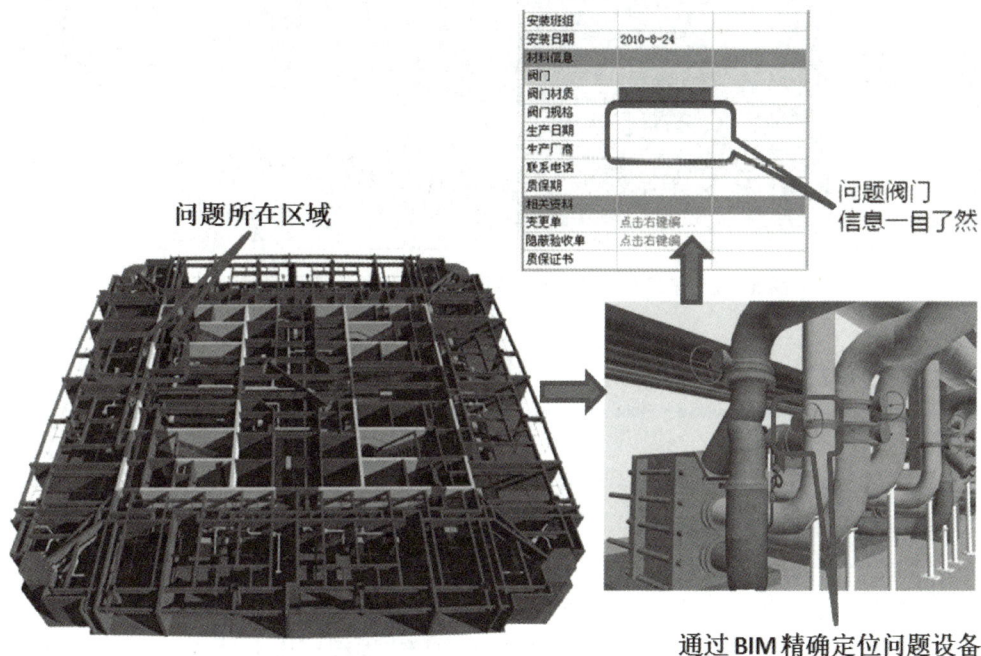

图 6-3-1　某建筑物基于 BIM 运维设施管理系统示意图

6.3.3　隐蔽工程管理

建筑设计时可能会对一些隐蔽管线信息不能充分重视，特别是随着建筑物使用年限的增加，这些数据的丢失可能会为日后的安全工作埋下很大的安全隐患。

基于 BIM 技术的运维可以管理复杂的地下管网，如污水管、排水管、网线、电线及相关管井，并可在图上直接获得相对位置关系。当改建或二次装修时可避开现有管网位置，便于管网维修、更换设备和定位。内部相关人员可共享这些电子信息，有变化可随时调整，保证信息的完整性和准确性。某工程基于 BIM 运维隐蔽工程管理系统如图 6-3-2 所示。

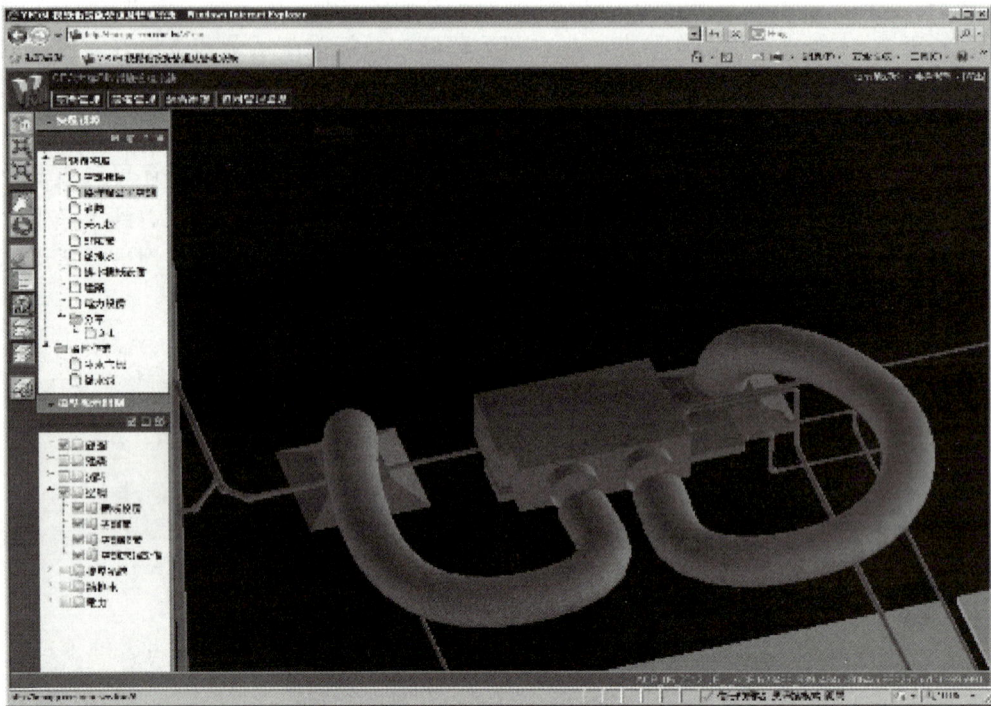

图 6-3-2　某工程基于 BIM 运维隐蔽工程管理系统示意图

6.3.4　应急管理

基于 BIM 技术的管理杜绝盲区的出现。公共、大型和高层建筑等作为人流聚集区域，突发事件的响应能力非常重要。传统突发事件处理仅仅关注响应和救援，而通过 BIM 技术的运维管理对突发事件管理包括预防、警报和处理。如遇消防事件，该管理系统可通过喷淋感应器感应着火信息，在 BIM 信息模型界面中就会自动触发火警警报，着火区域的三维位置立即进行定位显示，控制中心可及时查询相应周围环境和设备情况，为及时疏散人群和处理灾情提供重要信息（图 6-3-3）。

图 6-3-3　某工程基于 BIM 运维管理系统的应急管理

6.3.5　节能减排管理

通过 BIM 结合物联网技术，使得日常能源管理监控变得更加方便。通过安装具有传感功能的电表、水表、煤气表，可实现建筑能耗数据的实时采集、传输、初步分析、定时定点上传等基本功能，并具有较强的扩展性。系统还可以实现室内温湿度的远程监测，分析房间内的实时温湿度变化，配合节能运行管理。在管理系统中可及时收集所有能源信息，并通过开发的能源管理功能模块对能源消耗情况进行自动统计分析，并对异常能源使用情况进行警告或标识。

6.4　BIM 技术在运维中的展望

鉴于 BIM 技术的重要性，我国从"十五"科技攻关计划中已经开始了对 BIM 技术相关研究的支持。经过多年发展，在设计和施工阶段已经被广泛应用，而在设施维护中的应用案例并不多，尚未被广泛应用。但相关专家一致认为，在运维阶段，BIM 技术需求非常大，尤其是对于商业地产的运维将创造巨大的价值。

6.4.1　基础技术和相关标准的深入

由于运维期 BIM 相关的数据和技术标准均不完善，还需要继续研究数据存储标准和应用框架的实现，并诉求于进一步的工具整合。此外，仍需构建与本体论、语义挖掘、人工智能、移动互联网、物联网、云计算、大数据分析等关键技术集成的 BIM 应用模式和技术框架。

6.4.2 宏观管理和精细化管理的功能结合

面向实际的运维管理需求，以及管理工具的发展，BIM 技术将会与地理信息系统（geographic informationsystem，GIS）技术进行深度融合，应用于运维管理。其中，GIS 宏观模型为区域管理、系统宏观平面化管理、房间管理等提供基础；BIM 精细化模型则应用于设备设施管理、系统逻辑、维护维修管理和应急管理等。

6.4.3 信息管理和信息应用的集成与融合

以传感网络为基础的物联网技术，结合建筑自动化中的监控系统，将为信息的持续自动获取提供途径；以云计算平台为支撑的信息管理机制可以提供 BIM 大数据的高效存储与管理，解决 BIM 信息管理中的集成、提取和共享等问题；以应用需求为推动的功能创新作为信息应用的表现，将是 BIM 运维技术推广的真正原动力，这些应用包括系统逻辑、维护、维修、巡检、能耗、安全、应急、逃生等。

6.4.4 动态监测和实时评价的工具整合

运维管理的目的是使建筑物的安全和使用性能满足内部人员的需求，需要运维管理平台能提供建筑实时状况的分析、表达、控制和反馈。在运维 BIM 中通过自动化系统、模拟和预测分析工具、虚拟现实和增强现实技术以及无线传感和智能控制技术，可以实现建筑性能的动态监测、实时分析和可视化展现，进而辅助快速决策、保障人财安全、优化建筑物性能。

6.4.5 智能建筑与生态建筑（bio-building）

BIM 本身负责海量信息的管理和共享，而人工智能技术则将应用这些信息进行分析，产生"智能"。两者结合即支撑了智能建筑的概念，进而实现智慧小区、智慧城市乃至智慧地球的远景应用。这需要进一步研究 BIM 与数据挖掘和机器学习的结合，目前已报道了少量运用实例。此外，在建筑中加入目前主流的环保元素如绿色材料、低碳能源等，以及模仿生物对自然环境的适应，如温度过高启动自动降温措施等，则可进一步实现生态建筑。

随着物联网技术的高速发展，BIM 技术在运维管理阶段的应用也迎来一个新的发展阶段。物联网被称为继计算机、互联网之后世界信息产业的第三次浪潮。业内专家认为，物联网一方面可以提高经济效益，节约成本；另一方面可以为全球经济的复苏提供技术动力。目前，美国、欧盟、日本、韩国等都在投入巨资深入研究探索物联网。我国也高度关注、重视物联网的研究，工业和信息化部会同有关部门，在新一代信息技术方面开展研究，已形成支持新一代信息技术发展的政策措施及相关标准。我们相信将物联网技术和BIM 技术相融合，并引入到建筑全生命周期的运维管理阶段，将带来巨大的经济效益。真正实现 BIM 运维，脚下的路还很长。

习 题 🔍

一、判断题

1.利用 BIM 技术将建立一个可视化三维模型，所有数据和信息可以从模型中获取和调用。（　　　）

2.以云计算平台为支撑的信息管理机制可以提供 BIM 大数据的高效存储与管理，解决 BIM 信息管理中的集成、提取和共享等问题（　　　）

3.BIM 精细化模型为区域管理、系统宏观平面化管理、房间管理等提供基础（　　　）

4.通过 BIM 结合物联网技术，使得日常能源管理监控变得更加方便。（　　　）

5.IPD 模式要求项目关键参与方较晚地参与到项目中，进行密切的协作，并对工程项目承担责任，直至项目交付（　　　）

二、单项选择题

1.（　　　）时，在 BIM 模型上快速定位所在位置，并查看周边疏散通道和重要设备等。

  A.试验测试　　　　　B.消防报警　　　　　C.安保系统　　　　　D.应急演练

2.在管理系统中可及时收集所有能源信息，并通过开发的（　　　）模块对能源消耗情况进行自动统计分析，并对异常能源使用情况进行警告或标识。

  A.设备运行　　　　　B.能源管理功能　　　C.安保系统　　　　　D.租户管理

3.利用 BIM 技术将建立一个可视化三维模型，所有（　　　）和信息可以从模型中获取和调用

  A.数据　　　　　　　B.系统　　　　　　　C.智能　　　　　　　D.数字

4.运维 BIM 中通过（　　　）模拟和预测分析工具、虚拟现实和增强现实技术

  A.自动化系统　　　　B.信息化系统　　　　C.智能化系统　　　　D.数字化系统

5.以（　　　）为支撑的信息管理机制可以提供 BIM 大数据的高效存储与管理，解决 BIM 信息管理中的集成、提取和共享等问题。

  A.大数据　　　　　　B.信息系统　　　　　C.云计算平台　　　　D.数字系统

三、多项选择题

1.由于运维期 BIM 相关的数据和技术标准均不完善，还需要继续研究（　　　）的实现，并诉求于进一步的工具整合。

  A.数据存储标准　　　　　　　　　　　B.应用框架

  C.维护操作　　　　　　　　　　　　　D.设施管理

2.BIM 在运维阶段的设施管理主要包括（　　　）

  A.设施装修　　　　　B.空间规划　　　　　C.维护操作　　　　　D.现场管理

3.运维实施最终实现（　　　）的信息化管理

  A.设备运行管理　　　B.能源管理　　　　　C.安保系统　　　　　D.租户管理

4.将（　　　）结合 BIM 模型进行运维系统的开发与使用

  A.物联网　　　　　　B.信息化　　　　　　C.项目实体　　　　　D.云计算技术

5. BIM 运维阶段空间管理主要应用在（　　　）等各系统和设备空间定位

A. 照明　　　　　　　　　B. 幕墙　　　　　　　　　C. 消防　　　　　　　　　D. 异型

四、问答题

1. 简述信息管理和信息应用的集成与融合技术？

2. 简述 BIM 技术的运维管理对突发事件管理？

3. 简述运维管理的目的？

4. 简述 BIM 技术与运维结合的理念？

5. BIM 技术在运维中的有哪些应用理念？

习题答案

▶▶ 附　录

BIM 法律法规

住建部正式批准《建筑信息模型施工应用标准》（以下简称《标准》）为国家标准，编号为 GB/T51235-2017，自 2018 年 1 月 1 日起实施，本标准由住建部标准定额研究所组织，中国建筑工业出版社出版发行——中国终于有了 BIM 标准，详情查看：《建设项目工程总承包管理规范》重要三十三条。

对于致力于传统建筑业转型升级的朋友来说，BIM 概念并不陌生，但中国的 BIM 技术暂处于落后状态，截至目前，住建部刚刚编撰完成并批准适用于中国建筑行业发展的 BIM 标准。

BIM 标准是建立标准的语义和信息交流的规则，为建筑全生命周期的信息资源共享和业务协作提供有力保证。但是，目前并未在建筑全生命周期范围内大规模地实施应用 BIM，以及在此基础上实施 ERP、BLM 等全面的信息化管理，其主要原因就在于建筑信息模型标准体系与标准的缺失。

与其他行业相比，建筑物的生产时基于项目与协作的，通常由多个平行的利益相关方在较长的时间段协作完成。建筑业的信息化尤其依赖在不同阶段、不同专业之间的信息传递标准，即需建立一个全行业的标准语义和信息交换标准，否则将无法整体实现 BIM 的优势和价值。此外，BIM 标准对建筑企业的信息化实施具有积极的促进作用，尤其是涉及企业中的业务管理与数据管理的软件，均依赖标准化所提供的基础数据、业务模型，从而促进建筑业管理由粗放型转向精细化管理。

《标准》是根据住房和城乡建设部《关于印发〈2013 年工程建设标准规范制订修订计划〉的通知》的要求，由中国建筑股份有限公司和中国建筑科学研究院会同有关单位编制而成。

《标准》从深化设计、施工模拟、预制加工、进度管理、预算与成本管理、质量与安全管理、施工监理、竣工验收等方面提出了建筑信息模型的创建、使用和管理要求。由王丹、谢卫等 10 位行业专家组成的标准审查委员会认为，《标准》充分考虑了我国现阶段工程施工中建筑信息模型应用特点，内容科学合理，可操作性强，对促进我国工程施工建筑信息模型应用和发展具有重要指导作用。

《标准》是建立在大量理论研究基础上的，是基础研究成果的升华。标准编制单位从十五开始，承担了多项国家科技支撑计划项目和 863 项目研究工作，开展了数字社区信息表达与交换标准、基于国际标准 IFC 的建筑设计及施工管理系统、现代建筑设计施工一体化关键技术、基于 BIM 技术的下一代建筑工程应用软件、城镇住宅建设 BIM 技术研究及产业化应用示范、基于 BIM 服务建筑工程设计的共性平台技术等研究，国家和企业多年的科研投入为本标准的编制打下良好基础。

《标准》是建立在大量工程实践基础上的，是工程实践经验的凝练。为编制本标准，标准编制单位组织了大量工程示范活动。中建从 2013 年开始在业内率先开展 BIM 应用示范工程建设，投入大量人力和物力将 BIM 技术应用于一批代表性工程，如在广州东塔项目中开展了我国第一例基于 BIM 的工程总包项目管理实践，在中建技术中心实验楼工程中实践了我国第一例 IPD 模式的 BIM 应用，打造了 BIM 技术四位一体应用范例。在 BIM 示范工程的带动下，有大量的工程项目开展了 BIM 应用，到 2015 年底统计，已有 1658 个项目中不同程度应用了 BIM 技术，其他参编单位也在众多项目中积累了丰富的 BIM 应用经验，这些工程实践为本标准编制积累了宝贵的经验。

《标准》充分吸收了国际先进经验。为充分借鉴美国和欧洲一些国家的 BIM 标准编制经验，编制组组织翻译了 26 部有关 BIM 的国际标准、国家标准和美国的协会标准，形成约 40 万字的参考资料，供标准编制组深入研究、学习和参考。

《标准》是我国第一部建筑工程施工领域的 BIM 应用标准，填补了我国 BIM 技术应用标准的空白，与行业 BIM 技术政策和《2016—2020 年建筑业信息化发展纲要》等）相呼应。

《标准》将由住房和城乡建设部标准定额研究所组织中国建筑工业出版社于近期出版发行。标准编制单位将组织开展《标准》宣贯培训工作。

标准规范名录

一、IFC

IFC 是因应营建产业应用软件之间信息交换所发展的一种架构，它被设计成一个可扩展的框架模型，提供广泛与通用的对象和信息定义；当转换为【IFC】信息模型时，每个应用程序定义的对象会有其类型与相关的几何、关系及属性所组成。IFC 是唯一公开、非专属、开发完备的信息模型，其标准版本不断地更新中，全世界很多政府正逐渐的采用它做为该国或地区的标准，例如美国、挪威、芬兰、丹麦、德国、日本、韩国等。

二、IFD（International Framework for Dictionaries）

在全球化后，欧洲共同体发现了命名属性与对象类别这个问题。每一件营建工程参与方众多，成员可能来自不同的国家与区域，便会有语言、文化及风俗等背景的差异性，例如：所谓的「门」对象就会有不一样的认知，甚至在同一个国家内往往也无法达成共识。因此，成立 IFD 是为了在不同语言之间发展词汇的对应关系，以作为建筑模型和接口广泛的使用；另外，IFD 亦正在进行一项重要工作，即发展建筑产品的规格标准，特别是规范信息，以便于不同的应用程序中使用。目前美国施工规范公会（Construction Specifications Institute，CSI）、加拿大施工规范（Construction SpecificationsCanada）、挪威的 buildingSMART、荷兰的 STABU Foundation 均着手制定 IFD。

三、OMNICLASS

Masterformat 与 Uniformat 在美国是用于规范与成本估计，并由美国施工规范公会监督，它们都是文件结构大纲，非常适用在项目绘图上的信息整合，但若是映像于绘制建筑模型内的独立对象便不恰当。因此，欧洲人与美国人着手建立一套新的大纲结构分类表，即 Omniclass，它是一个与建筑物相关的分类系统，于 90 年代初期由国际标准化组织与国际施工信息协会（International Construction Informationsociety，ICIS）小组委员会和工作小组发展至今，目前包含 15 种表格，而这些分类用语的表格更新迅速，并用于 BIM 工具与方法中。

四、CoBie（Construction Operation Building Information Exchange）

CoBie 是说明在设计与施工过程中收集所需信息的一种标准方法，它主要是处理施工团队与业主之间的信息移交，涵盖操作和维护（Operations andMaintenance，O&M）以及更广泛的设施管理信息。CoBie 于 2010 年开始更新，现在称为 CoBie2，它具备人类与机器可读的格式，人类可读的 CoBie2 格式是一种传统的计算机电子表格，CoBie2 也使用 buildingSMART 开放标准 IFC（或 ifcXML）來实作设施管理信息的交换。CoBie2 被发展来支持初始信息登录至计算机化维护与管理系统（Computerized Maintenance and Management System，CMMS），如 MAXIMO、TOCMO、Onuma 及几个欧洲设施管理和设计的应用程序，它也被美国太空总署、美国陆军工程军团、VA 医院、挪威与芬兰政府机关所采用。

五、XML-Based Schemas

XML（Extensible Markup Language）提供不同的架构语言和传递机制，并成为 Web 应用程序间非常流行的信息交换。一般有多种定义 XML schemas 的方法，包括 XML Schema、RDF（Resource Description Framework）、OWL Web Ontology Language 等，而 XML 格式需要较大的档案容量，不过它处理的速度比文本文件快，所以信息交换的效率较佳。目前营建产业开发一些有效的 XML 架构和处理方法，例如：gbXML（Green Building XML）、ifcXML、aecXML、ageXML、BCF（BIM Collaboration Format）、OpenGIS、CityGML 等，这些不同的 XML 架构定义它们自己的实体、属性关系和规则，但每个 XML 架构是不同且不兼容的，因此如何协调 XML 架构之间的对等映像及信息模型表示方式便是一项重要的课题。

参考文献

[1] 何关培，王轶群，应予垦.BIM 总论 [M].北京：中国建筑工业出版社，2011.

[2] 郑国勤，邱奎宁.BIM 国内外标准综述 [J].土木建筑工程信息技术，2012，4（01）：32-34＋51.

[3] 程建华，王辉.项目管理中 BIM 技术的应用与推广 [J].施工技术，2012，41（16）：18-21＋60.

[4] http：//buildingsmart.com/standards

[5] 郑华海，刘匀，李元齐.BIM 技术研究与应用现状 [J].结构工程师，2015，31（04）：233-241

[6] 何关培.BIM 和 BIM 相关软件 [J] 土木工程信息技术 2010，2（4）：110-117

[7] 何关培.BIM 在国内外应用的现状及障碍研究，2012，26（1）：12-16

[8] 孙景璐.中国 BIM 应用迈入新阶段 [J]，专家论道，2015，3（4）：31-33.

[9] 任锦龙，毛路，荣慕宁.BIM 技术在工程中的综合应用 [J]；建筑技术；2012-11

[10] 纪颖波，周晓茗，李晓桐.BIM 技术在新型建筑工业化中的应用 [J]；建筑经济；2013-08

[11] 李犁.基于 BIM 技术建筑协同平台的初步研究 [D].上海交通大学；2012

[12] 姜剑峰.BIM 技术在建筑方案设计中的应用研究 [D].青岛理工大学；2012

[13] 赵源煜.中国建筑业 BIM 发展的阻碍因素及对策方案研究 [D].清华大学；2012

[14] 张建平，曹铭，张洋.基于 IFC 标准和工程信息模型的建筑施工 4D 管理系统 [J].工程力学；2005-S1

[15] 王要武等.工程项目信息化管理 [M].北京：中国建筑工业出版社，2006.

[16] 丁士昭等.建设工程信息化导论 [M].北京：中国建筑工业出版社，2006.

[17] 滕佳颖，吴贤国，翟海周，丁保军，黎曦，邱博群等.基于 BIM 和多方合同的 IPD 协同管理框架 [J].土木工程与管理学报，2013，（02）.

[18] 张建平，范喆，王阳利，黄志刚等.基于 BIM 技术的建筑项目质量控制研究 [J].福建建筑，2013，（12）.

[19] 李亚东，郎灏川，吴天华，颜钢文等.基于 BIM 实施的工程质量管理 [J].施工技术，2013，（15）.

[20] 马智亮，马健坤.IPD 与 BIM 技术在其中的应用 [J].土木建筑工程信息技术，2011，（04）.

[21] 李云贵等.建筑工程施工 BIM 应用指南.北京：中国建筑工业出版社，2017